高职高专项目式实践类系列教材

计算机组装与维护

主　编　张天明　周经龙

副主编　龙　熠　宋来建　徐　辉

主　审　唐锡雷

西安电子科技大学出版社

内 容 简 介

本书根据高职教育特点，遵循实践与应用能力培养的原则，力求在实训项目、内容、体系和方法上有所创新，注重教学、训练，并将职业资格考试理论与技能知识融入内容中。

全书分为8个实训项目，每个项目包含项目分析、知识目标、能力目标、学习任务、项目小结、思考与练习等内容，并且每个学习任务由任务目标、知识链接和技能训练三个环节组成，基本涵盖了计算机组装与维护的相关知识与技能训练。全书采用项目式教学，做到了步步有任务、节节有训练、处处有考评，将理论与实际动手操作相结合。本书主要内容包括计算机及硬件配置、硬件系统组装、系统安装的准备工作、操作系统的安装、系统的备份和还原、计算机系统的检测和优化、计算机日常维护以及常见服务器的配置与维护。本书内容丰富，结构清晰，语言简练，图文并茂，具有很强的实用性和可操作性。

本书可作为高职高专院校、成人教育高校、高级技师学院电子信息类专业及相关专业的教材，也可作为广大初、中级计算机用户的自学参考书。

图书在版编目(CIP)数据

计算机组装与维护 / 张天明，周经龙主编. —西安：西安电子科技大学出版社，2020.7(2021.3 重印)
ISBN 978-7-5606-5652-6

Ⅰ. ①计…　Ⅱ. ①张…　② 周…　Ⅲ. ①电子计算机—组装　②计算机维护　Ⅳ. ①TP30

中国版本图书馆 CIP 数据核字(2020)第 061154 号

策划编辑　万晶晶
责任编辑　高　媛　万晶晶
出版发行　西安电子科技大学出版社(西安市太白南路 2 号)
电　　话　(029)88242885　88201467　　邮　　编　710071
网　　址　www.xduph.com　　电子邮箱　xdupfxb001@163.com
经　　销　新华书店
印刷单位　陕西日报社
版　　次　2020 年 7 月第 1 版　2021 年 3 月第 2 次印刷
开　　本　787 毫米×1092 毫米　1/16　印张 13.5
字　　数　313 千字
印　　数　2001～4000 册
定　　价　36.00 元
ISBN　978-7-5606-5652-6 / TP
XDUP 5954001-2

序

“高职高专项目式实践类系列教材”是在贯彻落实《国家职业教育改革实施方案》（简称“职教20条”）文件精神，推动职业教育大改革、大发展的背景下，结合职业教育“以能力为本位”的指导思想，以服务建设现代化经济体系为目标而组织编写的。在新经济、新业态、新模式、新产业迅猛发展的高要求下，本系列教材以现代学徒制教学为导向，以“1+X”证书结合为抓手，对接企业、行业岗位要求，围绕“素质为先、能力为本”的培养目标构建教材内容体系，实现“以知识体系为中心”到“以能力达标为中心”的转变，开展人才培养的实践教学。

本系列教材编审委员会于2019年6月在重庆召开了教材编写工作会议，确定了此系列教材的名称、大纲体例、主编及参编人员(含企业、行业专家)等主要事项，决定由重庆科创职业学院为组织方，聘请高职院校的资深教授和企业、行业专家组成教材编写组及审核组，确定每本教材的主编及主审，有序推进教材的编写及审核工作，确保教材质量。

本系列教材坚持理论知识够用，技能实战相结合，内容上突出实训教学的特点，采用项目制编写，并注重教学情境设计、教学考核与评价，强化训练目标，具有原创性。经过组织方、编审组、出版方的共同努力，希望本套“高职高专项目式实践类系列教材”能为培养高素质、高技能、高水平的技术应用型人才发挥更大的推动作用。

高职高专项目式实践类系列教材编审委员会

2019年10月

高职高专项目式实践类系列教材

编审委员会

前　言

“计算机组装与维护”是目前国内大多数高职高专院校计算机及相关专业开设的一门重要的实践基础课程，它是进一步学习计算机其他专业课程的基础。掌握计算机硬件知识、组装技术、常用系统软件和应用软件的正确使用，以及应用中的故障检测和维修技术是当代大学生必须具备的基础技能。

本书内容丰富，技术更新及时，覆盖了计算机的大部分硬件、常用外部设备和基础软件等方面的内容。本书在编写上结合职业教育“以能力为本位”的指导思想，以“服务建设现代化经济体系”为目标，重在培养技术应用型人才。本书以项目教学为主线、以任务驱动为核心，将基本技能培养和主流技术相结合，使学生通过学习能够掌握最新的计算机硬件组成和基本结构以及有关硬件设备的外部性能和技术参数，同时要求学生能够根据需求自己选购各种配件进行计算机组装、维护和正确使用，还能对计算机常见故障进行分析、判断和处理。

本书具有以下特点：

1. 以真实工作任务、工作情境为载体，设计教学过程，实现教、学、做一体化。本书作者与企业专家一起调研典型工作任务和工作情境，设计工作任务，分析每个工作任务的具体工作过程，按照工作过程中的知识组织方式来组织课程教学内容，将理论知识分散到各个项目中，知识的学习紧扣项目要求并在项目实施过程中进行。将知识与工作任务联系起来，实现了理论与实践的一体化教学与学习，让学生在做中学，在学中做，实现教、学、做一体化，培养学生的职业意识、质量意识、环保意识与创新意识。

2. 突出对“三个能力”的培养。本书采用项目化教学，通过任务分解，着重培养学生的学习能力，为可持续发展奠定基础；通过网络为学生提供丰富的学习资源，给学生提供实践性和开放式训练的机会与途径，培养学生的创新能力；在书中始终贯穿操作规范教育、安全教育等，加强对学生职业素质的养成，提升学生的就业能力。

3. 多元化考评体系与职业证书考试内容结合。为体现出对学生专业技能和综合素质的培养，注重学生在完成学习任务过程中的考评，在每个技能训练项目的任务表中，给出了明确详细的考评标准，并将工作习惯、协作精神等纳入考核。同时将劳动保障部中国就业培训技术指导中心核发的国家级职业（岗位）培训合格证书“硬件维护工程师”考试认证内容嵌入其中，鼓励学生积极参加考试，以激发学生学习的积极性和主动性。

本书参考学时如下：

课 程 内 容	学 时
实训项目一　计算机及硬件配置	6
实训项目二　硬件系统组装	2
实训项目三　系统安装的准备工作	4
实训项目四　操作系统的安装	4
实训项目五　系统的备份和还原	2
实训项目六　计算机系统的检测和优化	4
实训项目七　计算机日常维护	6
实训项目八　常见服务器的配置与维护	4
总　计	32

由于编者水平有限，书中难免存在不足之处，恳请兄弟院校师生及广大读者批评指正，以便进一步修订和完善本书。

编　者

2020年2月

目　　录

实训项目一　计算机及硬件配置

项目分析

随着信息化时代的高速发展，计算机的使用越来越广泛。品牌机为了适应广大用户的需求，将计算机的性能做得比较均衡。但很多用户对计算机的某些方面有特别的要求，这在兼容机上很容易实现，而在相同价位的品牌机上则较难实现。

本项目需要完成以下任务：

1. 了解计算机系统及工作原理。
2. 认识计算机中的各种硬件。
3. 掌握计算机硬件的主要性能指标。
4. 掌握计算机硬件选购方案配置的方法。

知识目标

1. 掌握计算机系统及工作原理。
2. 掌握计算机硬件的主要性能指标。

能力目标

1. 认识计算机中的各种硬件。
2. 掌握主要硬件的选购方法。
3. 掌握计算机硬件选购方案配置的方法。

任务一　计算机组成

任务目标

我们给计算机发出具体“指令”后，计算机究竟是如何工作的呢？组成计算机的硬件又有哪些呢？本任务的学习目标是熟练掌握计算机的系统组成、工作原理及计算机硬件选购的方法。

知识链接

一、计算机系统

计算机系统由硬件系统和软件系统组成。根据冯·诺依曼提出的计算机结构体系，计算机硬件系统由运算器、控制器、存储器、输入设备和输出设备组成。软件系统分为系统软件和应用软件两个部分。计算机硬件是计算机系统的物质基础，其性能决定了计算机软件的运行速度和显示效果等；计算机软件是硬件的扩充和完善，是计算机系统的“大脑”，没有软件的计算机称为“裸机”，裸机是无法工作的。只有将硬件系统和软件系统有机地结合起来，才能构成完整的、有活力的计算机系统。计算机系统组成如图 1-1 所示。

- 计算机系统
  - 硬件系统
    - 主机
      - 中央处理器(CPU)
        - 运算器
        - 控制器
      - 内存储器
        - 只读存储器ROM
        - 随机存储器RAM
        - 高速缓冲存储器Cache
    - 外部设备
      - 外存储器：软盘、硬盘、光盘、U盘、移动硬盘等
      - 输入设备：键盘、鼠标、扫描仪、光笔、数字化仪、话筒等
      - 输出设备：显示器、打印机、绘图仪、音箱等
  - 软件系统
    - 系统软件
      - 操作系统：DOS、Windows、UNIX、Linux等
      - 语言处理程序：汇编程序、编译程序、解释程序等
      - 实用程序：诊断程序、反病毒程序等
    - 应用软件：办公软件、图形图像处理软件等

图 1-1 计算机系统组成

主机是指计算机除去输入、输出设备以外的主要部分，通常包括 CPU、主板、内存、硬盘、光驱、电源以及其他输入、输出控制器和接口。

外部设备简称“外设”，是计算机系统中输入、输出设备(包括外存储器)的统称，对数据和信息起着传输、转送和存储的作用，是计算机系统中的重要组成部分。外部设备能扩充计算机系统。

输入设备主要包括键盘、鼠标、摄像头、扫描仪和数码相机等。

输出设备主要包括显示器、音箱和打印机等。

二、计算机的工作原理

冯·诺依曼在《关于电子计算装置逻辑结构的初步探讨》的报告中关于计算机的工作原理主要提到了以下三点：

(1) 计算机采用二进制：二进制可使运算电路简单、体积小并且易于用电子元器件实

现。由于实现两个稳定状态的机械或电容元件很容易找到，因此机器的可靠性也大幅提高。

(2) 采用“存储程序”思想：程序和数据都以二进制的方式统一存放在存储器中，由机器自动执行。运用编制不同的程序来解决不同问题的方法，从而实现计算机通用计算的功能。

(3) 计算机硬件从逻辑上分为五个部分：运算器、控制器、存储器、输入设备和输出设备。

这里要注意的是，虽然现在的计算机系统从性能指标、运算速度、工作方式、应用领域和价格等方面与当时的计算机有很大的差别，但基本体系结构没有变，都属于冯·诺依曼式计算机。冯·诺依曼式计算机将硬件系统分为五大部分：运算器、控制器、存储器、输入设备和输出设备，其工作原理如图 1-2 所示。

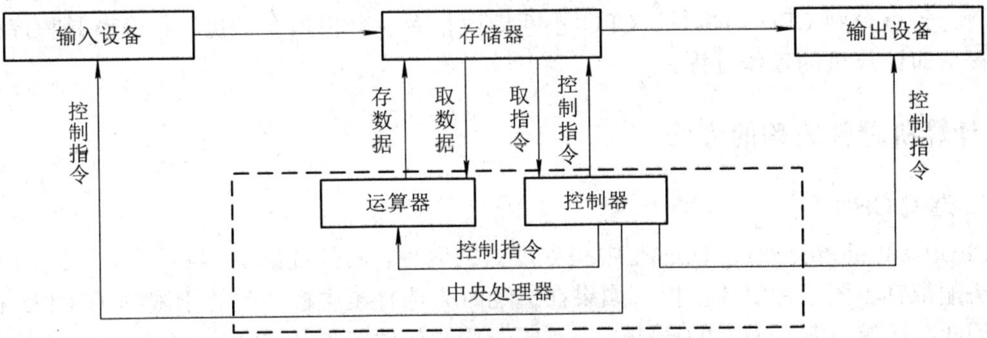

图 1-2　计算机的工作原理

计算机在运行时，先从内存中取出第一条指令，通过控制器的译码，按指令的要求，从存储器中取出数据进行指定的运算和逻辑操作等加工，然后再按地址把结果送到内存中。接下来，再取出第二条指令，在控制器的指挥下完成规定操作。依此进行下去，直至遇到停止指令。

指令的执行过程分为以下 4 个步骤，如图 1-3 所示。

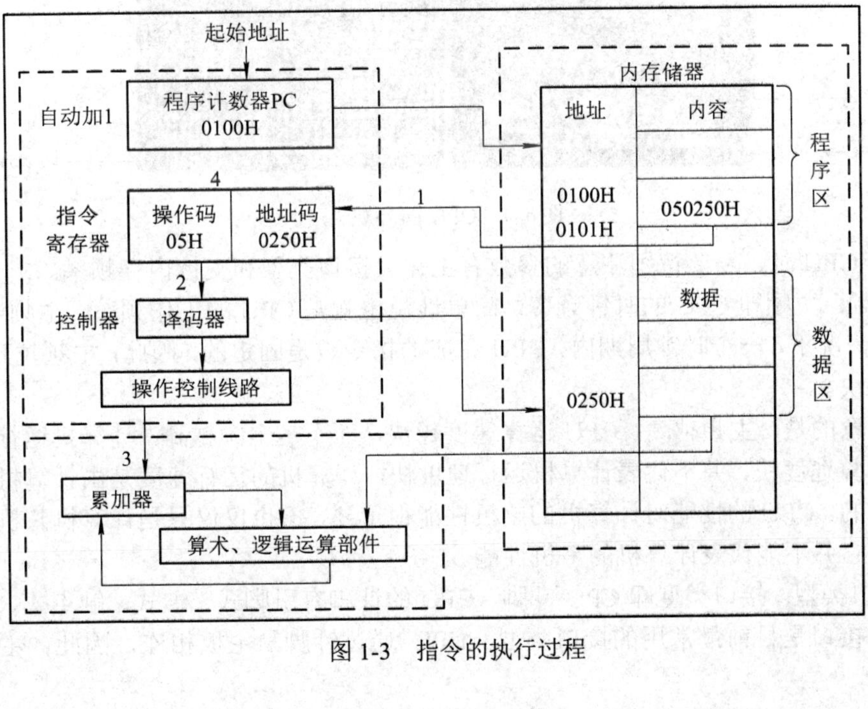

图 1-3　指令的执行过程

(1) 取指令：按照程序计数器中的地址(0100H)，从内存储器中取出指令(050250H)，并送往指令寄存器。

(2) 分析指令：对指令寄存器中存放的指令(050250H)进行分析，由译码器对操作码(05H)进行译码，将指令的操作码转换成相应的控制电位信号；由地址码(0250H)确定操作数地址。

(3) 执行指令：由操作控制线路发出完成该操作所需要的一系列控制信息，去完成该指令所要求的操作。

(4) 一条指令执行完成，程序计数器加 1 或将转移地址码送入程序计数器。

计算机在运行时，CPU 从内存读出一条指令到 CPU 内执行，指令执行完，再从内存读出下一条指令到 CPU 内执行。CPU 不断地取指令、分析指令、执行指令就是程序的执行过程，即计算机的工作过程。

三、计算机硬件选购的方法

1. 选购 CPU

CPU(Central Processing Unit)是中央处理器的简称，其外观如图 1-4 所示。不同的 CPU 需要搭配带有不同芯片组的主板，如果在选购时先选择了主板，就等于限制了 CPU 的选择。因此在计算机各个部件的选购中，首要选购的部件应当是 CPU。

图 1-4　CPU 的外观

在选购 CPU 时，需要特别注意的参数有主频、接口类型和支持内存频率。

(1) 主频。主频即 CPU 的时钟频率，简单地说也就是 CPU 的工作频率，主频=外频×倍频。通常情况下，一个时钟周期内，CPU 完成的指令数是固定的，因此，主频越高，CPU 运算速度越快。

需要注意的是，主频越高，CPU 运算速度越快，而不是主频越高，计算机运行速度越快。CPU 运算速度快，并不代表计算机运行速度快。计算机的运行速度是由计算机的整机性能所决定的，CPU 的性能对计算机的整机性能很重要，但也仅仅只是计算机整机性能中的一部分，它并不能代表计算机的整机性能。

(2) 接口类型。接口类型即 CPU 针脚，CPU 的针脚有引脚式、卡式、触点式、针脚式等，针脚式接口是目前最常用的接口类型。CPU 通过针脚与主板相连，因此，主板上的

CPU 插槽必须和 CPU 的接口类型完全一致才能连接。

(3) 支持内存频率。这个参数在选购计算机时很重要，它并不仅仅在选购 CPU 时需要注意，在选购主板和内存时也需要注意，只有 CPU 和主板支持的内存频率与选购内存的内存频率一致时，计算机才能发挥较好的性能，否则，高频率的计算机部件会自动降频使用。如 CPU 支持的内存频率为 1333 MHz，主板支持的内存频率为 1600 MHz，则计算机在运行时会自动降频为 1333 MHz，同理，如果内存的内存频率比 CPU、主板支持的内存频率高，内存的内存频率也会自动降频。

目前市场上主流的 CPU 品牌有 Intel 和 AMD 两大生产厂商，两大厂商生产的 CPU 性价比也不完全相同。在选购 CPU 时，需要根据 CPU 的用途和性价比进行选择。选购原则如下：

原则一：对于计算机性能要求不高的用户可以选择性能相对较低的 CPU 产品，如 Intel 的赛扬双核或奔腾双核系列、AMD 的速龙双核系列等。

原则二：对计算机性能有一定要求的用户可以选择中低端的 CPU 产品，如 Intel 的酷睿 i3 系列、AMD 的速龙Ⅱ和羿龙Ⅱ系列等。

原则三：对于游戏玩家、图形图像设计等对计算机有较高要求的用户应该选择高端的 CPU 产品，如 Intel 的酷睿 i5、i7 系列，AMD 的四核心产品等。

原则四：对于发烧游戏玩家则应该选择最先进的 CPU 产品，如 Intel 的酷睿 i7、i9 系列，AMD 的 6 或 8 核心产品以及推土机 FX 系列等。

2. 选购主板

主板也被称为母板或系统板，它是计算机中最重要的一块电路板，其外观如图 1-5 所示。主板决定着计算机整机的稳定性，而主板的性能参数则是选购主板时需要认真查看的主要项目。其中，需要特别注意的参数有 CPU 插槽、支持的 CPU 类型和支持的内存频率。

图 1-5　主板的外观

(1) CPU 插槽。CPU 插槽必须和选购的 CPU 接口类型保持一致(原因已经在前面的 CPU 选购中进行了说明)，否则无法使用。

(2) 支持的 CPU 类型。主板和 CPU 的选购并不只是 CPU 插槽和 CPU 接口对应上就可以，还需要注意主板支持的 CPU 类型，否则即使主板的 CPU 插槽匹配了 CPU 接口，也不一定能使用。

(3) 支持的内存频率。和 CPU 的支持内存频率一样，选购主板时应尽量与所选购的 CPU 的支持内存频率保持一致。

同时，在主板选购时还应注意以下几点：

(1) 用途。选购主板的第一步应该是根据用户的需求进行选择，如游戏发烧友或图形图像设计人员，需要选择价格较高的高性能主板。

(2) 扩展性。扩展性即主板上的插槽数量，因为一般情况下不需要考虑主板升级，所以应把扩展性作为重要的选购标准。

(3) 性能指标。主板的性能指标非常容易获得，选购时，可以在同样的价位下对比不同主板的性能指标，或者在同样的性能指标下对比不同价位的主板，这样就能获得性价比较好的产品。

3. 选购内存

内存(Memory)又被称为主存或内存储器，其功能是用于暂时存放 CPU 的运算数据与硬盘等外部存储器交换的数据。内存的大小是决定计算机运行速度的重要因素之一。目前主流的是第 4 代 DDR4 内存，如图 1-6 所示。内存的主流频率是 2133/2400 MHz，常见大小为 4 GB(办公)或 8 GB。

图 1-6　DDR4 内存条

内存的类型很多，不同类型的主板支持不同类型的内存，因此在选购内存时需要考虑主板支持的内存类型及内存主频：

(1) 内存类型。内存类型必须和选购主板的支持内存类型一致，否则接口不同，无法连接。

(2) 内存主频。内存主频尽量匹配选购的 CPU、主板的支持内存频率参数，否则计算机运行时，高频部件会自动降频使用。

4. 选购硬盘

硬盘主要分为机械硬盘和固态硬盘两类。在选购硬盘时应注意以下三个选购指标：

(1) 容量。硬盘容量是选购硬盘的主要性能指标之一，包括总容量、单碟容量和盘片数三项参数。该项参数根据购买者自身使用情况决定，一般来说，普通用户 1 TB 容量的硬盘基本够用，如果存储资料较多，则可选择更大的容量。

(2) 接口。和内存类型选购方法类似，硬盘需要匹配主板的支持硬盘接口，否则接口不同，无法连接。目前机械硬盘的接口类型主要是 SATA，它是 Serial ATA 的缩写，即串行 ATA。SATA 接口提高了数据传输的可靠性，还具有结构简单、支持热插拔的优点。目前主要使用的 SATA 包含 2.0 和 3.0 两种标准接口，SATA 2.0 标准接口的数据传输速率可达到 300 Mb/s，SATA 3.0 标准接口的数据传输速率可达到 600 Mb/s。

(3) 传输速率。传输速率是衡量硬盘性能的重要指标之一，包括缓存、转速和平均寻道时间三个参数。

机械硬盘的主要生产厂商为希捷和西部数据两大品牌，通常情况下 1000 GB(1 TB)或者以上的机械硬盘转速主流是 7200 r/min。机械硬盘的正反面如图 1-7 所示，内部结构如图 1-8 所示。

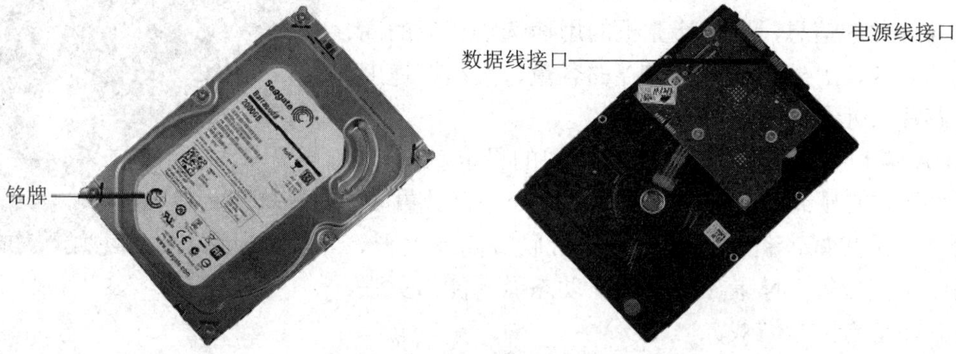

图 1-7　机械硬盘外观

图 1-8　机械硬盘内部结构

固态硬盘(Solid State Disk, SSD)品牌有很多，外观如图 1-9 所示。目前较好的品牌主要有英特尔、三星、金士顿、威刚、影驰等。

图 1-9　固态硬盘

如果是家庭用或者办公用，当存储数据不多时可以考虑只使用固态硬盘；如果是设计或者存储东西偏多时建议使用机械硬盘，或者固态硬盘和机械硬盘搭配使用。

固态硬盘常见的接口有 SATA 和 M.2，如果主板支持 M.2 接口，建议使用速度更快的 M.2 接口固态硬盘。

5. 选购显卡

显卡是计算机中最基本的组成部分之一，承担输出显示图形的任务，其外观如图 1-10 所示。在选购显卡时只追求显存是不正确的，应综合考虑显卡各方面的信息，根据计算机的用途选购相应的高、中、低档显卡，另外还应考虑显存的容量、类型、速度、位宽、芯片、元器件及品牌、做工等。

图 1-10　显卡外观

(1) A 卡和 N 卡。A 卡即 AMD 公司的显卡，N 卡即 NVIDIA 公司的显卡。同等性能下，A 卡处理器数量多，画面处理效果更好，价格也略高，适合欣赏高清电影、处理高画质图像等。N 卡显频更高，动态显示能力更强，价格便宜，适合大型游戏。

(2) 显存。显存是用来存储要处理的图形信息的部件。一般来说，用于学习、打字、上网、玩一般的游戏等，选择 1000 元以内的低端显卡即可，显存有 2 GB 就够用；经常玩各种游戏，但仅仅是简单玩一玩，并不苛求运行速度，选择价格在 1000～3000 元左右的中端显卡，显存一般 3 GB 就够用；需要流畅运行大型 3D 游戏或专业图形图像制作，最好选择价格在 3000 元以上的高端专业显卡，显存最好是 4 GB 以上。

(3) 显存位宽。这是很多购买者经常忽略的一个重要参数。显存位宽指显存在一个时钟周期内所能传送数据的位数。如 32 位显卡，指在一个时钟周期内传送的二进制数据长度为 2^{32}。因此，在选择显卡时应尽量选择 256～512 位显存位宽的显卡，尽量不选择 128 位及以下显存位宽的显卡。由于显存位宽对显卡性能的影响要比显存容量的影响大，因此应该优先考虑大显存位宽的产品。

显卡的两个核心部件——芯片和显存的发热量都非常大，如果工作时得不到及时地散热，将影响整个显卡的稳定性，甚至导致这两个关键部件损坏。目前优质的显卡都采用大面积的散热片和大功率风扇，使显卡芯片和显存产生的热量及时地散发出去。

6. 选购电源

电源的品牌有很多，品牌较好的有长城、航嘉，性价比高的有爱国者、先马、鑫谷等。电源大小主要视显卡大小而定，比如显卡 GTX1060，须至少选用额定功率 400 W 的电源，计算机电源外观如图 1-11 所示。

图 1-11　计算机电源外观

7. 选购机箱

机箱一般为矩形框架结构，主要用于为主板、各种输入卡或输出卡、硬盘驱动器、光盘驱动器、电源等部件提供安装支架，机箱外观和内部结构如图 1-12 所示。用户根据需要和喜好选购即可，购买时可适当考虑板材厚度，如果要装水冷的话就要选支持水冷的机箱。

图 1-12　机箱外观和内部结构

8. 选购键盘/鼠标

键盘/鼠标的接口主要有 PS2 和 USB 接口两种，目前 PS2 接口使用较少，其最大的缺陷就在于不支持热插拔，用户在更换 PS2 接口的设备时需要重启操作系统才能生效，因此购买时可考虑 USB 接口的键盘和鼠标，如果条件允许，也可以选购无线键盘和鼠标。

9. 选购显示器

显示器有 DELL、三星、飞利浦、LG、冠捷(AOC)、Benq、Acer、长城等。显示器涉及的主要参数有尺寸、面板类型、亮度、分辨率、响应时间、刷新率、水平与垂直可视角度、色域、色数、曲率等。

技能训练　计算机硬件各部件选购

一、实训目的

(1) 掌握计算机硬件组成。
(2) 掌握计算机硬件各部件选购参数并能进行优劣判定。

二、实训器材

实训器材要求见表 1-1。

表 1-1　实训器材表

实训器材	数　量	备　注
计算机	1 台	需要连接 Internet

三、注意事项

(1) 计算机运行时，禁止挪动主机，防止振动。

(2) U 盘等外部存储设备使用完毕后需及时取出。

(3) 计算机运行时，如无特殊情况请勿人为断电以及按机箱重启按钮。

(4) 计算机运行时，敲击键盘、鼠标不要太用力，轻触即可。

(5) 如需关机，先关闭当前所有窗口，再用鼠标左键依次单击“开始”→“关闭计算机”→“关机”，然后等待程序关闭计算机至主机外指示灯显示为全灭状态。

四、实训操作

1. 查询计算机硬件

打开计算机浏览器，查询计算机硬件，将查询的结果记录在实训报告册上。

2. 查询计算机硬件各部件选购参数并分析优劣判定

(1) 打开计算机浏览器，查询计算机各部分硬件，每个部分至少选取 2 个硬件。

(2) 对选取的计算机各部分硬件进行优劣判定，将判定的结果记录在实训报告册上。

五、实训考核

根据实训完成的综合情况，给予考核，考核项目及评分见表 1-2。

表 1-2　实训考核表

班级		姓名		扣分记录	得分
项目	考核要求	分值	评分细则		
计算机硬件	能正确查询计算机硬件	40 分	1. 不能正确判定计算机硬件，扣 20 分。 2. 未记录在报告册上，扣 20 分		
硬件分析	能正确对计算机各部分硬件进行优劣判定	60 分	不能正确判定计算机某个部分硬件优劣性扣 5 分，扣完为止		
总　分					

任务二　确定计算机的配置方案

任务目标

计算机不是随意选择硬件就可以组装使用的，想要计算机高性能地运行，整机选购方案就显得尤为重要。本任务将学习如何确定计算机整机的配置方案。

知识链接

一、选购指导原则

计算机的选购不能够在选购配件的时候一味地追求性能较高以及较新的产品，这样选购的计算机不一定适合自己。从价格角度讲，片面追求高档配置的计算机却使用不到它的全部功能，这是一种资源和资金的浪费；过分追求低价，往往会陷入过低配置或者劣质计算机的陷阱。价格只是选购计算机时参考的因素之一，而不能作为选购时唯一的因素。因此，消费者选购计算机时的指导原则应当是——“够用、适用、好用”。

在选购计算机前，首先要明确购买计算机主要用来做什么。如果是为了学习和运行一般的办公软件，或上网以及使用多媒体功能，那么，购买趋于淘汰配置的计算机比较划算；对于学生学习用计算机，可以购买趋于淘汰配置类型的知名品牌计算机。这样既可以得到良好的售后服务和技术保障，又可以避免花费不必要的费用；对于平面设计师或者游戏爱好者，可以考虑高端处理器的计算机，选用大容量和高品质的内存和显卡。

二、制订配机方案

在制订配机方案时，我们需要注意以下几点：

1. 购买计算机的目的

就是买计算机用来做什么？用途不同，计算机的配置也不同，要量身定做，一般用途普通配置、复杂用途高档配置。

2. 购买者的资金状况

单单从用途制订的配置方案，若资金不足将很难实现。因此，制订配置方案时还应考虑购买者的资金状况。

3. 资金的消费重点

若购机时资金不是很充足，应根据购机目的和实际资金状况，确定资金的消费重点。

确定配机方案后，我们需要根据需求确定计算机档次，之后根据计算机档次确定 CPU 档次，接着根据 CPU 确定主板，然后根据主板插槽确定其余部件，完成选购。

三、选购注意事项

(1) CPU、主板支持的内存频率与内存的内存频率尽量一致。

(2) 主板芯片与 CPU 的搭配对性能的影响。

(3) 关注市场信息。

只有较好地做到以上几点，才能正确地进行计算机整机的选购。

四、在线攒机

目前国内有很多的专业 IT 网站都提供了免费的在线攒机服务，比如太平洋电脑网的自助装机(https: //www.pconline.com.cn/)和中关村在线的模拟攒机(http: //www.zol.com.cn/)。

进入在线攒机界面后，最上面有选择配件项，左侧是配置清单，右侧可以对目前市场上存在的配件进行筛选，界面如图 1-13 所示。

图 1-13　在线攒机界面

在在线攒机系统中，可以根据确定的攒机方案对计算机配件进行选购。如果对于选择的计算机配件参数不清楚，可以进入参数界面查看主要参数、功能参数以及其他参数，同时也可以查看该配件在其他网城的报价以供参考。

同时，选购者也可以对多个配件进行比较，在“竞品对比”功能中，可以选择多个配件进行参数比较，该功能能直观地反映出各个配件的优劣。

当完成选购方案后，也可以在选购方案的最下面填写配置类型、配置名称、配置说明，然后提交方案进行论坛发布，网上攒机爱好者可以在论坛下方对该配给方案进行点评。

技能训练　确定计算机的配置方案

一、实训目的

(1) 了解在线攒机网站。
(2) 掌握在线攒机配置单的使用。

二、实训器材

实训器材要求见表 1-3。

表 1-3　实训器材表

实训器材	数　量	备　注
计算机	1 台	需要连接 Internet

三、注意事项

(1) 计算机运行时，禁止挪动主机，防止振动。

(2) U 盘等外部存储设备使用完毕后需及时取出。

(3) 计算机运行时，如无特殊情况请勿人为断电以及按机箱重启按钮。

(4) 计算机运行时，敲击键盘、鼠标不要太用力，轻触即可。

(5) 如需关机，请先关闭当前所有窗口，再用鼠标左键依次单击“开始”—“关闭计算机”—“关机”，然后等待程序关闭计算机至主机外指示灯显示为全灭状态。

四、实训操作

1. 查询在线攒机网站

打开计算机浏览器，查询在线攒机网站(如太平洋计算机网、中关村在线等)。

2. 掌握在线攒机配置单的使用

(1) 打开计算机浏览器，进入在线攒机网站中的在线攒机界面。

(2) 选取计算机各部分硬件，将攒机配置方案记录在实训报告册上。

五、实训考核

根据实训完成的综合情况，给予考核，考核项目及评分见表 1-4。

表 1-4　实训考核表

班级		姓名		扣分记录	得分
项目	考核要求	分值	评分细则		
硬件分析	能正确对计算机整机进行选配	100 分	1. 不能正确对计算机整机进行选配，选配的计算机方案无法使计算机运行，不得分。 2. 基本能正确对计算机整机进行选配，选配的计算机方案能使计算机正常运行，但性能发挥不高，扣 40 分。 3. 能正确对计算机整机进行选配，并且选配的计算机方案能较好地发挥计算机整机性能，不扣分		
总　分					

项 目 小 结

通过本实训项目，应重点理解和掌握以下理论和技能知识：

(1) 计算机硬件系统的五大部分及工作原理。

(2) 正确认识及选购计算机各个部件。

(3) 能正确对计算机整机进行选购。

思考与练习

一、简述题

简述计算机系统硬件的工作原理。

二、解析题

对下面的计算机配置进行分析，并说明其优点和缺点。

CPU	Intel 酷睿 i5 7500
主板	华硕 B250G Gaming
内存	金士顿 DDR4 2400 8G
机械硬盘	西部数据 WD10EZEX
显卡	影驰 GT 1030 虎将
机箱	航嘉暗夜精灵 2 黑
电源	游戏悍将 80+ S500
显示器	HKCT2100
键盘	雷柏 V500 合金版游戏机械键盘
鼠标	雷柏 V19
音箱	耳神 ER2801
散热系统	赛普雷屠城 SP-290L
声卡	集成
网卡	集成

实训项目二　硬件系统组装

项目分析

我们通过实训项目一的学习，对计算机硬件设备已经有了全面的了解。计算机硬件是指由机械、电子器件、电路等集成的实体部件，具有输入、存储、计算、控制和输出功能。将计算机硬件组装成功并发挥良好的运行性能，是本实训项目的主要教学目标。

本项目需要完成以下任务：

1. 完成计算机组装前的注意事项和工具准备。
2. 完成计算机的硬件组装。
3. 完成计算机内部跳线的连接。
4. 完成外部硬件连接并通过开机测试。

知识目标

1. 了解计算机硬件安装的注意事项及组装原理。
2. 了解计算机内部跳线的连接。

能力目标

1. 掌握计算机硬件安装的方法。
2. 掌握计算机跳线连接的方法。
3. 掌握新计算机组装后开机检测的方法。

任务一　硬件组装前的准备工作

任务目标

很多同学非常喜欢自己组装计算机，组装计算机不仅价格便宜，更重要的是能在组装计算机的过程中学习计算机硬件知识。本任务主要指导学生组装计算机，掌握基本的组装步骤和技巧，完成计算机硬件组装。

知识链接

组装计算机之前，应该准备好计算机硬件和组装工具。计算机硬件的选购方法已经在实训项目一中进行了学习，组装工具则用于固定计算机硬件，通常使用十字螺丝刀(分为粗牙和细牙)安装，同时还需要准备镊子和尖嘴钳等。

一、计算机组装常用工具

1. 螺丝刀

螺丝刀是装机人员常用工具中最重要的一个，十字螺丝刀是必需的。一字螺丝刀虽然不常用，但也应该准备。使用顶部带磁性的螺丝刀更加方便，可以将装机时不小心掉入机箱内的螺丝取出来。

2. 套装螺丝刀工具

在我们以后学习的计算机组装中需要使用更多螺纹类型的螺丝刀，我们可以选择适宜笔记本计算机的套装工具，该套装工具支持更多的计算机、手机等维修。

3. 尖嘴钳

尖嘴钳也是装机人员常用工具中不能缺少的一个，它用于取下机箱背部的挡片和安装铜柱。在有些不标准的机箱内，做工不是很好，容易出现不平的地方，导致无法正确地安装计算机配件，此时就可用尖嘴钳来消除这些不平之处，以减少安装过程中的麻烦。

4. 导热硅胶

在安装 CPU 的时候，导热硅胶是必不可少的(注意一定是导热型)。它主要用于填充散热器与 CPU 表面的空隙，能更好地帮助 CPU 散热，保障计算机正常工作，它具有卓越的抗冷热交变性能、耐老化性能和电绝缘性能，并具有优异的防潮、抗震、耐电晕、抗漏电性能和耐化学介质性能。它可在 –60℃～280℃持续使用且性能良好，不溶胀并且对大多数金属和非金属材料具有良好的粘接性，能对电子元器起到良好的散热效果。导热硅胶如图 2-1 所示。

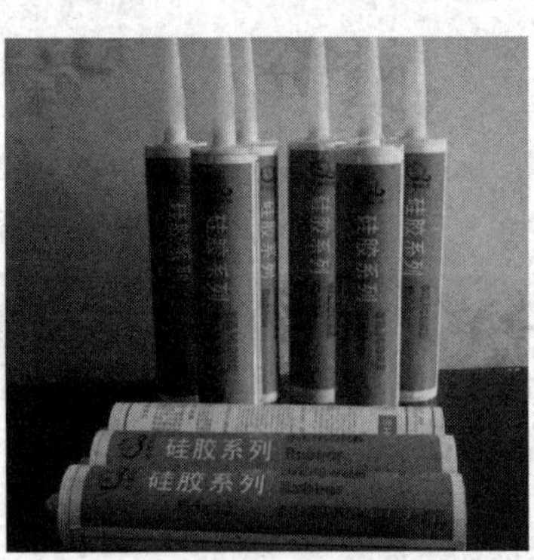

图 2-1　导热硅胶

5. 防静电手套

装机人员常用工具中也有用于防护的工具。在组装计算机时，装机人员双手带上防静电手套(如图 2-2 所示)，可以防止静电释放，避免对主板显卡等硬件上面的电子元件造成损伤。如果没有准备，在装机前用流水清洗双手再擦干或者摸摸大件的金属件(如金属水龙头)放掉身上的静电亦可。除此之外，戴上手套也能防止机箱的切边割伤手指。

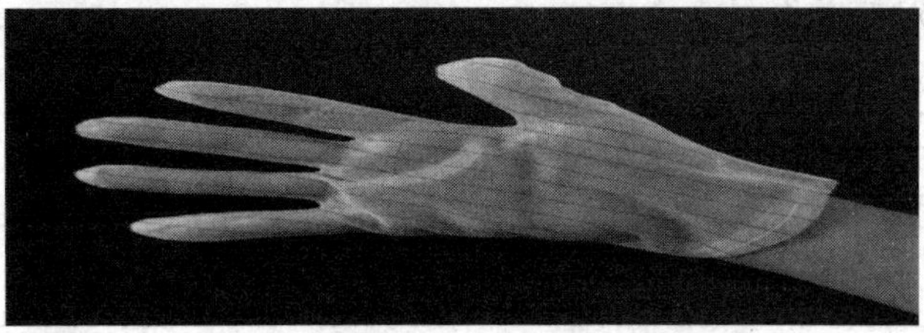

图 2-2　防静电手套

6. 器皿

准备一个器皿(如小塑料盒子)来盛放装机时会用到的一些小零件，以免掉落丢失。在没有器皿时，使用一小块磁铁来吸住螺丝也是个不错的方法。

7. 镊子

镊子主要用来夹取狭小空间内的物体，多数的时候用于设置硬件上的跳线。前面说到尖嘴钳是装机人员常用工具中不能缺少的一个，通常情况下尖嘴钳也能代替镊子。

8. 工作台

装机工作最好在一个宽敞洁净，高度适宜的平台上进行(如写字台)，这样可以让我们在一个相对舒适的环境内进行装机，而且不容易发生零配件丢失的问题。

9. 电源插座

排型插座用来测试组装完成的计算机是否可以正常运行，它也是装机人员的常用工具。装机时最好准备插座位多而且间距大的双排电源插座。

10. 扎线带

扎线带用于绑扎内部连线，使机箱内部更加整洁。值得注意的是，不要用橡皮筋捆扎电缆，橡皮筋在温度变化的时候容易老化。

二、计算机组装注意事项

(1) 计算机配件采购后一般为盒子包装，内部有软泡包装。注意内部独立包装的小配件、导线等。在拆开所有包装后将配件依次平放在工作台上，清点配置清单对照配件数量。

(2) 需要注意的是，在拿取配件时，虽然戴上了静电手套，也应该避免直接抓取电路板，应该轻拿硬件边缘的支架或者电路板边缘。

三、计算机组装流程

计算机装机是一个永恒的话题。装机的更大意义在于让我们享受装机的过程，同时尽快掌握一些相关的硬件知识，以便积累应对初级硬件故障的经验。本任务将带领同学们对计算机硬件进行全面的安装体验。

1. CPU 与芯片组配合

目前桌面处理器主要分为两大品牌：AMD 的 SocketAM2/AM2+以及 Intel 的 LGA775，这些主板的芯片组主要都由 Intel、AMD、NVIDIA 以及 VIA 这四家芯片组厂商供应。芯片组厂商与 CPU 的对应关系见表 2-1。

表 2-1　芯片组厂商与 CPU 的对应关系表

接口类型	主流芯片组厂商	对应主流处理器
Socket AM4	AMD	R9-3500\R9-3500X\R9-3600\R9-3600X\R9-3700X\R9-3800X\R9-3900X\R9-3950X 系列处理器
LGA1151	Intel	Intel Core i9-9900K\i7-8700K\i5-8600\i5-8600K\i3-8300\i3-8350K 系列处理器

决定芯片组支持何种处理器的关键在于主板(北桥)芯片，它一般位于主板的中央附近，装机时卸下散热片或者风扇即可看到其全貌，如图 2-3 所示。

图 2-3　北桥芯片

如果说识别主板的芯片组有困难的话，我们也可以通过对主板上 CPU 插槽的外观观察进行判别。AMD 主流 SocketAM2/AM2+处理器所采用的 CPU 插槽有 940 个针脚，形状较大，而且周围没有支架，而 Intel 处理器所采用的 LGA775 插槽有 775 个针脚，周围有支架，形状如图 2-4 所示。

图 2-4　Intel 主板 LGA775 接口

2. 装机前：安装主板上的 CPU

CPU 发展到现在，设计已经非常防误化，AMD 处理器的边角有一个标识符，只要将这个标识符对准主板插槽上的标识符放进去就好。当然，把 CPU 放好之后，要把扣具卡好，如图 2-5 所示。

图 2-5　AMD 处理器安装

Intel 处理器在针脚上和 AMD 的不同之处是，Intel 把针脚挪到了主板处理器插槽上，使用的是点面接触式。这样设计的好处是可以有效防止 CPU 的损坏，但是弊端是如果主板的处理器插槽针脚有损坏，更换很麻烦。安装 Intel 处理器有一套“防误”方法：注意处理器一边有两个缺口，而在 CPU 插槽上，一边也有两个凸出，对准放下去就可以了。最后用力扣好扣具。安装方法如图 2-6 所示。

图 2-6　Intel 处理器安装

3. 装机前：安装主板上的内存

在安装完 CPU 后，接下来进行内存的安装，事实上内存插槽也集成在主板上。目前主流的内存主要是 DDR3 内存，部分高端主板同时提供了 DDR3 和 DDR4 两种内存插槽，DDR3 和 DDR4 内存接口上的缺口长短是不一致的，要注意区分识别，内存安装如图 2-7 所示。

图 2-7　内存安装

安装内存很简单，只要把内存顺着防误接口用力按下去，卡扣就会自动把内存从两边卡住。记住一定要安装在两个颜色相同的内存插槽上，才能够组成双通道，安装方法如图2-8所示。

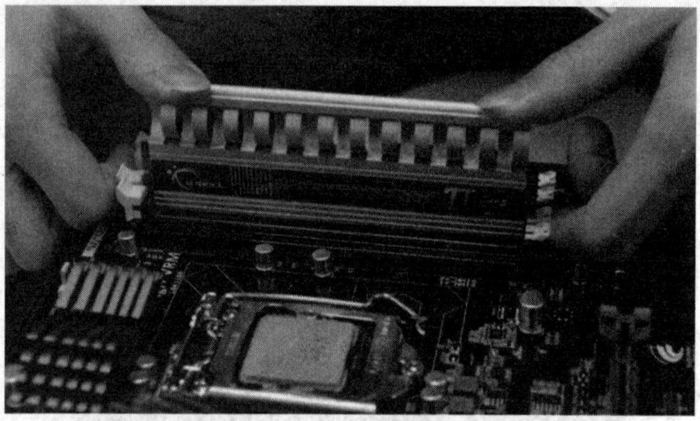

图 2-8　安装内存

4. 装机前：安装 CPU 上的风扇

接下来就是把导热硅胶均匀涂抹在风扇底部，这样有利于 CPU 热量的散发。导热硅胶是高端的导热化合物，其不会固体化、不会导电的特性可以避免诸如电路短路等风险。涂抹方法如图 2-9 所示。

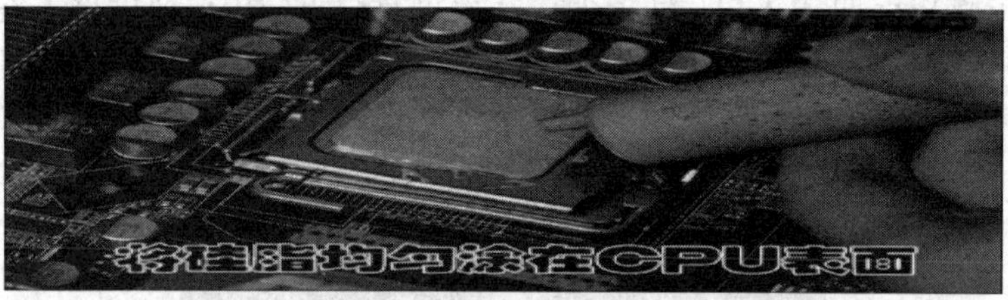

图 2-9　导热硅胶涂抹方法

将硅胶涂好后，就可以安装散热器了。以 Intel 原装的散热器为例，安装的时候将四个支脚对准缺口放好，先向下压紧，然后顺时针拧紧就可以完成安装，安装方法如图 2-10 所示，不同类型的散热器安装方法略微不同。

图 2-10　安装 CPU 风扇

CPU 散热器三线和四线的区别源自散热的风扇，三线的风扇只带有转速侦测功能，而四线的风扇不仅带有转速侦测功能，还能控制风扇转速，降低噪音，节约能耗。因此应首要选择四线的风扇，这样可以节约能耗，同时保障计算机的运行稳定性。风扇电源的连接将在这里一起讲解，后面跳线连接将不再复述。CPU 风扇电源的安装如图 2-11 所示。

风扇接头引出线

针脚	四线风扇支持
1 个	接地
2 个	+12v
3 个	FAN_TACH
4 个	FAN_CONTROL

针脚	三线风扇支持的
1 个	接地
2 个	+12v
3 个	FAN_TACH
N/A	N/A

四线风扇连接到三针风扇接头，　　三线风扇的连接到四针的风扇接头

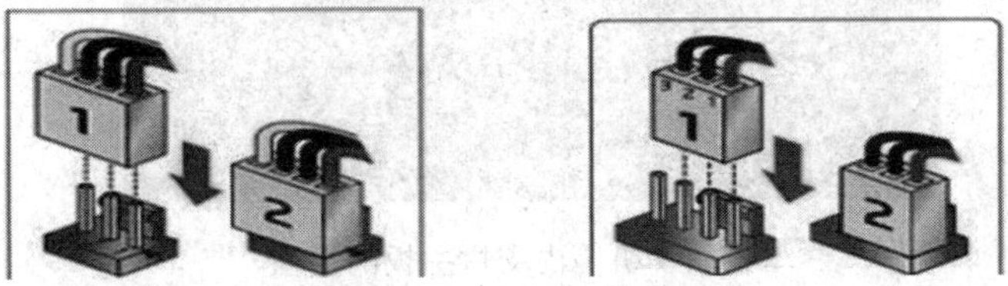

图 2-11　连接风扇电源

5. 装机第一步：安装电源

将安装电源作为装机第一步的好处就是可以防止后期安装电源不小心碰坏主板，另外，现在越来越多的电源开始采用侧面大台风式散热电源，我们在安装的时候要将风扇一面对向机箱空侧，而不是对向机箱顶部，否则会导致散热不均的现象发生，操作方法如图 2-12 所示。

图 2-12　安装机箱电源

安装好电源后，一定要先把主板 I/O 接口的挡板安好后再安装主板，操作方法如图 2-13 所示。

图 2-13　安装主板 I/O 接口

6. 装机第二步：将主板固定在机箱内部

主板不可能裸露在外进行工作，因此必须将主板固定在机箱中。固定主板并不复杂，安装铜柱前需要确认主板的铜柱需求，可以将主板放入机箱采样比对。一般大主板需要安装全部的 8 颗铜柱，小主板安装 6 颗铜柱即可。铜柱采用外螺纹与内螺纹双向支撑的柱体，如图 2-14 所示，安装的时候将内螺纹面向主板，外螺纹安装在机箱的托板上装紧铜柱即可，

全部安装好了之后用专业工具或者尖嘴钳将所有铜柱进行三分之一圈的加固。这样能确保主板的稳定性，减少主板使用过程中的损伤。

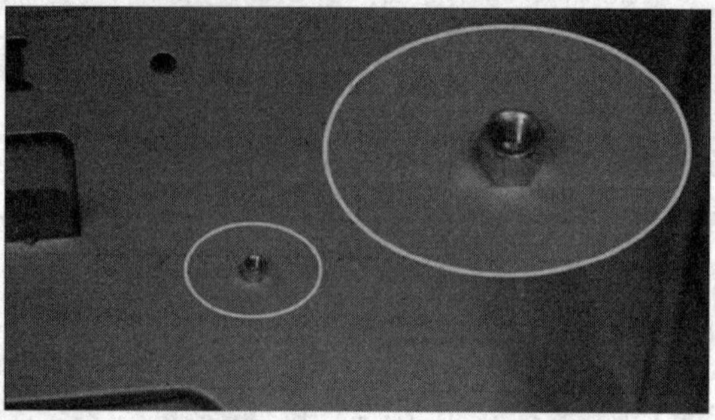

图 2-14　机箱内支撑主板的铜柱

将铜柱安好在机箱底部之后，就可以放置主板了(如图 2-15 所示)，先将主板的 I/O 接口(COM 接口、键盘接口、鼠标接口等)一端试着对应机箱后部的 I/O 挡板，再将主板与机箱上的螺丝孔一一对准，查看哪些螺丝孔需要栓上螺丝。每一块主板四周的边缘上都有螺丝固定孔，这就是用于固定主板的，我们可以根据具体的位置来确定上螺丝的数量。

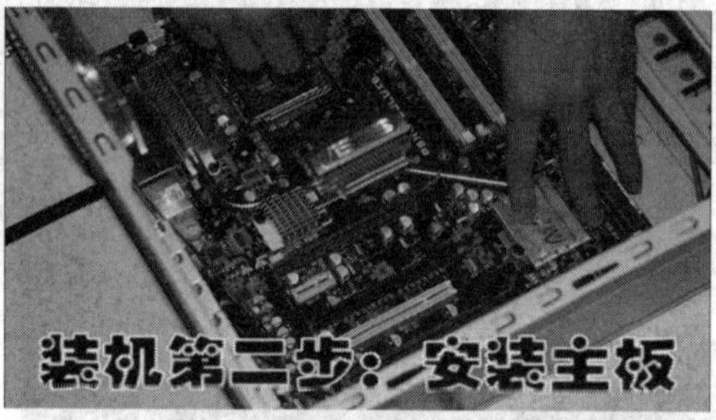

图 2-15　放置主板

固定好主板之后，将各个螺丝孔上紧螺丝(如图 2-16 所示)，主板就安装完毕了。一般采购的主板会配齐标准的主板细纹螺丝，注意安装螺丝先不要拧紧，等全部螺丝都安好以后，再统一加固，这样可以防止主板受力不匀而损坏主板。

图 2-16　安装螺丝

7. 装机第三步：安装显卡

如果我们安装的是独立显卡(如图 2-17 所示)，尤其是高端独立显卡平台的话，应该小心应对，轻拿轻放。当然国际标准的显卡安装也比较简单，去除挡板后将防误式显卡插进主板插槽之后，再拧上一颗螺丝就可以将显卡固定好了。

图 2-17　独立显卡

然后就是将机箱的螺丝拧下来把机箱盖打开，可以看到主板上的若干个插槽(如图 2-18 所示)，两根长的都是 PCI-E 插槽，用来插显卡，中间的两个是 PCI 插槽，用来插声卡等，我们可以根据需要进行选择。

图 2-18　显卡插槽

接着拿出显卡，显卡上会有一个缺口，在独立显卡的卡槽上也有一个缺口，对齐两个缺口的位置，然后往下一按，把卡槽边上的卡扣扣一下，这样就把显卡安装好了，操作方法如图 2-19 所示。

图 2-19　安装显卡

检查显卡已经安装完毕后，用螺丝固定显卡到计算机机箱上。安装完毕的显卡在机箱的后部可以清楚地看见显示器接口，如图 2-20 所示。

图 2-20　机箱显示器接口

接下来详细讲解显卡的供电接口，后面将不再复述。高端显卡一般都会单独供电，供电采用两种接口，一种是 6 孔(如图 2-21 所示)，一种是 8 孔。8 孔的插头是由一个 2 孔和一个 6 孔组成的。

图 2-21　6 孔供电显卡

找到显卡尾端上方的显卡供电接口，选择对应的接口即可，操作方法如图 2-22 所示。

如果显卡上所带的供电接口是 6 孔的，需要将显卡供电线接头上的 8 孔拆分开成一个 2 孔和一个 6 孔的接口。注意分出的 2 孔是黑色线组，而且是易拆组，如图 2-23 所示。

图 2-22　8 孔转 6 孔方法

图 2-23　拆除 2 孔黑色线组

连接好供电线后使用扎线整理好线组，整理好的线组如图 2-24 所示。

图 2-24　整理好的线组

接下来继续讲解 8 孔供电独立显卡的安装方法：找到机箱里面预先留出的显卡供电插头。有的机箱里面提前预留好了两组 6 + 2 孔供电插头；有的机箱里面预留的是两个 8 孔插头，不可拆分；有的预留的是一个 6 孔和一个 8 孔供电插头。组合使用时注意安装的方向，6 + 2 孔供电显卡连接组合方法如图 2-25 所示。

图 2-25　6 + 2 孔供电显卡接线

将组合好了的 8 孔显卡供电插头插入显卡上其中一个插口中按紧，再将另外一个 6 孔和旁边的 2 孔组合起来并插入显卡供电接口中即可，安装好的 8 孔供电显卡如图 2-26 所示。

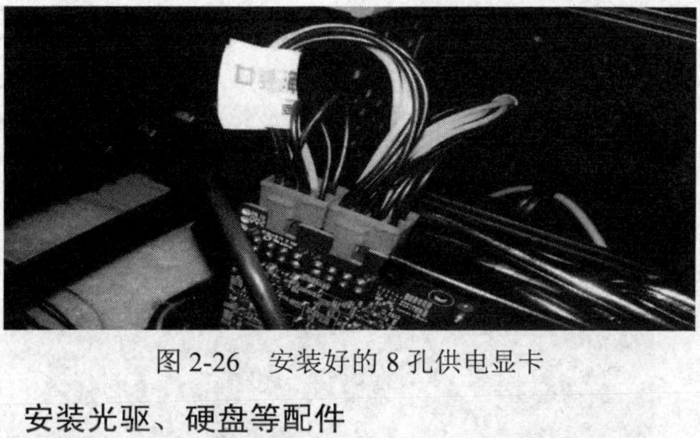

图 2-26　安装好的 8 孔供电显卡

8. 装机第四步：安装光驱、硬盘等配件

把机箱前面板的挡板抠下来，然后把准备好的光驱推放进去，把光驱推进去后，记住要把扣具扣好，才能固定住光驱。目前随着 U 盘技术的成熟，光驱基本失去了应用的价值，只适用于特殊需求，安装方法与硬盘类似，不同的是硬盘从机箱内部推进，固定在托盘架上，拧紧螺丝即可，安装好的硬盘如图 2-27 所示。

图 2-27　硬盘的安装

值得注意的是，固定光驱和硬盘的时候许多人会将背部的螺丝忘记拧紧，此时需要将机箱另外一侧的挡板打开，将螺丝拧紧才能更好地平衡光驱和硬盘，硬盘的固定如图 2-28 所示。

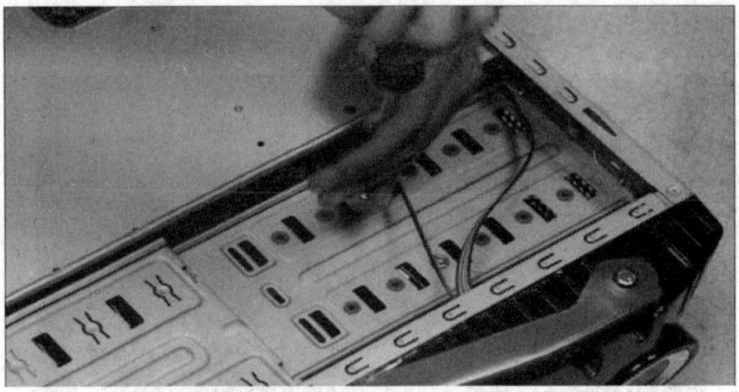

图 2-28　硬盘的固定

9. 装机第五步：接好所有数据线、电源线

将所有配件固定好之后，我们只需要将所有的数据线、电源线接好就可以完成装机工作了。现在主板的电源插座上都有防误设置，错插是插不进去的。主板供电接口一共分为两个部分，即主板供电和辅助供电(如图 2-29 所示)：先插最重要的 24Pin(Pin 即针型串口)供电接口，一般在主板的外侧，很容易找到，对准插下去即可；除了主供电的 20Pin 或 24Pin 电源接口之外，主板还有一个辅助的 4Pin 或 8Pin 电源接口供电，在 CPU 插座附近。

图 2-29　主板供电与辅助供电

光驱和硬盘的电源线、数据线连接如图 2-30 所示。

图 2-30　光驱数据线连接

固态硬盘的安装连接与机械硬盘一致，如图 2-31 所示，这里不再复述。

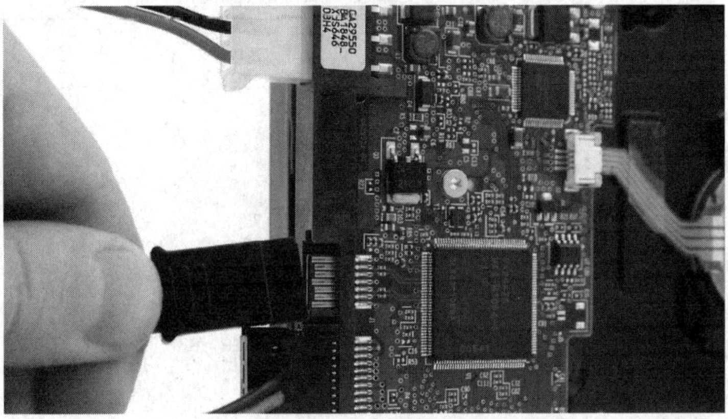

图 2-31　硬盘数据线

总结：计算机组装一定要在进行组装前认真清点并清查计算机硬件，清晰明确地知道每个配件的作用。准备好需要的工具，安装的时候严格按照安装步骤进行，轻拿轻放。安装过程中细心冷静，切勿急躁。如果遇到迷茫的问题要虚心请教，不可忽略不明白的现象。安装螺丝控制好力度，不可暴力操作。

技能训练　计算机硬件组装

一、实训目的

(1) 掌握计算机的硬件组装。
(2) 掌握计算机硬件各部件的安装及工具选择。
(3) 掌握计算机组装的注意事项。

二、实训器材

实训器材要求见表 2-2。

表 2-2 实训器材表

实训器材	数 量	备 注
计算机	1 台	配件未组装
工作台	1 个	
螺丝刀	2 把	长、短各一把
尖嘴钳	1 把	
外接插板	1 套	自带开关
扎线	1 组	10 根
防静电手套	1 双	
小刀	1 把	

三、实训操作

1. 清点计算机硬件

清点计算机硬件，结合课程安排，做好课程笔记。

2. 安装过程记录

(1) 记录安装前的准备工作。

(2) 记录安装过程中每个配件的操作方法，并提出思考。

(3) 记录安装完成后的检查工作。

四、实训考核

根据实训完成的综合情况，给予考核，考核项目及评分见表 2-3。

表 2-3 实训考核表

<table>
<tr><td>班级</td><td colspan="2"></td><td>姓名 </td><td rowspan="2">扣分
记录</td><td rowspan="2">得分</td></tr>
<tr><td>项目</td><td>考核要求</td><td>分值</td><td>评分细则</td></tr>
<tr><td>安装准备</td><td>能正确填写安装过程</td><td>40 分</td><td>1. 不能正确判定计算机硬件安装步骤，扣 20 分。
2. 未记录在报告册上，扣 20 分</td><td></td><td></td></tr>
<tr><td>硬件安装</td><td>能正确对计算机各部分硬件进行安装</td><td>60 分</td><td>1. 不能正确判定计算机某个部分硬件优劣性扣 5 分，扣完为止。
2. 损坏硬件考核为 0 分</td><td></td><td></td></tr>
<tr><td colspan="4">总 分</td><td></td><td></td></tr>
</table>

任务二　主板跳线设置

任务目标

衔接任务一内容，继续完善计算机组装。同学们已经组装好自己的计算机并检查了组装结果，本次任务将继续安装计算机机箱内部的跳线。同学们需要清晰认识计算机的跳线并正确连接跳线，最后完美地启动自己所组装的计算机。

知识链接

同学们在使用计算机的过程中经常会使用耳机、U盘等设备，这些设备的接口都在机箱外面。我们开启计算机、重启计算机等都是从外部进行控制的。那么这些控制在机箱内部是怎么实现的呢？连接错误会不会对计算机带来损害呢？本任务将对这些问题进行解答。

一、主板的跳线串口

首先，我们来更正一个概念性的问题，实际上主板上那一排排需要连线的插针并不叫“跳线”，因为它们根本达不到跳线的功能。真正的跳线是两根/三根插针，上面有一个小小的“跳线帽”，如图2-32所示，它能起到为硬件改变设置、频率的作用。而与机箱连线的那些插针根本起不到这个作用，所以真正意义上它们应该叫做面板连接插针。不过由于和“跳线”从外观上看区别不大，所以我们经常把它们叫做“跳线”，沿用至今也得到了大家的认可，因此本次任务也采用“跳线”的叫法。机箱内部各种配件插线的连接是比较困难的，所有连接到主板上的细线，被统称为主板跳线。经常有不细心的用户将主板跳线搞错，造成不能正常开机的问题。

图2-32　跳线

二、主板跳线分类

主板的跳线大致上都是导线，根据其功能、粗细、接口和线头的不同，一般分为四类：第一类是连接前置面板的开关重启及运行指示灯的线组，第二类是连接前置USB接口的线组，第三类是连接前置音频的线组，第四类是连接计算机运行声音报警器的线组。

三、前置面板

机箱前置面板上有多个开关与信号灯，这些都需要与主板左下角的一排插针一一连接。一般来说，我们需要连接 PC 喇叭、硬盘信号灯、电源信号灯、ATX 开关、Reset 开关，其中 ATX 开关和 Reset 开关在连接时无需注意正负极，而 PC 喇叭、硬盘信号灯和电源信号灯需要注意正负极，白线或者黑线表示连接负极，彩色线(一般为红线或者绿线)表示连接正极。机箱跳线如图 2-33 所示。

图 2-33　机箱跳线

为了更加方便理解，我们先从机箱里的连接线说起。一般来说，机箱里的连接线上都采用了文字来对每组连接线的定义进行标注，但是怎么识别这些标注，这是我们要解决的第一个问题。实际上，这些线上的标注都是相关英文的缩写，并不难记。下面我们来认识机箱前置开关的电源开关，电源开关基本信息见表 2-4，机箱开关跳线如图 2-34 所示。

表 2-4　电源开关基本信息

电源开关：POWER SW
英文全称：Power Switch
别称：POWER、POWER SWITCH、ON/OFF、POWER SETUP、PWR 等
功能定义：机箱前面的开机按钮

图 2-34　机箱开关跳线

在台式机的前置面板上还有一个较小的复位按钮，复位/重启开关基本信息见表 2-5，机箱重启跳线如图 2-35 所示。

表 2-5　复位/重启开关基本信息

复位/重启开关：RESET SW
英文全称：Reset Switch
别称：RESET、RESET SWITCH、RESET SETUP、RST 等
功能定义：机箱前面的复位按钮

图 2-35　机箱重启跳线

我们使用计算机的时候可以观察工作状态指示灯来确认计算机是否处于工作状态。这个指示灯位于前置面板，采用发光二极管，国际标准为绿色光源，工作状态指示灯基本信息见表 2-6，计算机工作状态跳线如图 2-36 所示。

表 2-6　工作状态指示灯基本信息

电源指示灯：+/–
别称：POWER LED、PLED、PWR LED、SYS LED 等
工作状态：OFF/ON

图 2-36　计算机工作状态跳线

硬盘状态指示灯同工作状态指示灯位置一样，也是在前置面板上，采用发光二极管，国际标准为红色光源。硬盘工作状态灯基本信息见表 2-7，硬盘状态灯跳线如图 2-37 所示。

表 2-7　硬盘工作状态灯基本信息

硬盘状态指示灯：HDD LED
英文全称：Hard disk drive light emitting diode
别称：HD LED

图 2-37　硬盘状态灯跳线

故障报警器十分重要。正常计算机的开机声音是短促的一声“滴”。这里必须要注意的是一定要区分跳线的正负极，如果报警器的正负极安装错误，将会直接烧毁报警器。随着生产工艺的进步，ASUS 等主板生产商都会将报警器直接焊接在主板上来降低用户的失误率。报警器基本信息见表 2-8，报警器的跳线如图 2-38 所示。

表 2-8　报警器基本信息

报警器：SPEAKER
别称：SPK
功能定义：主板工作异常报警器

图 2-38　报警器的跳线

USB 技术已经从 2.0 升级为 3.0，它们的区别在于采用不同的接口颜色区分，USB2.0 采用黑色接口，USB3.0 采用蓝色接口。前置声音的输出与输入都已集成为一体，集成后的 USB 与音频端口如图 2-39 所示。

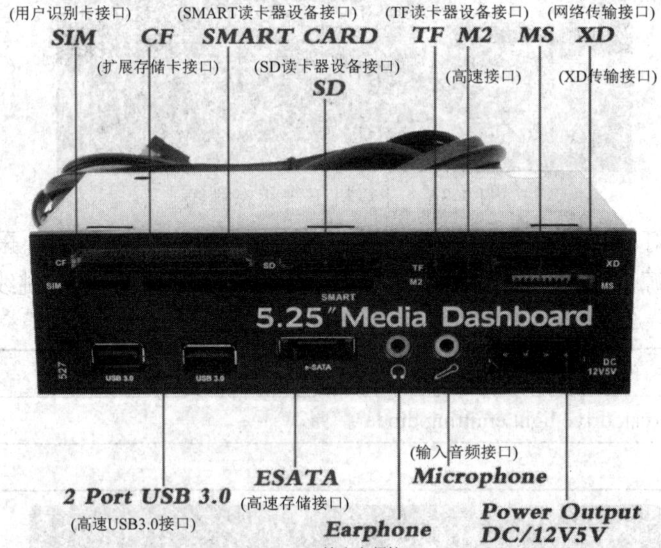

图 2-39　高度集成的前置 USB 及音频

总结：通过上文的学习，我们已经明白了机箱上这些连线的意义，相对而言还是很简单。接下来我们将学习主板上的对接“跳线”。这其中有很多的规律，通过了解这些规律，我们才能做到举一反三，无论什么品牌的主板都不用看说明书就能插好复杂的跳线。

四、主板上的跳线连接针

要学会分辨跳线，我们需要清楚地知道主板上跳线的第一针，即跳线到底从哪儿开始数。方法如下：在主板(任何板卡设备都一样)上，跳线的两端总是有一端会有较粗的印刷框，而跳线的第一针就应该从这里数。找到这个较粗的印刷框之后，本着从左到右、从上至下的原则数就可以了。当然最直接的方法就是观察主板上的简写字母，比如 RST(9Pin)，如图 2-40 所示。

图 2-40　9 针跳线

市场上 70%以上的品牌都采用了这种主板形式。在这里需要注意的是，其中的第 9 针并没有定义，所以插跳线的时候也不需要插这一根。简化 9 针主板上的跳线更加直观，同学们只需要记住简单的字母缩写即可，如图 2-41 所示。

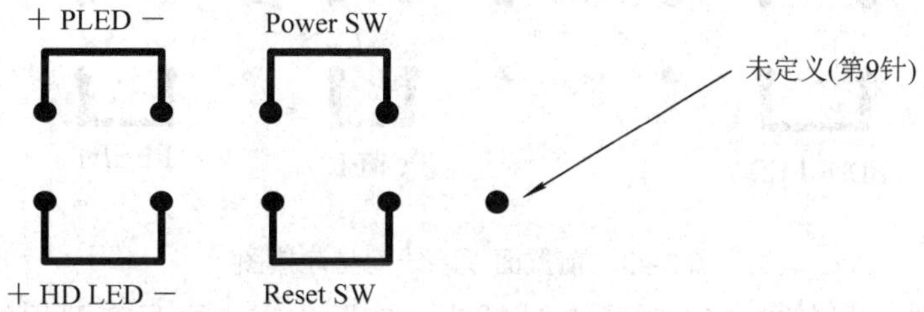

图 2-41　针面板连接跳线示意图

区分机箱上线的正负极也很简单，一般来说彩色的线是正极，而黑色/白色的线是负极(接地，有时候用 GND 表示)。

通过本任务的学习相信同学们已经学到并且认识清楚了主机上的跳线，接下来就可以开始主板的开关/复位/电源指示灯/硬盘指示灯的连接了。现在可以把你机箱里的这部分线拔下来，再插上。为了方便大家记忆，这里我们用 4 句话来概括 9 针定义开关/复位/电源灯/硬盘灯的位置：

(1) 缺针旁边插电源；

(2) 电源对面插复位；

(3) 电源旁边插电源灯，负极靠近电源跳线；

(4) 复位旁边插硬盘灯，负极靠近复位跳线。

五、常用的主板接线方法

相信很多同学装机的时候会优先考虑华硕的主板，其主板天线非常具有代表性(如图 2-42 所示)，我们在这里单独进行讲解。

图 2-42　华硕主板

华硕主板前置面板跳线简易连接方法如图 2-43 所示。

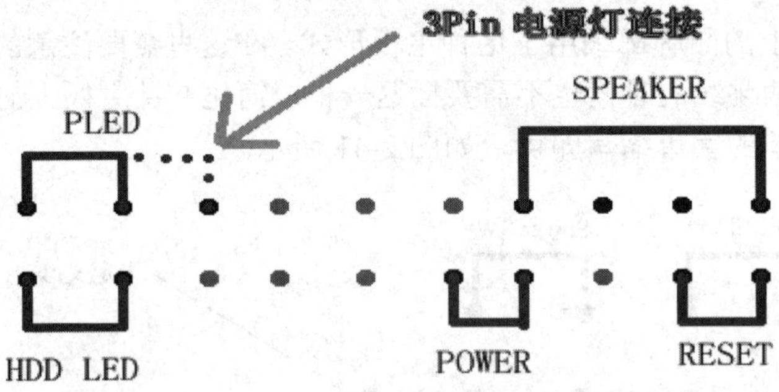

图 2-43　前置面板跳线简易连接图

值得注意的是，机箱的 PLED 是 3 针插头，实际上，上面只有两根线，需要连接到 3 针的 PLED 插针上，如图 2-44 的虚线部分，就是专门连接 3 针的 PLED 插头的。

下面我们来找一下规律。首先，SPEAKER 报警器的规律最为明显，4 针在一起，除了插 SPEAKER 其他什么都插不了。所以以后看到这种插针的时候，我们首先应确定 SPEAKER 的位置；然后，如果有 3 针在一起的，必然是接电源指示灯，因为只有电源指示灯可能会出现 3 针；第三，POWER 开关 90%都是独立在中间的两个插针，当然也可以自己用导体短接一下这两个插针，如果开机，则证明是插 POWER 的，旁边的 RESET 也可以按照同样的方法试验。剩下的直接插硬盘灯，注意电源指示灯和硬盘工作状态指示灯都是要分正负极的，实际上插反了也没什么，只是灯会不亮，不会对主板造成损坏。

六、辨色跳线

除了前面我们讲到的，还有一些主板的接线规律并不太明显，但是这些主板都在接线的旁边有很明显的标志(实际上绝大多数主板都有标志)，根据国际统一标准，主板的插针底座颜色不同，连接时应匹配与之对应的颜色的跳线，如图 2-44 所示。大家遇到这样的主板的时候，按照标志来连线就可以了。

图 2-44　辨色跳线

很多新学组装的同学会提问：“老师，为什么有技术人员可以用随身携带的钥匙来开启计算机，难道计算机也自带门锁吗？”其实通过本任务的学习后，相信同学们已经明白了装机员用钥匙开机的秘密了，实际上用 POWER 相应的插针进行短接即可以开启计算机。

七、前置 USB

前置 USB 的接线方法非常简单，现在一般的机箱都将前置 USB 的接线做成了一个整体，如图 2-45 所示。防误设计十分明显，大家只要在主板上找到相应的插针，插上就可以了。目前主板上前置 USB 的插针都采用了 9 针的接线方式，并且在旁边都有明显的 USB 2.0 标志和 USB 3.0 标志。

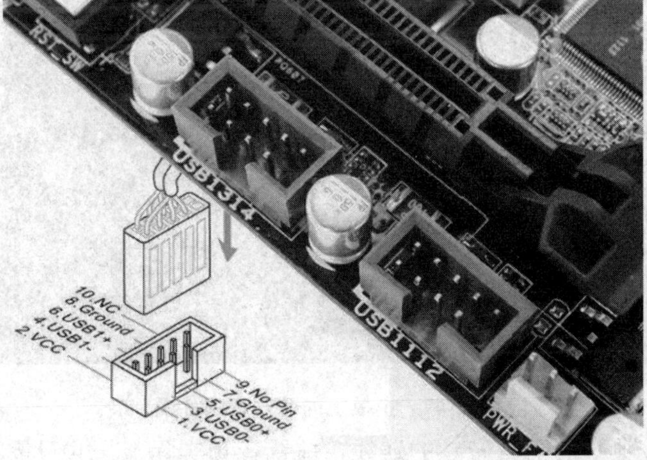

图 2-45　主板上的 USB 跳线

要在主板上找到前置 USB 的插针也非常简单，现在的主板一般都有两组甚至两组以上的前置 USB 插针，找前置 USB 的时候大家只要看到 9Pin，并且有两组/两组以上的插针在一起的时候，基本上可以确定这就是前置 USB 的插针，并且在主板附近还会有标志。然后找到机箱上的前置 USB 连线头(一般是整合型的)，上面一共有 8 根线，分别对应 VCC、Data+、Data-、GND 四种线，直接插上就行。如果是分开的，一般情况下都本着红、白、绿、黑的顺序连接。如图 2-46 所示。

图 2-46　整合后的辨色 USB 跳线

八、前置音频

由于前置音频在长期的使用过程中生产工艺及音频技术的进步，为了满足用户的使用需求，追求高音质的音乐输出，厂商在生产过程中为用户做了防误处理。

从目前市场上主流的主板来看，前置音频插针的排序已经成了一种固定的国际标准。从图 2-47 可以看出，前置音频的插针一共有 9Pin，但一共占据了 10Pin 插针的位置，第 8Pin 是留空的。

图 2-47　主板上的前置音频跳线

图 2-48 是比较典型的前置音频的连线，前置音频实际上一共只需要连接 7 根线，即插针 1、2、3、5、6、9 和 10，4、7、8 为空针，无需连接。在主板的插针端，我们只要

了解每一根插针的定义，就能很好地连接前置音频了。下面我们来看一下主板上每颗针的定义，音频跳线详细对照表见表 2-9。

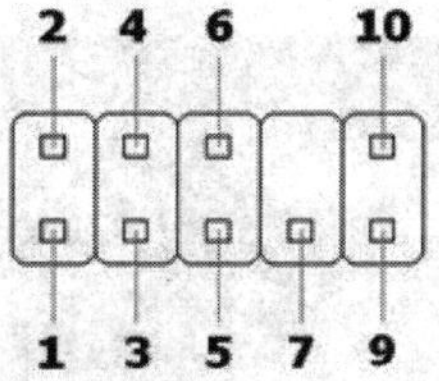

图 2-48　音频跳线细分

表 2-9　音频跳线详细对照表

1 —— MIC-IN/MIC(麦克风输入)	2 —— GND(接地)
3 —— MIC POWER/MIC VCC/MIC BIAS(麦克风电压)	4、7 —— NO PIN(空针)
5 —— LINE OUT FR(右声道前置音频输出)	6 —— LINE OUT RR(右声道后置音频输出)
9 —— LINE OUT FL(左声道前置音频输出)	10 —— LINE OUT RL(左声道后置音频输出)

在连接前置音频的时候，只需要按照表 2-9 的定义，连接好相应的导线就可以了。实际上，第 5Pin 和第 6Pin、第 9Pin 和第 10Pin 在部分机箱上是由一根线接出来的，也可以达到同样的效果。虽然线有点多，但是非常好记。首先记住前三根，第一根是麦克风输入，第二根接地，第三根是麦克风电压，然后第 5Pin 和第 6Pin 插右声道，第 9Pin 和第 10Pin 插左声道。从上往下数就是，Mic In、Mic 电压、右声道、左声道，再外加一个接地。

有的同学会疑惑“为什么音频没有整合的跳线？”，其实现在市面上的机箱已经执行了整合标准，整合的跳线(如图 2-49 所示)不用再为线序烦恼。

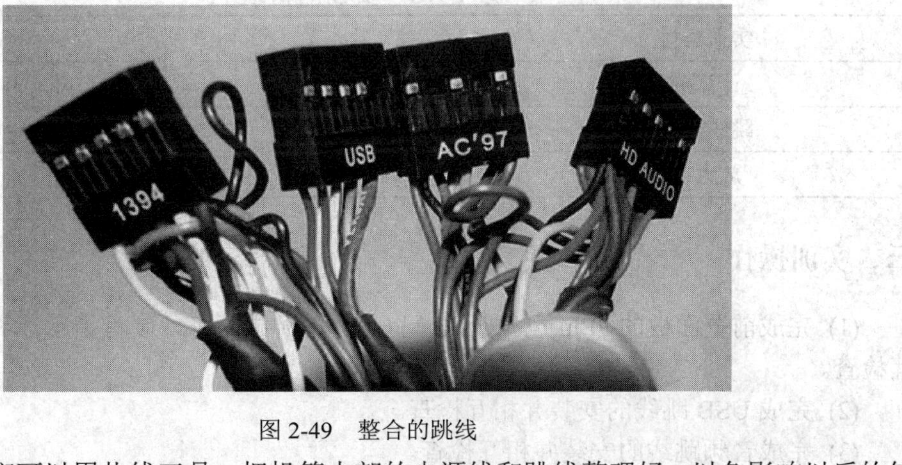

图 2-49　整合的跳线

最后同学们可以用扎线工具，把机箱内部的电源线和跳线整理好，以免影响以后的使用。完成后仔细检查并盖上机箱侧盖，固定好螺丝。

总结：本任务到此告一段落，通过认真学习，解决了主板上繁杂的跳线困扰。当然，随着生产工艺的进步，以后采用整合型的跳线，直接插上就可以使用。例如华硕的接线工具

Q-Connector(如图 2-50 所示)，可以先在机箱外把线接好，然后直接接在主板上。所以，学习计算机组装是一个不断实践，不断探索的过程，科技的发展会让计算机的组装更加简便实用。

图 2-50　Q-Connector

技能训练　设置主板跳线

一、实训目的

(1) 掌握跳线的种类及辨识方法。
(2) 掌握跳线的正负极及连接方法。
(3) 掌握跳线辅助工具的使用方法。

二、实训器材

实训器材要求见表 2-10。

表 2-10　实训器材表

实训器材	数　量	备　注
计算机	1 台	机箱自带跳线
跳线配件	3 组	
放大镜	1 个	

三、实训操作

(1) 完成前置面板的 9Pin 电源开关、重启、电源指示灯、硬盘指示灯等的操作，并相互检查。
(2) 完成 USB 跳线的安装并相互检查。
(3) 完成音频跳线的安装并相互检查。

四、实训考核

根据实训完成的综合情况，给予考核，考核项目及评分见表 2-11。

表 2-11　实训考核表

<table>
<tr><td>班级</td><td colspan="2"></td><td>姓名　</td><td rowspan="2">扣分记录</td><td rowspan="2">得分</td></tr>
<tr><td>项目</td><td>考核要求</td><td>分值</td><td>评分细则</td></tr>
<tr><td>跳线连接</td><td>能正确对计算机的跳线进行连接</td><td>100 分</td><td>1. 能正确对计算机跳线进行连接，但不能完成跳线功能及作用的记录，扣 20 分。
2. 基本能正确完成计算机跳线连接，大部分跳线功能能够正常运行，但个别功能无效，扣 40 分。
3. 能正确对计算机整机跳线进行连接，连接后计算机能正常运行，并清晰记录跳线知识，不扣分</td><td></td><td></td></tr>
<tr><td colspan="4">总　分</td><td></td><td></td></tr>
</table>

项 目 小 结

通过本实训项目，应重点理解和掌握以下理论和技能知识：

(1) 计算机跳线的分类及工作原理。

(2) 正确认识及连接各类跳线。

(3) 能正确对计算机硬件、跳线进行知识积累。

思 考 与 练 习

一、简述题

1. 简述计算机跳线的分类及作用。

2. 简述 USB2.0 与 USB3.0 的区别。

二、解析题

RESET SW 与 POWER SW 这两组跳线是否可以交替使用？详细分析并给出结论。

实训项目三　系统安装的准备工作

项目分析

计算机系统在进行安装前，应先了解该计算机是全新购置的计算机，还是操作系统崩溃后无法修复的计算机。全新购置的计算机如果没有操作系统，需对硬盘进行分区及格式化操作；操作系统崩溃后的计算机已有分区，无需重新分区。确定是否对硬盘进行分区后，再进行计算机 BIOS 设置，了解硬盘接口模式及设置启动顺序。最后选择 U 盘启动盘工具来辅助完成硬盘分区，大小调整、格式化、安装操作系统等操作。U 盘工具是目前非常实用的一种工具，工具中集成了较多的维护软件，如硬盘分区、操作系统安装、数据备份、硬盘修复、系统引导修复以及密码破解等软件。

本项目需要完成以下任务：

1. 修改 BIOS 启动项。
2. 制作 U 盘启动盘。
3. 对硬盘进行分区及格式化操作。

知识目标

1. 掌握 BIOS 和 CMOS 的区别。
2. 掌握 BIOS 的常用设置。
3. 掌握 U 盘启动盘制作工具的使用方法。
4. 掌握常用硬盘分区的知识。

能力目标

1. 能够完成 U 盘启动盘的制作。
2. 能够在 BIOS 中设置第一启动项为 U 盘启动。
3. 能够利用分区软件对硬盘进行分区及调整分区大小。

任务一 BIOS 设置

任务目标

掌握 BIOS 和 CMOS 的区别，了解如何进入 BIOS，能独立完成启动项修改、BIOS 管理员密码设置等常用 BIOS 设置，熟悉快捷键使用。

知识链接

一、BIOS 和 CMOS

1. 什么是 BIOS

BIOS 是英文 Basic Input Output System 的缩略语，直译过来的中文名称是“基本输入输出系统”。BIOS 是一组固化到计算机内主板上一个 ROM 芯片上的程序，保存着计算机最重要的基本输入输出的程序、系统设置信息、开机后自检程序和系统自启动程序。其主要功能是为计算机提供最底层的、最直接的硬件设置和控制。

2. 什么是 CMOS

CMOS 是英文 Complementary Metal Oxide Semiconductor 的缩略语，直译过来的中文名称是“互补金属氧化物半导体”。CMOS 是主板上一块可读写的 RAM 芯片，主要用来保存当前系统的硬件配置和操作人员对某些参数的设定。CMOS RAM 芯片由系统通过一块后备电池供电，因此无论是关机还是系统掉电，信息都不会丢失。

3. BIOS 与 CMOS 的区别

BIOS 是一组硬件设置程序，保存在主板上一块 EPROM 或 EEPROM 芯片中。里面装有系统的重要信息和设置系统参数的设置程序——BIOS Setup 程序。

CMOS 是主机板上一块特殊的 RAM 芯片，如图 3-1 所示，它集成在主板上，保存着重要的开机参数。由于保存需要电力来维持，所以每一块主板都有一颗“纽扣”电池，也叫 CMOS 电池。

图 3-1 CMOS 芯片

两者之者的区别可以简单地认为 CMOS 是硬件，BIOS 是软件，准确的说法是通过 BIOS 设置程序对 CMOS 参数进行设置。

4. BIOS 的分类

BIOS 程序根据制造厂商的不同分为 PHOENIX BIOS、AWARD BIOS、AMI BIOS 和 UEFI BIOS。其中 PHOENIX BIOS 和 AWARD BIOS 已经合并，传统 BIOS 技术正在逐步被 UEFI(Unified Extensible Firmware Interface，统一的可扩展固件接口)取而代之，使用 UEFI BIOS 更加方便和直观，也是科技发展的大势所趋。

二、BIOS 设置

PHOENIX BIOS、AWARD BIOS、AMI BIOS 和 UEFI BIOS 在设置时，虽然布局和某些功能不同，但原理是一致的。UEFI 是一种适用于电脑的全新类型标准固件接口，是对传统 BIOS 的升级和替换。此系统标准由 UEFI 联盟中的 140 多个技术公司共同创建，其中包括微软公司。其目的是为了提高软件的互操作性和解决 BIOS 的局限性。要使用 UEFI 系统，主板和操作系统都须支持 UEFI 功能，目前 Windows 7 64 位、Windows 8、Windows 10 全面支持 UEFI，2013 年以后生产的计算机主板基本都集成了 UEFI 固件。下面以传统 BIOS 和 UEFI BIOS 为例进行设置。

1. 传统 BIOS

台式机一般按“Del”键进入 BIOS。笔记本电脑品牌不同，进入 BIOS 的方式可能不一样，如华硕电脑开机或重启时需不停单击“F8”，联想电脑需连续单击“F2”或同时按“Fn+F2”两个键，有一部分需在关机状态下操作，按 NOVO 键(电脑右侧一个小圆按钮)自动开机也能进入 BIOS。开机时屏幕最下一排也有提示。

(1) 台式机在出现开机画面时，按下“Del”键进入 CMOS 设置主菜单，如图 3-2 所示。

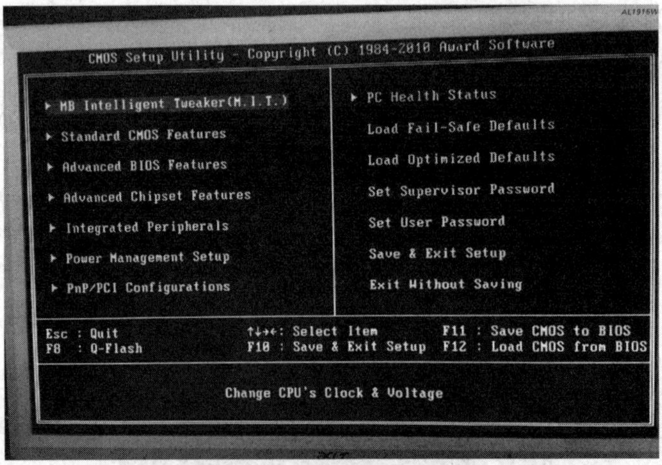

图 3-2　CMOS 设置主菜单

(2) 设置系统的日期和时间，如图 3-3 所示，注意观察最下面的信息提示(快捷键：“Enter”选择确定，“Esc”退出，“+/–/Page Up/Page Down”改变值，“F1”帮助，“F5”“F6”“F7”返回出厂设定的默认值，“F10”保存)。

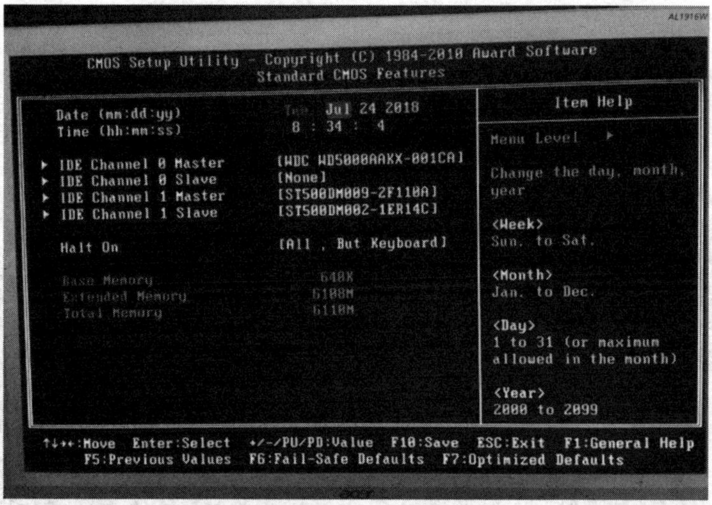

图 3-3　设置系统的日期和时间

(3) 设置系统引导顺序，如图 3-4 所示。

第一步，进入 CMOS 设置主菜单。

第二步，按方向键选中“Advanced BIOS Features”，然后按 Enter 键。

第三步，按方向键移动光标到“First Boot Device”(首选启动设备)选项，用“Page Up”或“Page Down”键设定该项的值为“CDROM”。

第四步，按方向键移动光标到“Second Boot Device”(第二启动设备)选项，按“Page Up”或“Page Down”键设定该项的值为“USB-HDD”。

第五步，按方向键移动光标到“Third Boot Device”(第三启动设备)选项，按“Page Up”或“Page Down”键设定该项的值为“Hard-Disk”。

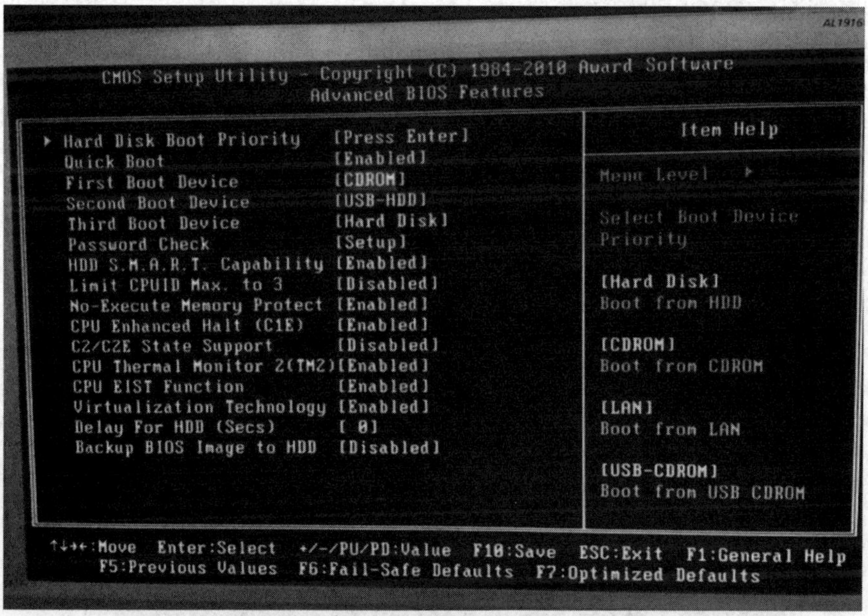

图 3-4　设置系统引导顺序

(4) 设置超级用户密码。

第一步，进入 CMOS 设置主菜单。

第二步，按方向键选中“Set Supervisor Password”，然后按“Enter”键。

第三步，在“Enter Password”后面输入密码，如图 3-5 所示，再按“Enter”键。

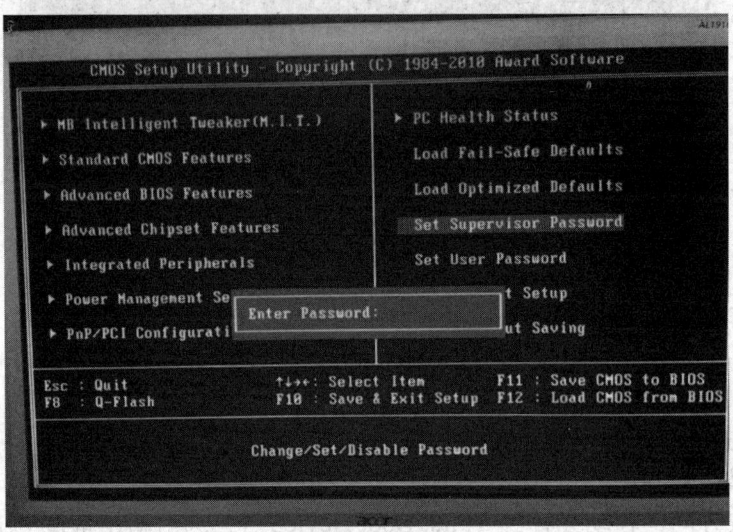

图 3-5　设置超级用户密码

第四步，弹出“Confirm Password”对话框，在后面重新输入刚才输入的密码，然后按“Enter”键。

第五步，按“F10”键保存退出。

(5) 恢复默认设置。

第一步，进入 CMOS 设置主菜单。

第二步，按方向键选中“Load Optimized Defaults”，然后按“Enter”键，如图 3-6 所示。

第三步，按键盘上的“Y”键确定。

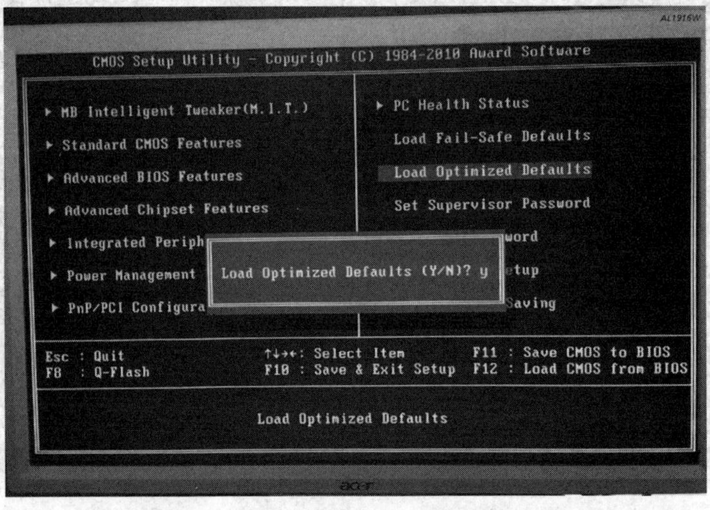

图 3-6　恢复默认设置

第四步，按“F10”键保存退出，如图 3-7 所示。

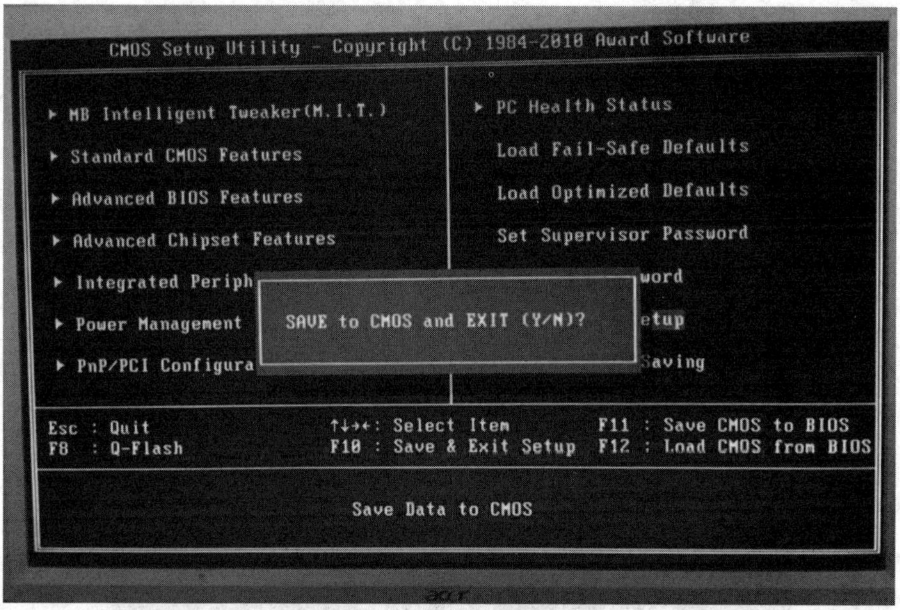

图 3-7　保存退出

2. UEFI BIOS 设置

UEFI BIOS 通常是中文界面，通过鼠标可以直接设置，包括系统设置、高级设置、CPU 设置、固件升级、安全设置、启动设置和保存退出等选项。

(1) UEFI BIOS 主要设置项如图 3-8 所示。

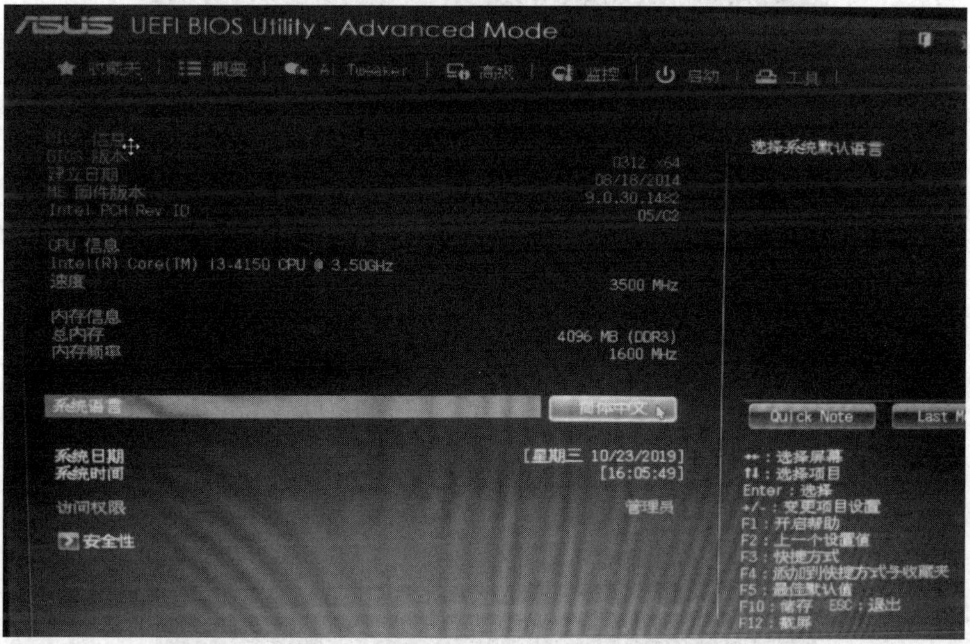

图 3-8　UEFI BIOS 主要设置项

(2) UEFI BIOS 设置计算机启动顺序，如图 3-9 所示。

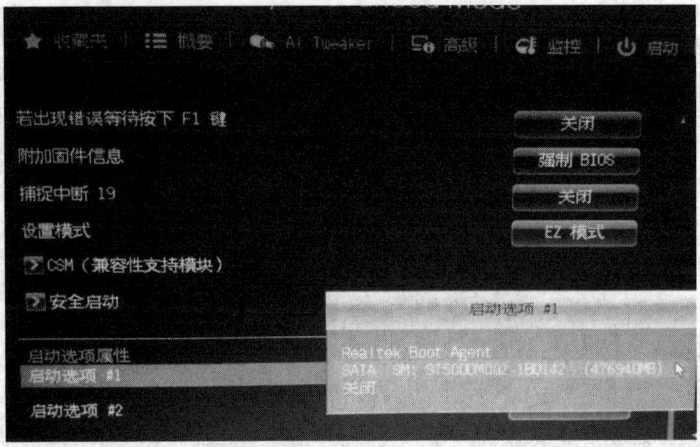

图 3-9　UEFI BIOS 设置计算机启动顺序

(3) UEFI BIOS 设置管理员密码，如图 3-10 所示。

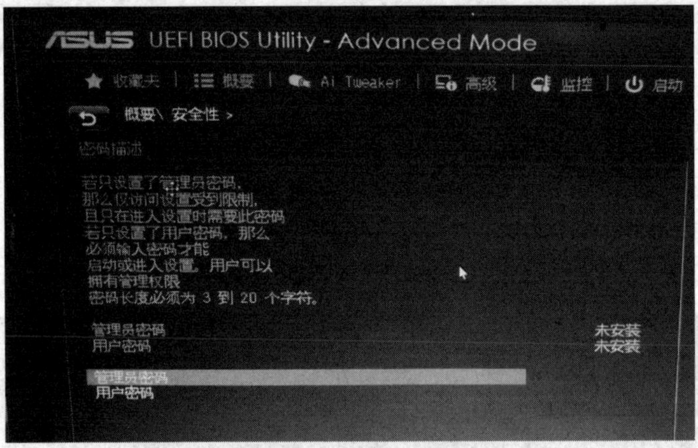

图 3-10　UEFI BIOS 设置管理员密码

(4) UEFI BIOS 设置意外断电后恢复状态，如图 3-11 所示。

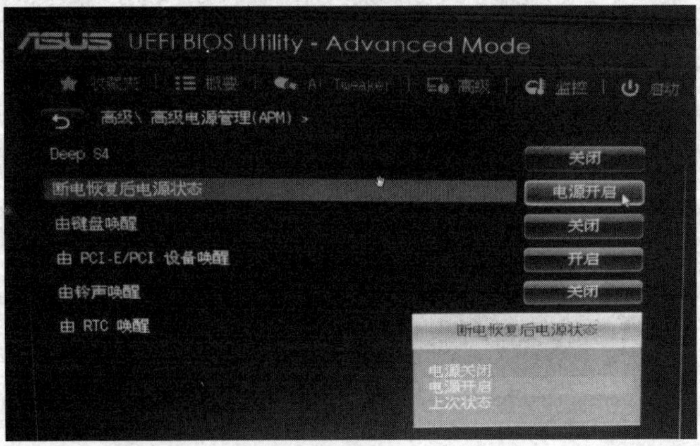

图 3-11　UEFI BIOS 设置意外断电后恢复状态

三、BIOS 的升级

为什么要对 BIOS 进行升级呢？因为升级 BIOS 可以支持最新处理器、增强内存兼容性、提升超频性能、提升系统稳定性、安全性和修正原来 BIOS 的错误(旧版 BIOS 中的 BUG)等功能。那么主板 BIOS 应该怎么升级呢？通常升级 BIOS 的方法有 Windows 系统下自动刷新、Windows 系统下第三方工具刷新和主板自带 BIOS 升级工具刷新等，下面分别介绍这三种刷新 BIOS 的方法。

1. Windows 系统下自动刷新

刷新主板 BIOS 最简单的方法就是在 Windows 系统下刷新，获取到升级文件后只需要双击鼠标，剩下的全部交给计算机自动执行即可，这里面其实还可以分为两种情况：

第一种是主板厂商直接把 BIOS 及升级所需文件打包成了 EXE 可执行文件，用户只要下载对应主板的升级包，双击执行就可以了，华擎提供的 BIOS 升级就有这种方式，具体操作方法如下：

(1) 从华擎官方网站上下载 BIOS 压缩包，如图 3-12 所示。

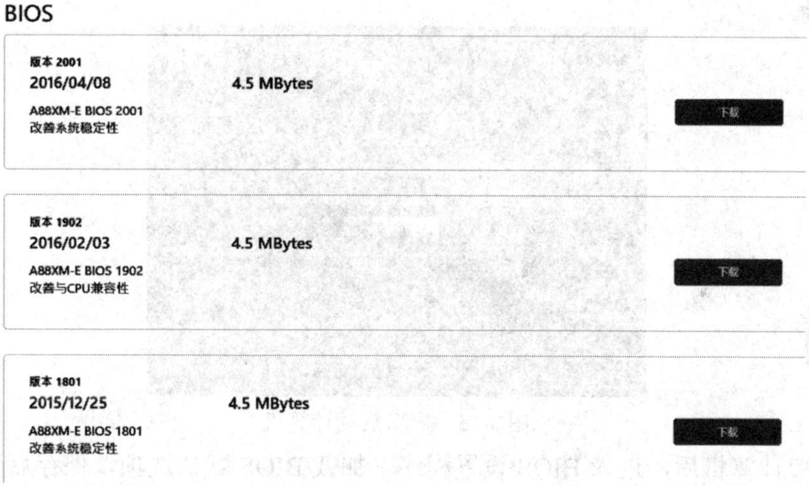

图 3-12　从网站下载 BIOS 压缩包

(2) 解压 BIOS 文件，以管理员身份运行，如图 3-13 所示。

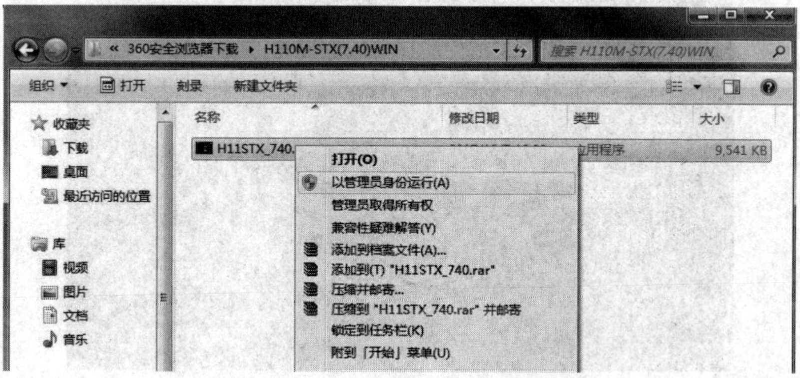

图 3-13　以管理员身份运行程序

(3) 重启计算机后，将会自动刷新 BIOS，此时请勿关机(在刷新 BIOS 的过程中，系统没有提示重启，不能断电和随意重启、关机操作，否则可能出现计算机不能正常引导，无法进入操作系统等故障)，如图 3-14 所示。

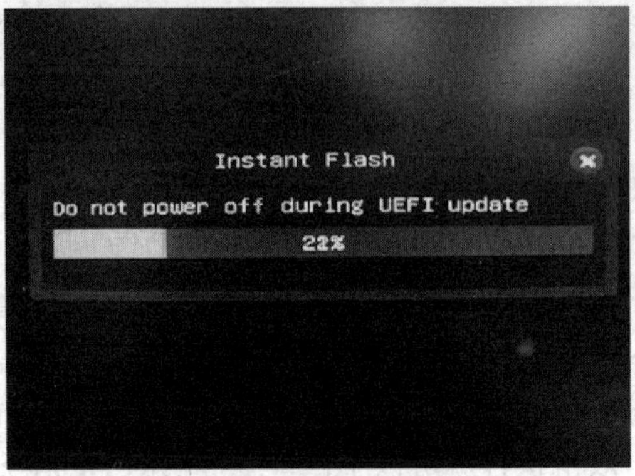

图 3-14　自动刷新 BIOS

(4) BIOS 刷新完成后，会显示“OK”键，如图 3-15 所示，单击“OK”键即可重新启动计算机。

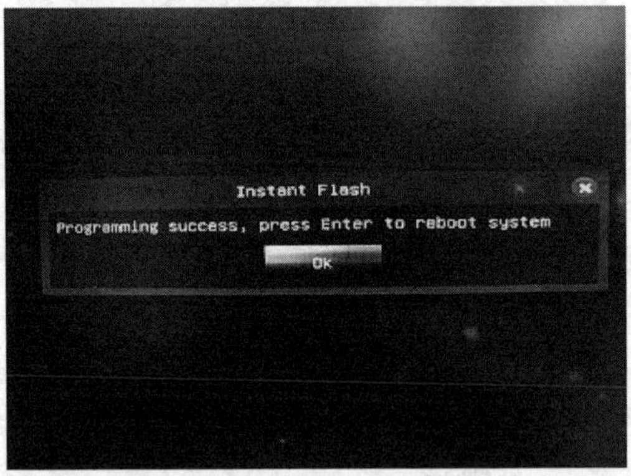

图 3-15　重新启动计算机

(5) 重启计算机后，进入 BIOS 设置程序，加载 BIOS 默认选项，保存后退出即可。

第二种在 Windows 系统下更新的方法需要安装主板厂商的配套软件，华硕主板的 BIOS 升级工具叫做 EZ Update，操作界面如 3-16 所示。

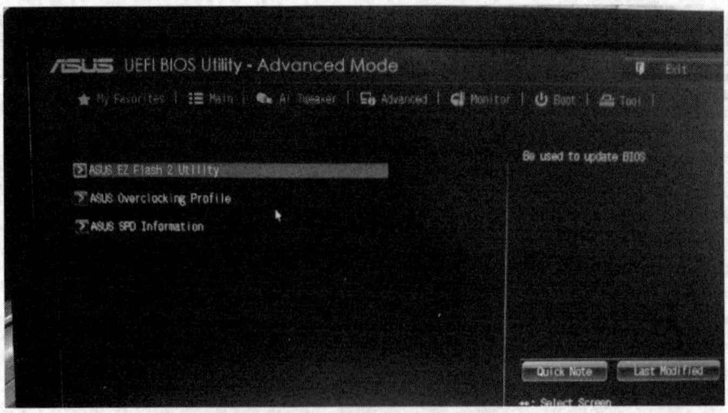

图 3-16　EZ Update 界面

2. Windows 系统下第三方工具刷新

如果主板厂商没有提供官方工具或者可执行程序怎么办呢？这种情况下要想在Windows 系统下刷新 BIOS 就要提升一级的难度了，我们可以使用第三方工具。目前 AMI 的 BIOS 最为常见，刷 BIOS 工具也最为成熟。下面我们以 AMI BIOS 为例进行刷新。不知道主板 BIOS 芯片来源的可以用 CPU-Z 软件查看，识别 BIOS 芯片和版本的功能，查询界面如图 3-17 所示。

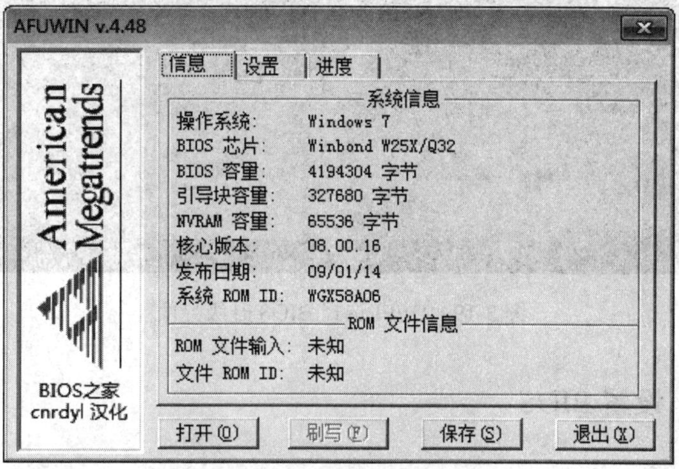

图 3-17　BIOS 查询界面 AFUWIN

3. 主板自带 BIOS 升级工具刷新

(1) 华硕、技嘉、微星、华擎等厂商都提供了 BIOS 刷新工具，UEFI BIOS 升级界面如图 3-18 所示。

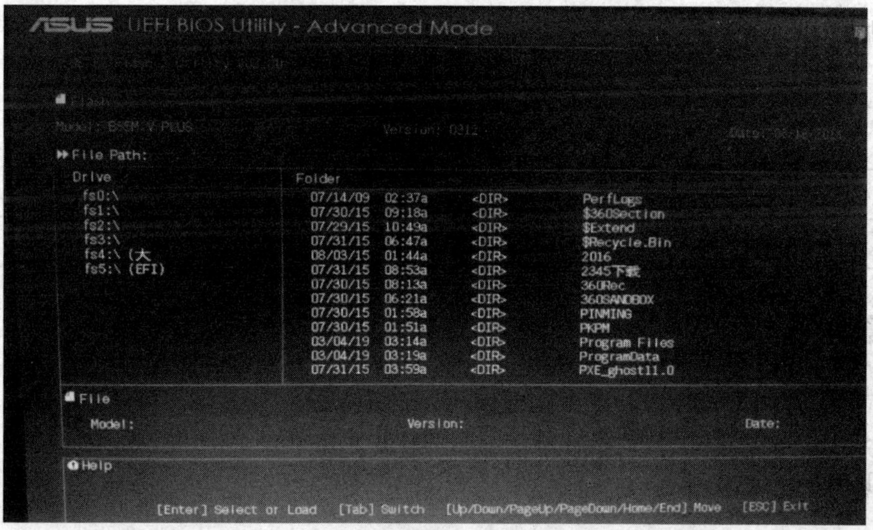

图 3-18　UEFI BIOS 升级界面

(2) 通常情况下，将 BIOS 升级文件提前下载拷贝到移动硬盘中(有些电脑 BIOS 中不能读取 U 盘空间)，通过 UEFI BIOS 操作程序，选择 U 盘中的 BIOS 升级文件即可，如图 3-19 所示。建议升级前提前备份。

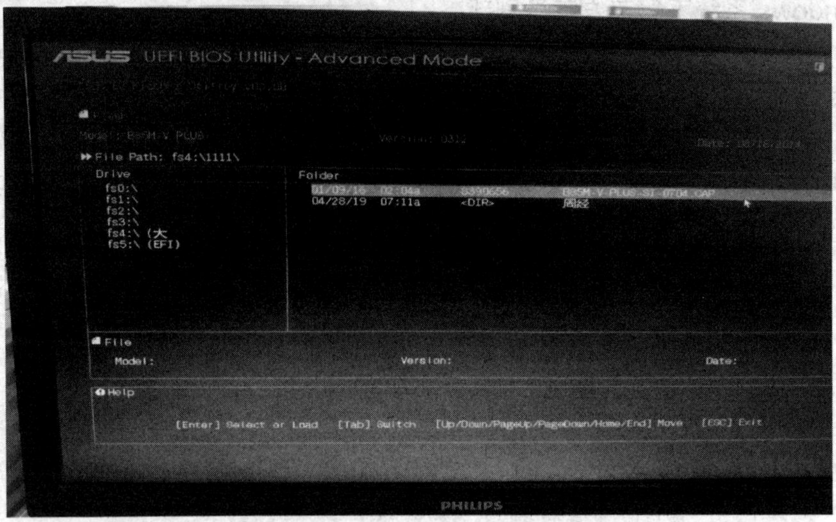

图 3-19　UEFI 选择 BIOS 升级界面

技能训练　设置 BIOS

一、实训目的

(1) 了解 BIOS 的设置方法。

(2) 掌握 BIOS 基础设置的方法。

二、实训器材

实训器材要求见表 3-1。

表 3-1　实训器材表

实训器材	数　量	备　注
计算机	1 台	

三、注意事项

(1) 观察 BIOS 版本。

(2) BIOS 升级过程中，不能断电及中断操作，如计算机使用无问题不建议升级 BIOS，最新的 BIOS 不一定最好用。

四、实训操作

1. 查询计算机硬件配置

进入 BIOS，查询计算机硬件配置，将查询的结果及快捷键功能记录在实训报告册上。

2. 修改 BIOS 参数

(1) 关闭 USB 接口，启动网卡，开启通电自动启动计算机，设置网卡为第一启动顺序，开启 CPU 虚拟化。

(2) 使用快捷键还原 BIOS 到出厂设置，将修改过程记录在实训报告册上。

五、实训考核

根据实训完成的综合情况，给予考核，考核项目及评分见表 3-2。

表 3-2　实训考核表

班级			姓名	扣分记录	得分
项目	考核要求	分值	评分细则		
BIOS 设置	能正确对计算机进行 BIOS 设置	100 分	1. 能按老师要求开启或关闭 USB 接口，启动网卡，开启通电自动启动计算机，开启 CPU 虚拟化，每小项 10 分，共 40 分。 2. 设置网卡为第一启动顺序，还原 BIOS，每小项 20 分，共 40 分。 3. 根据 BIOS，写出主板、CPU 型号、硬盘、内存条大小，每小项 5 分，共计 20 分		
总　分					

任务二　U 盘启动盘的制作及硬盘的分区和格式化

任务目标

采用 U 盘制作软件“大白菜”，制作 U 盘启动盘。通过 U 盘启动盘 PE 系统，使用分区工具对硬盘进行合理分区及格式化。

知识链接

一、U 盘启动盘制作

1. U 盘启动盘介绍

首先了解什么是 U 盘启动盘，它有什么用处？U 盘启动盘我们可理解为以 U 盘为载体，利用工具软件把系统引导软件写入 U 盘，同时集成一些实用的系统维护软件，实现一启动计算机就能将信息识别到 U 盘的一种维护工具。

目前制作 U 盘启动盘工具的软件较多，如“大白菜”“深度”“U 盘装机大师”“老毛桃”等，用这些工具制作 U 盘的启动方法相似，我们可以根据自己的情况选择一款软件下载制作。制作工具一般分为装机版和 UEFI 版，区别在于计算机 BIOS 不一样。装机版需要通过 BIOS 设置 U 盘启动来进入 PE(PE 是 Microsoft Windows 的预安装环境，它是一个以 Windows XP 为核心，在 DOS 系统工作中能使用图形界面的精简版操作系统)，它的优点主要是比 UEFI 启动更稳定，适合 2012 年以前的老电脑。UEFI 版是新一代的 BIOS，具有图形界面，操作简单，不需在 BIOS 中设置启动项，现在的计算机一般都支持 UEFI。

在制作 U 盘启动盘时，准备一个 U 盘，可选择的模式有 HDD-FAT32、ZIP-FAT32 等模式(这里指 BIOS 支持的启动模式)，现在一般都支持 HDD-FAT32 模式，还有一些老旧电脑只支持 ZIP-FAT32 模式。在参数选项中，有两项，分别是 NTFS 和 CHS。NTFS 是一种文件系统，它支持单个文件大小超过 4 GB 的文件；CHS 模式是可用于某些不能自动检测模式的 BIOSCHS 寻址模式。两者没有冲突可以同时选择。在制作完成后，可以选择模拟运行，检测制作是否成功。当遇到 Windows PE 蓝屏和不能正常使用工具时，可以换一种启动 U 盘工具，如“韩博士装机大师”U 盘启动工具。

2. U 盘启动盘安装制作

以“大白菜”U 盘启动盘制作工具为例，首先进入“大白菜”官方网址“http://www.dabaicai.pw”下载 U 盘启动盘制作工具。

(1) 运行安装程序，勾选“阅读并同意大白菜安装协议”，程序默认安装路径在 C 盘，如需更改安装路径，选择“自定义安装”，完成后单击“开始安装”，如图 3-20 所示。

图 3-20　启动盘制作工具安装界面

(2) 在安装完成后弹出对话框，单击“立即体验”，运行该软件，如图 3-21 所示。

图 3-21　软件安装完成

(3) 进入“大白菜”U 盘制作工具主界面，保持默认设置，在“选择设备”位置选择需要制作 U 盘启动盘的 U 盘，单击“开始制作”，如图 3-22 所示。

图 3-22　软件主界面

(4) 弹出“警告信息”对话框，提示“本操作将会删除 U 盘上的所有数据，且不可恢复”，再次确认后，选择“确定”，如图 3-23 所示。

图 3-23　警告信息

(5) 系统进行格式化 U 盘的操作，用时在一分钟左右，如图 3-24 所示。

图 3-24　正在制作 U 盘启动

(6) 完成后弹出“提示信息”对话框，表示制作启动U盘成功，单击“是”，选择“模拟启动”测试U盘的启动情况，如图3-25所示。

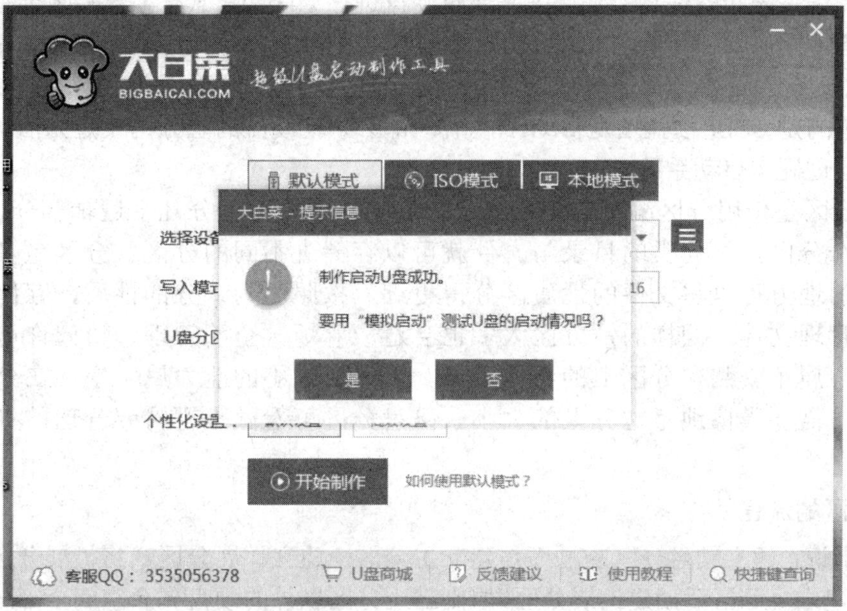

图3-25　制作完成

(7) 进入模拟启动状态，选择“大白菜WIN8 PE高级版(新机器)”，如图3-26所示，若能正常进入PE，则表示测试完成。

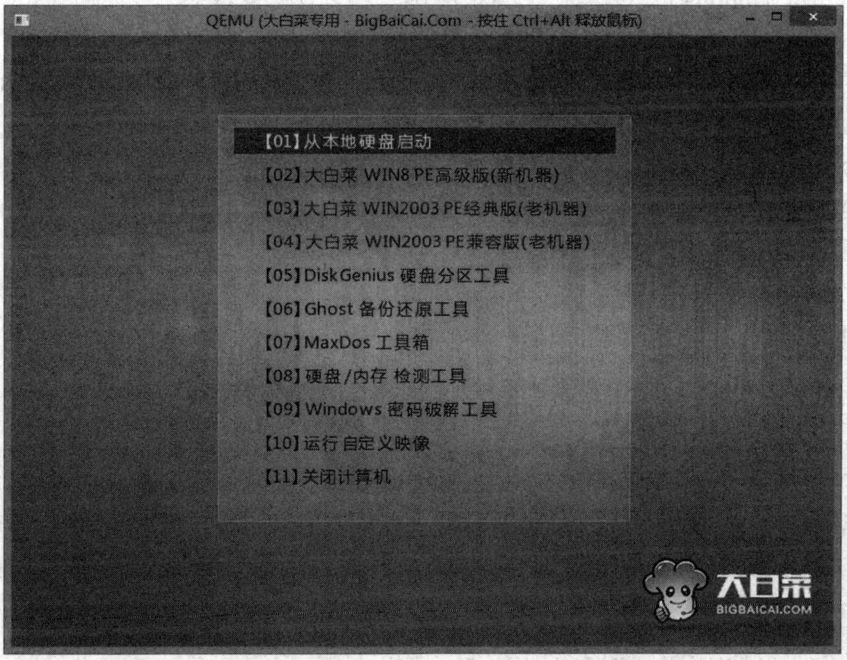

图3-26　测试完成

二、硬盘分区相关知识

安装操作系统和软件之前，首先需要对硬盘进行分区和格式化，然后才能使用硬盘保存各种信息。许多人都会认为既然是分区就一定要把硬盘划分成好几个部分，其实我们完全可以只创建一个分区使用全部或部分的硬盘空间。不过，不论我们划分了多少个分区，也不论使用的是 SCSI 硬盘还是 SATA 硬盘，都必须把硬盘的主分区设定为活动分区，这样才能够通过硬盘启动系统。

磁盘分区是使用分区编辑器(Partition Editor)在磁盘上划分几个逻辑部分，盘片一旦划分成数个分区，不同类的目录与文件就可以存储进不同的分区。分区越多，也就有越多不同的地方可以将文件的性质区分得更细，按照更为细分的性质，存储在不同的地方以便管理文件。同样的，分区太多也会造成麻烦。空间管理、访问许可与目录搜索的方式，属于安装在分区上的文件系统。当改变大小的能力属于安装在分区上的文件系统时，需要谨慎地考虑分区的大小。磁盘分区可看做是逻辑卷管理前身的一项简单技术。

1. 分区的流程

一般来说，建立硬盘分区的顺序是建立主分区→建立扩展分区→将扩展分区分成数个逻辑分区(建立主分区后创建扩展分区，原则上主分区以外的硬盘剩余空间全部分配给扩展分区；接下来创建多个逻辑分区)→激活主分区(Set Active Partition)。

2. 分区的格式

传统的 MBR 分区文件格式有 FAT32 与 NTFS 两种，目前已扩展到了近十余种格式：

(1) FAT16(Windows)：支持最大分区 2 GB，最大文件 2 GB。

(2) FAT32(Windows)：支持最大分区 124.55 GB，最大文件 4 GB。

(3) NTFS(Windows)：支持最大分区 2 TB(1 TB = 1024 GB)，最大文件 2 TB。

(4) HPFS(OS/2)：支持最大分区 2 TB，最大文件 2 GB。

(5) EXT2 和 EXT3(Linux)：支持最大分区 16 TB，最大文件 2 TB。

(6) EXT4(Linux)：使用了 B+ 树索引数据 Extent 的文件系统(有别于 EXT2/EXT3)，支持最大分区 1 EB，最大文件 16 TB。

(7) JFS(AIX)：支持最大分区 4 PB(1 PB = 1024 TB)，最大文件 4 PB。

(8) XFS(IRIX)：支持 9 EB(1 EB = 1024 PB)的分区。

三、FAT32 与 NTFS 文件系统类型的差异

FAT32 文件系统现在使用较少，主要应用 U 盘默认文件系统。最大的特点就是兼容性好，所有系统都能够进行读写，安全性不高，容易被黑客攻击。Windows XP 操作系统采用 FAT32 文件格式，不支持大容量硬盘，1T 大小移动硬盘系统无法识别。目前 FAT32 慢慢在被市场淘汰。

NTFS 是目前使用最广泛的文件系统，采用 NTFS 我们可以进行设置权限的操作，功能上比 FAT32 更多，简单来说就是安全性、易用性、稳定性更好。NTFS 文件系统是在

Windows 2000 后普及的，目前 NTFS 在 MBR 分区类型下可以支持 256 TB，而 GPT 分区下可以支持 18 EB(1 EB = 1024 PB = 1 048 576 TB)。目前计算机硬盘默认使用 NTFS 文件系统，所以在分区或者格式化硬盘的时候一般也默认 NTFS。考虑到兼容性，U 盘不推荐使用 NTFS 文件系统，如拷贝单个文件超过 4 GB，可以选择 NTFS 文件系统。NTFS 文件系统是微软的专利，所以在苹果电脑上是无法使用的，这时用户可以采用另外一种文件系统 exFAT 系统。

exFAT，也可以称为 FAT64，它是由 FAT32 改进而来的，FAT32 不支持 4 GB 及以上大小的文件，所以才有了 exFAT，它最大支持 16 EB，在 Windows 系统和 MAC 系统上通用，所以跨平台能力强，exFAT 一般用于 U 盘等移动存储设备，所以如果在格式化这些移动存储设备(比如 U 盘)时，首选 exFAT，其次是 NTFS。

四、硬盘分区和格式化

专业分区与格式化软件有多种，大致功能和流程都大同小异，这里我们以 DiskGenius 工具和 16 GB 的 U 盘为例来进行介绍。

(1) 开启计算机后，在 BIOS 中设置 U 盘为第一启动顺序，保存后重启计算机，进入 U 盘启动，选择“大白菜 WIN8 PE 高级版(新机器)”，进入 WIN8 PE 系统，打开 DiskGenius 分区工具后，看到两个盘，一个是 U 盘启动盘，一个是当前计算机硬盘分区情况。硬盘大小为 500 GB，划分为 4 个分区，如图 3-27 所示。

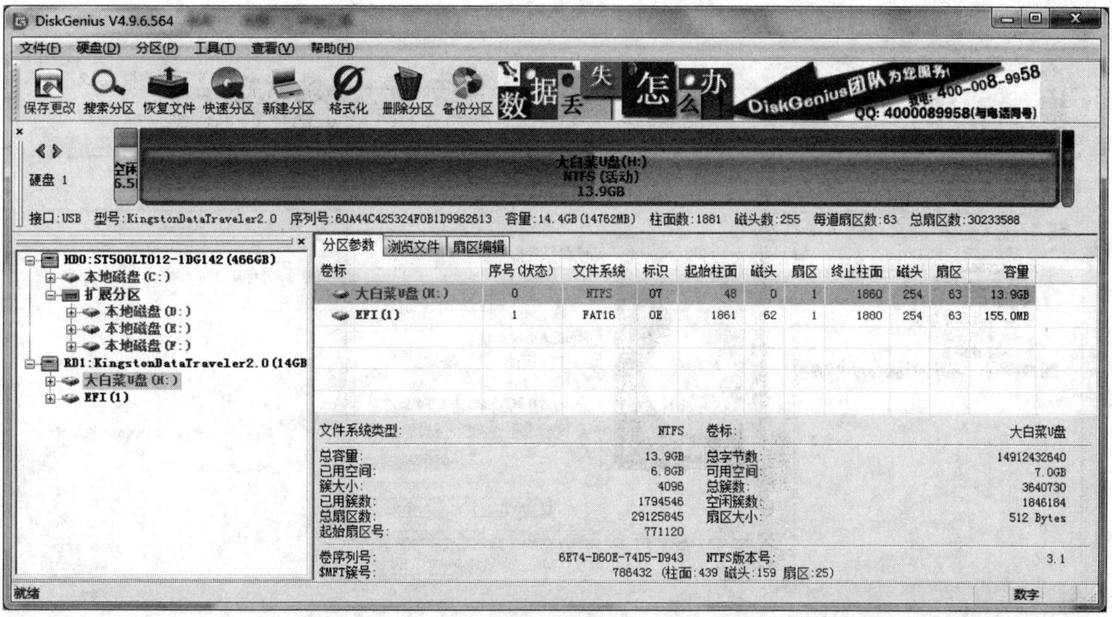

卷标	序号(状态)	文件系统	标识	起始柱面	磁头	扇区	终止柱面	磁头	扇区	容量
大白菜U盘(H:)	0	NTFS	07	48	0	1	1860	254	63	13.9GB
EFI(1)	1	FAT16	0E	1861	62	1	1880	254	63	155.0MB

图 3-27　DiskGenius 窗口

(2) 如果用户对现有分区并不满意，可以删掉后重新分区(注意：选择硬盘，不要选中 U 盘，否则会误删 U 盘分区，造成 U 盘数据丢失)，如图 3-28 所示。

图 3-28　删除分区

(3) 将原来分区删除完后，就可以新建主分区了，点击“新建分区”，弹出“建立新分区”对话框，如图 3-29 所示。

图 3-29　新建主分区

(4) 主分区创建完成后，将剩下的所有磁盘空间都创建为扩展分区，参数选择如图 3-30 所示。

图 3-30　新建扩展分区

(5) 选中空闲的扩展分区，将扩展分区划分为多个逻辑分区，如图 3-31 所示。

图 3-31　创建逻辑分区

(6) 分区创建完毕后，单击左上角的“保存更改”按钮，弹出“确定要保存对分区表的所有更改吗？所做更改将立即生效”的对话框，如图 3-32 所示，单击“是”确定保存更改。

图 3-32　保存分区表

(7) 保存分区表信息后，DiskGenius 会询问是否格式化刚才新建立的分区，如图 3-33 所示，单击“是”确定格式化新建立的分区。

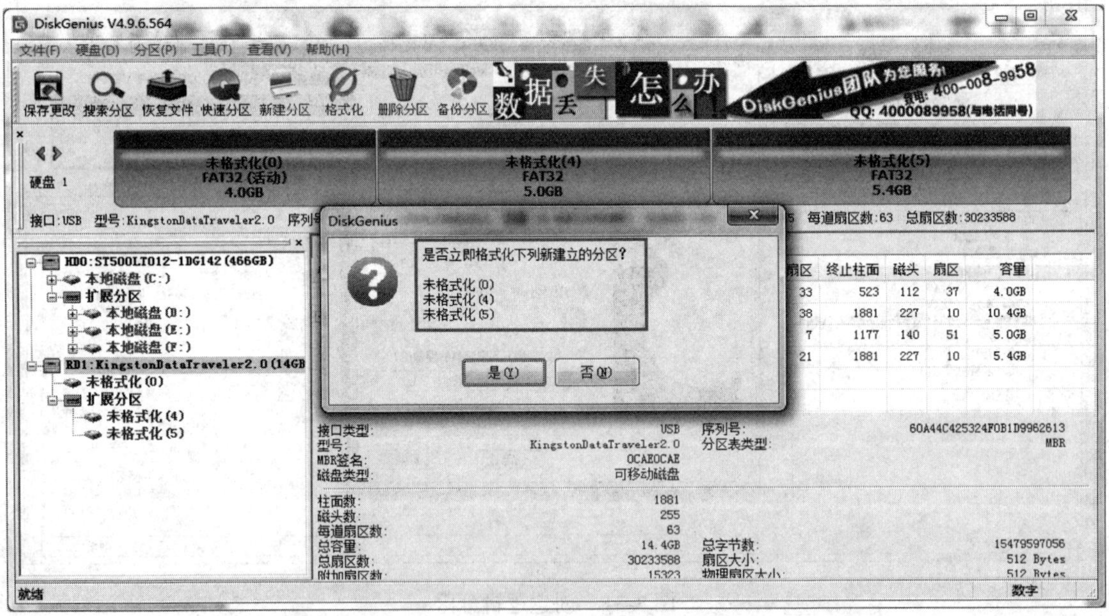

图 3-33　分区格式化提示

(8) 确定格式化后，DiskGenius 会将上述分区进行格式化，如图 3-34 所示。保存更改，完成分区。

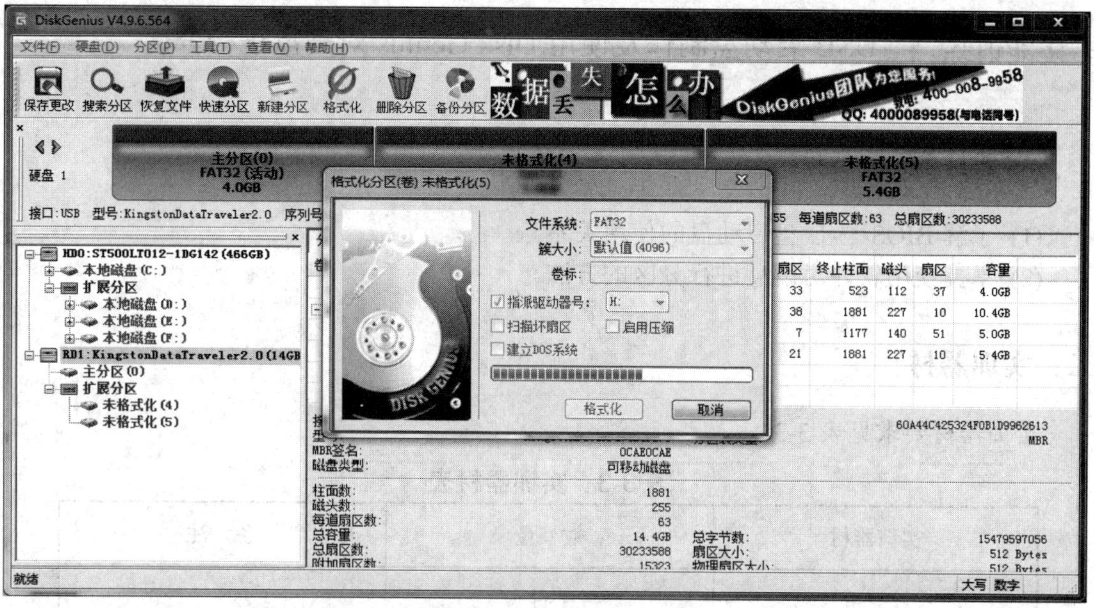

图 3-34　格式化分区

(9) 最新版本的 DiskGenius 还提供了快速分区的功能，能够灵活调整分区的数目以及每个分区的空间大小，让分区的格式化操作更为便捷，如图 3-35 所示。

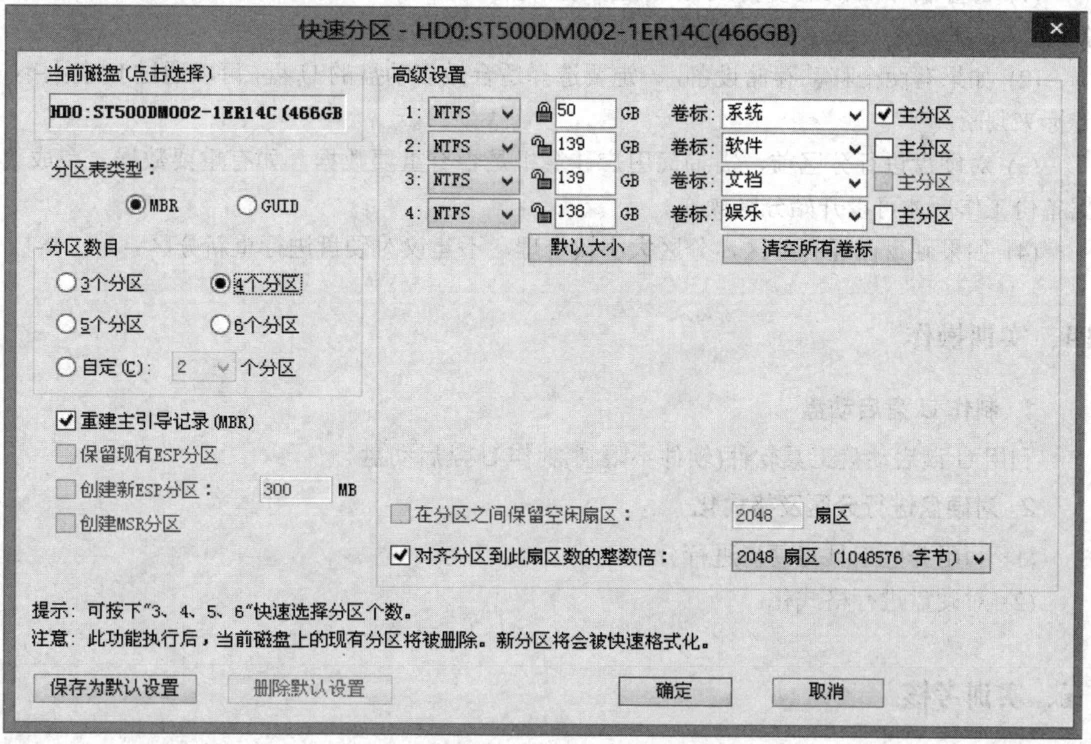

图 3-35　快速分区窗口

技能训练　USB 启动盘制作及使用 Disk Genius 对硬盘进行分区

一、实训目的

(1) 了解 BIOS 与 U 盘启动盘的使用关系。

(2) 掌握使用软件对硬盘进行分区的方法。

二、实训器材

实训器材要求见表 3-3。

表 3-3　实训器材表

实训器材	数　量	备　注
计算机	1 台	

三、注意事项

(1) U 盘制作启动盘会格式化 U 盘，数据会全部丢失，制作时需提前做好 U 盘数据备份。

(2) 如果有两个移动存储设备，一定要选择适合做启动盘的 U 盘，可以通过 U 盘大小、卷标来判断。

(3) 对硬盘进行分区前，需询问用户计算机是否有重要数据，如有重要数据，完成数据备份工作后才可以开始分区操作。

(4) 如果硬盘已经有分区，分区大小较合理，不建议对硬盘进行重新分区。

四、实训操作

1. 制作 U 盘启动盘

利用 U 盘启动盘工具软件(软件不限制)制作 U 盘启动盘。

2. 对硬盘进行分区及格式化

(1) 利用分区工具对硬盘进行分区。

(2) 对硬盘进行格式化。

五、实训考核

根据实训完成的综合情况，给予考核，考核项目及评分见表 3-4。

表 3-4　实训考核表

<table>
<tr><td>班级</td><td colspan="2"></td><td>姓名</td><td rowspan="2">扣分记录</td><td rowspan="2">得分</td></tr>
<tr><td>项目</td><td>考核要求</td><td>分值</td><td>评分细则</td></tr>
<tr><td>U 盘启动盘制作及硬盘分区</td><td>能正确完成 U 盘启动盘的制作，并对硬盘进行合理分区</td><td>100 分</td><td>1. 能正确按老师要求制作 U 盘启动盘，得 40 分。
2. 能正确完成硬盘分区，得 40 分。
3. 能正确完成硬盘分区格式化，得 20 分</td><td></td><td></td></tr>
<tr><td colspan="4">总　分</td><td></td><td></td></tr>
</table>

项 目 小 结

相对于传统的维护光盘，U 盘启动盘的优点突出：第一，不需要计算机光驱。工作和生活对光驱没有特别需求的，建议不用安装光驱。普通用户光驱使用率很低，以前光驱主要是用于安装操作系统光盘和驱动光盘。另外，少一个硬件，计算机稳定性会更高，还可以节约一部分资金；第二，体积小，存储空间大，读取速度快。现在 U 盘样式比较多，容量一般都可达到 128 GB，与之相对的 DVD 光盘只有 4.7 GB，U 盘体积也不大，方便携带，现在已经支持了 USB3.0，数据读取速度很快；第三，一盘两用。计算机出现故障可及时维护，平时可当 U 盘使用，互不干涉。

思 考 与 练 习

简述题

1. 系统安装前的准备工作。

(1) 传统 BIOS 和 UEFI BIOS 的主要区别在哪里？

(2) 设置 BIOS 的目的是什么？

2. U 盘启动盘的制作及硬盘的分区和格式化。

(1) 为什么要设置 BIOS 第一启动项为 U 盘启动？

(2) Windows PE 有哪些常用的维护工具软件？

(3) 为什么要对硬盘进行分区和格式化？

实训项目四　操作系统的安装

项目分析

目前我们主要使用的操作系统有Windows系列的Windows 7、Windows 8、Windows 10，MAC系列的MAC OS和Linux系列的Ubuntu、CentOS等。

本项目将以Windows 10操作系统为例进行讲解，目前的Windows操作系统安装主要有升级安装、全新安装和Ghost还原安装三种：

(1) 升级安装。升级安装是指在现有操作系统的基础上，对其进行版本升级的安装方式，通俗一点来说，就是系统升级，比如Windows 7升级为Windows 8/Windows 10，这种方式可以保留系统文件，风险系数最低。

(2) 全新安装。全新安装是指对计算机安装全新的操作系统，一般针对没有安装操作系统或操作系统被破坏需要重新安装系统的计算机。这种安装方式一般在安装前都会对安装系统的硬盘分区进行格式化处理。该安装方法是将系统一步步进行安装，因此安装时间较慢，但同时也可以在安装的过程中进行安装组件的选择。

(3) Ghost还原安装。Ghost还原安装实际上是一种将已有的操作系统复制，还原到需要安装操作系统的电脑上的一种方式，形象一点来说更像压缩解压的形式。由于Ghost安装是将已经完成的操作系统进行复制后解压到需要安装的电脑上，因此，安装速度相当快速，同时也可以省掉众多安装手续，比如常用软件安装和驱动安装等。

Windows提供了强大的即插即用功能，支持许多计算机常用硬件，不用安装驱动程序就能够使计算机正常工作，但要使硬件的功能很好地发挥，最好的选择是安装由厂商提供的相应配套驱动程序，如果购买的硬件没有提供相应配套的驱动程序，也可以到官方网站进行下载最新驱动程序，或者使用“驱动精灵”“鲁大师”等驱动安装软件进行安装。

本项目需要完成以下任务：

1. 正确安装计算机驱动程序。
2. 备份还原驱动程序。
3. 安装杀毒软件及Office办公软件等。

知识目标

1. 了解驱动安装的方法。
2. 了解常用软件下载的方法。

能力目标

1. 根据计算机型号下载对应驱动程序。
2. 掌握驱动软件自动下载的方法并安装驱动程序。
3. 掌握利用工具软件下载计算机常用软件的方法。

任务一　Windows 10 系统的安装

任务目标

使用 U 盘启动盘，在微软官网下载 Windows 10 操作系统 ISO 镜像文件并正确安装，熟记安装步骤及注意事项，设置用户密码。

知识链接

一、Windows 系统介绍

Windows 操作系统是美国微软公司研发的一套操作系统，采用图形化模式，从 1985 年发布开始不断更新，系统架构从 16 位到 32 位，再到 64 位，系统版本从最初的 Windows 1.0 发展到了 Windows 95、Windows 98、Windows ME、Windows 2000、Windows 2003、Windows XP、Windows Vista、Windows 7、Windows 8、Windows 8.1、Windows 10 和 Windows Server 企业级操作系统。目前，Windows 系统已经成为最常用的操作系统之一。

Windows 系列主要包含的版本有 Windows Starter(初级版)、Windows Home Basic(家庭普通版)、Windows Home Premium(家庭高级版)、Windows Professional(专业版)、Windows Enterprise(企业版)和 Windows Ultimate(旗舰版)。

Windows Starter(初级版)是 Windows 操作系统所有的版本中功能最少的一个版本，该操作系统主要用于类似于上网本的低端计算机。

Windows Home Basic(家庭普通版) 是简化的家庭版。

Windows Home Premium(家庭高级版)主要面向家庭用户，包含所有桌面增强和多媒体功能。

Windows Professional(专业版)面向计算机爱好者和小企业用户，具有较好的网络功能及数据保护功能。

Windows Enterprise(企业版)是面向企业市场的高级版本，主要针对企业发售，通过与微软有软件保证合同的公司进行批量许可出售，不在 OEM 和零售市场发售。

Windows Ultimate(旗舰版)拥有所有功能，与企业版基本是相同的产品，仅仅在授权方式及其相关应用及服务上有区别。

在上述的 6 个版本中，一般推荐使用 Windows Ultimate(旗舰版)。

Windows 10 系统包含 32 位和 64 位两种，在功能和外观上来看，两者是没有任何区别的。不同之处在于 32 位系统最高只支持 4 GB 内存，64 位家庭版最高支持 128 GB 内存，专业版/企业版最高支持 2 TB 内存，工作站最高支持 6 TB 内存。

二、Windows 10 安装对硬件配置的要求

(1) 处理器(CPU)：1 GHz 及更快的处理器或 SoC。

(2) 内存条(RAM)：1 GB(32 位)或 2 GB(64 位)。

(3) 硬盘可用空间：16 GB(32 位)或 20 GB(64 位)。

(4) 显卡(Graphics Card)：DirectX 9 或更高版本(包含 WDDM1.0 驱动程序)。

(5) 显示(Display)：分辨率最低 800 × 600。

三、Windows 10 系统安装步骤

(1) 制作好 Windows 10 系统安装的 U 盘，设置好 BIOS，从 U 盘启动计算机后，显示如图 4-1 所示界面，语言和其他首选项设置参照图 4-1。设置好后选择“下一步”。

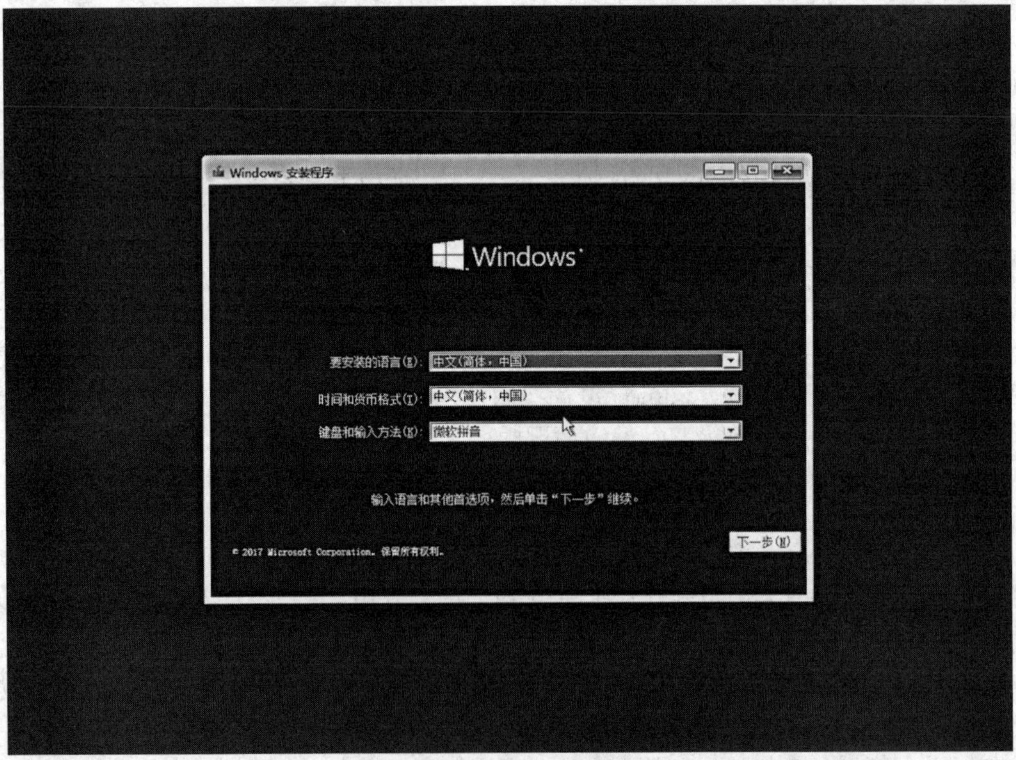

图 4-1　语言设置界面

(2) 单击“现在安装”，开始系统安装过程，如图 4-2 所示。

图 4-2　系统安装界面

(3) 进入激活 Windows 安装程序界面，输入产品密钥，产品密钥一般在安装光盘上或安装文件夹的 sn.txt 文件里。激活界面如图 4-3 所示。

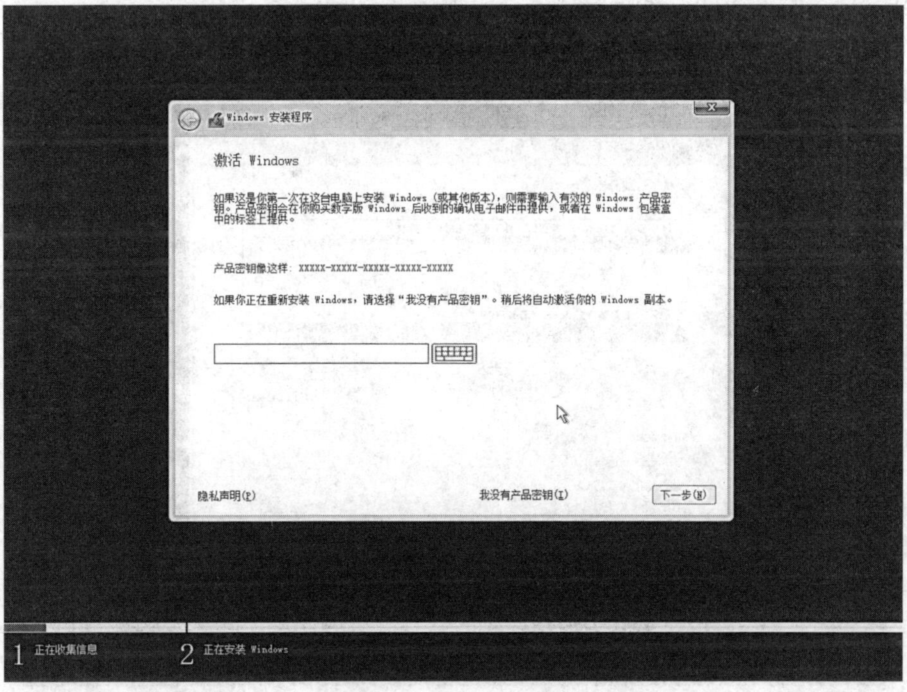

图 4-3　激活 Windows

(4) 进入系统选择界面，如图 4-4 所示，选择要安装的操作系统后单击“下一步”。

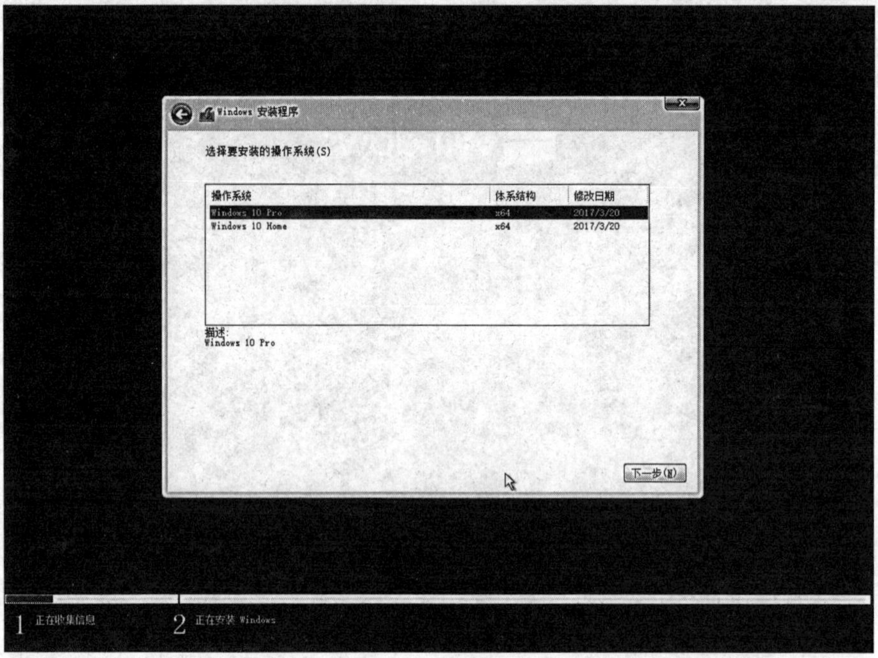

图 4-4　系统选择界面

(5) 同意许可条款，勾选“我接受许可条款(A)”后，进入安装类型选择界面，根据需要不同，在这里可以选择“升级”和“自定义”安装两种方式。这里我们选择“自定义：仅安装 Windows(高级)(C)”进行全新安装，如图 4-5 所示。

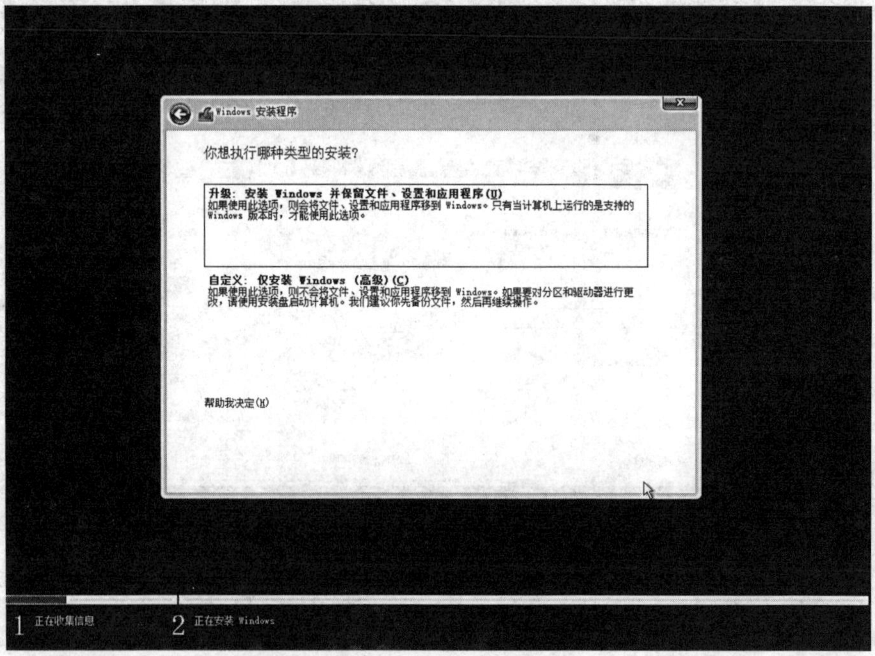

图 4-5　系统安装类型选择界面

(6) 由于我们在前面已经对硬盘进行了分区及格式化，因此在这里可以直接进入分区选择界面，选择需要安装系统的分区，如图 4-6 所示。单击“下一步”，如果前面没有对硬盘进行分区格式化操作，则这里将会先进入分区创建界面对硬盘进行分区操作。

图 4-6 选择安装系统的分区界面

(7) 选择完成，系统开始自动安装，系统安装完成后会自动重启，如图 4-7 所示。

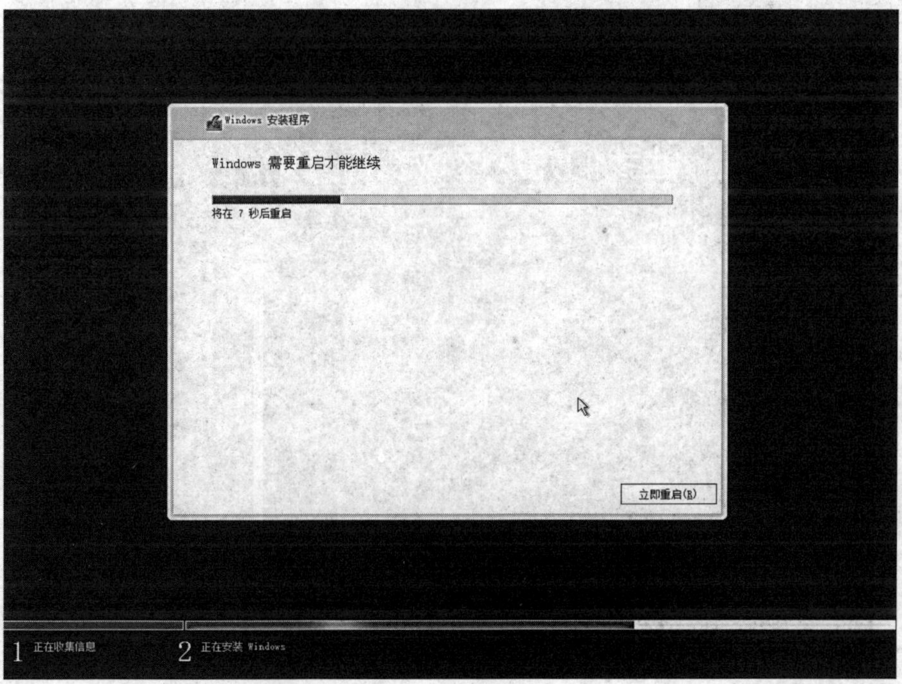

图 4-7 系统重启界面

(8) 重启后将自动进入设备准备进度界面，即 Windows 10 系统配置界面，从这里开始，将会有语音帮助用户进行电脑的配置，如图 4-8 所示。当然，如果不需要语音帮助，单击界面右下角的语音图标关闭即可。

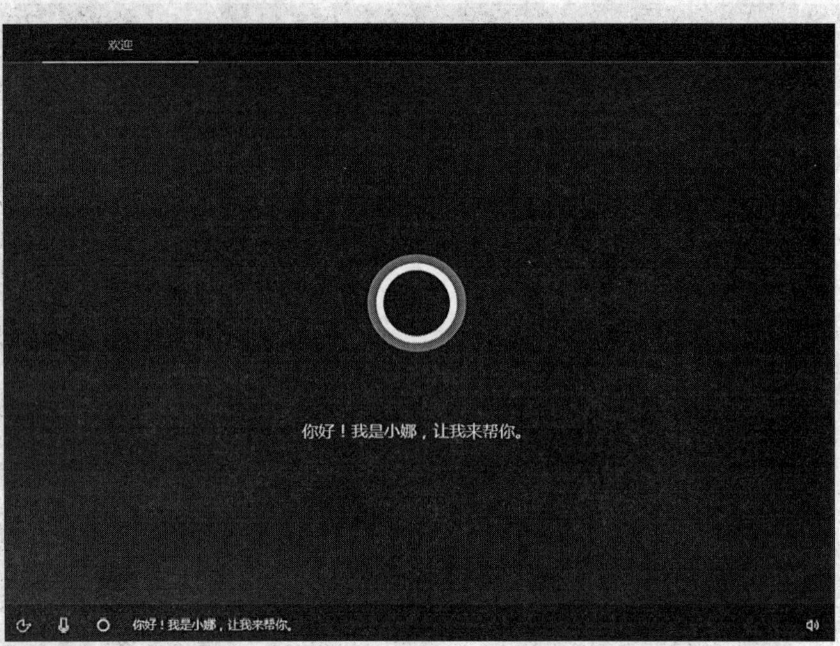

图 4-8　系统配置语音界面

(9) 之后会进入半分钟左右的语音帮助介绍，介绍完成后就可以进入详细设置界面，首先进入区域设置，选择“中国”，如图 4-9 所示。单击“是”，进入下一步。

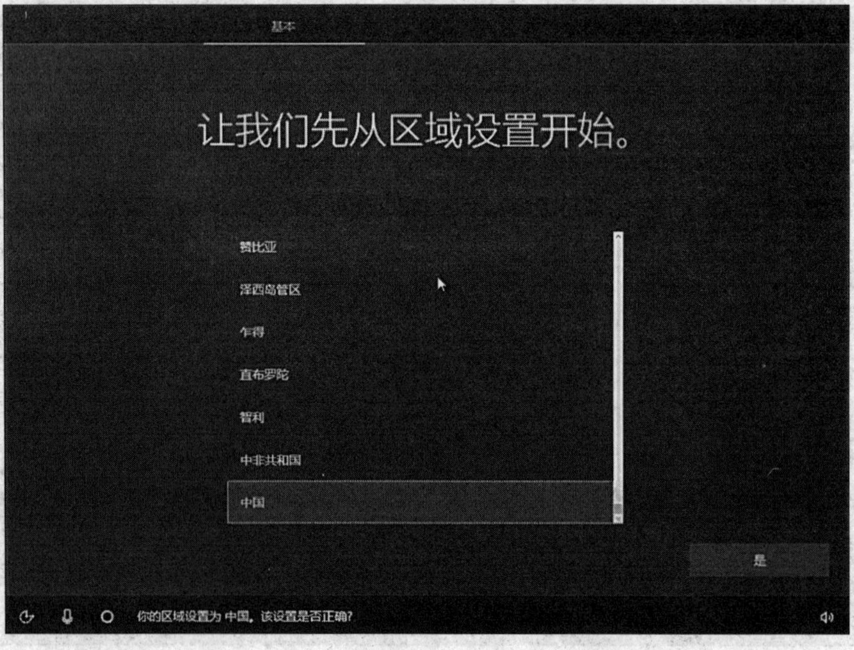

图 4-9　区域设置界面

(10) 进入键盘布局设置界面，根据需要设置键盘，如图 4-10 所示。单击“是”，进入下一步。

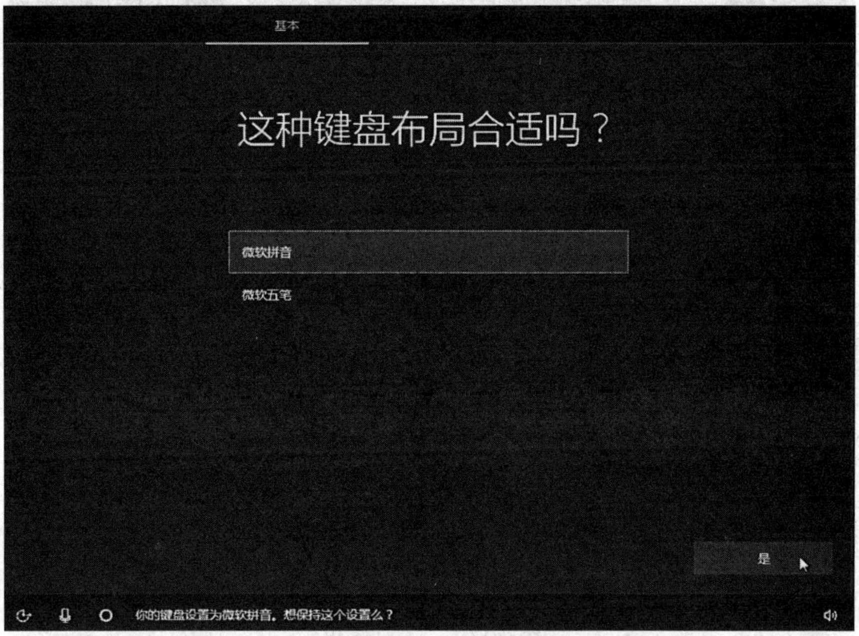

图 4-10　键盘布局设置界面

(11) 进入添加第二种键盘布局界面，如果需要添加，则选择“添加布局”；如果不需要，则可选择“跳过”，选择后进入下一步。接下来进入系统更新界面，如果已正常连接了网络，则会自动进入更新界面，如图 4-11 所示。

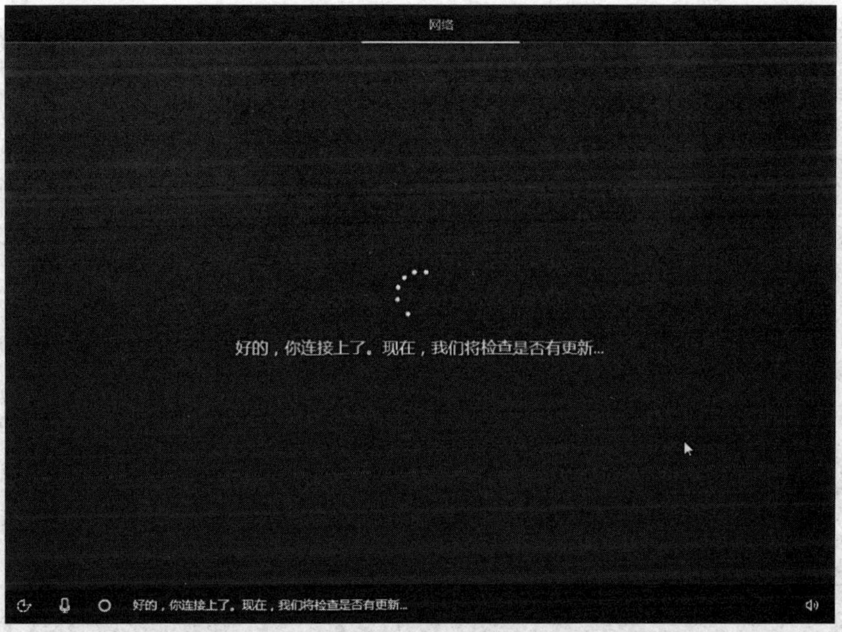

图 4-11　系统更新界面

(12) 完成后会收到“已完成，你使用的是最新版本。”的信息，同时会获得重启计算机的提示，如图 4-12 所示。

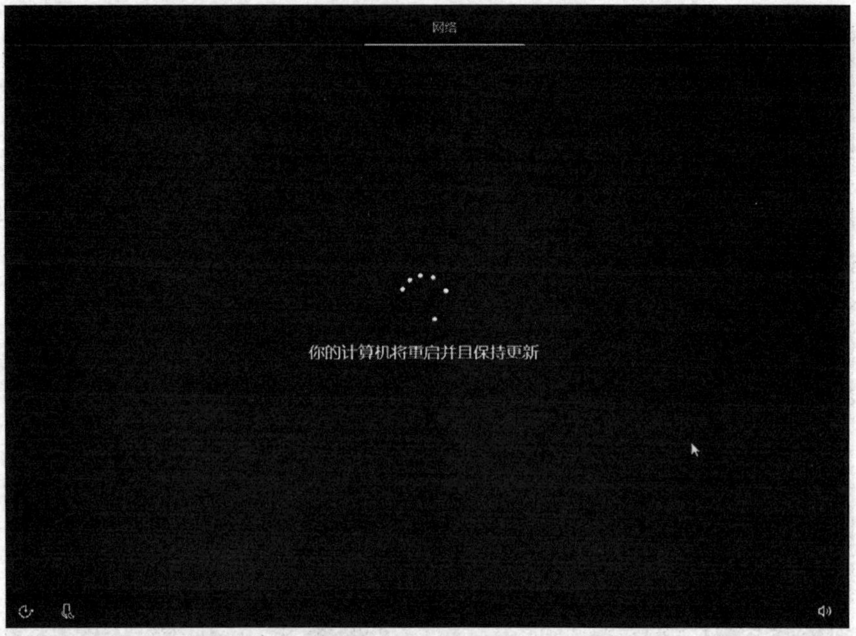

图 4-12　重启计算机

(13) 重启后进入账户设置界面，有两种选择：“针对个人使用进行设置”和“针对组织进行设置”。如果是个人用户，则选择“针对个人使用进行设置”；如果是公司、企业等，则选择“针对组织进行设置”。这里我们选择“针对个人使用进行设置”，单击“下一步”，如图 4-13 所示。

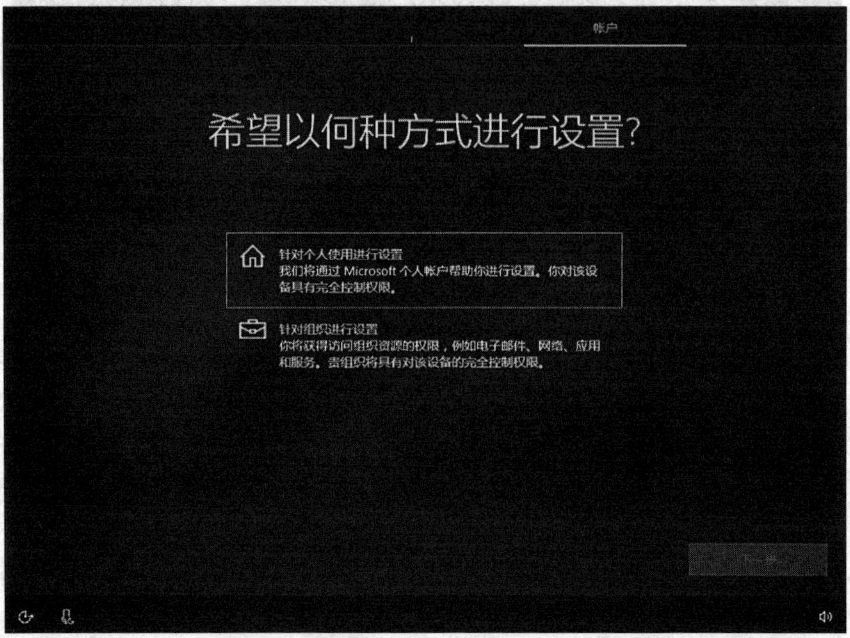

图 4-13　账户设置界面

(14) 在如图 4-14 所示界面登录账户，如果没有，则可以选择“创建账户”，单击“下一步”。

图 4-14 账户登录界面

(15) 进入创建账户界面后单击“下一步”，接着进入创建账户密码界面，输入自己设置的密码后单击“下一步”，如图 4-15 所示。

图 4-15 账户密码创建界面

(16) 输入国家/地区和出生日期，单击“下一步”，进入个性化定制，根据需要进行勾选或取消，单击“下一步”，如图 4-16 所示。

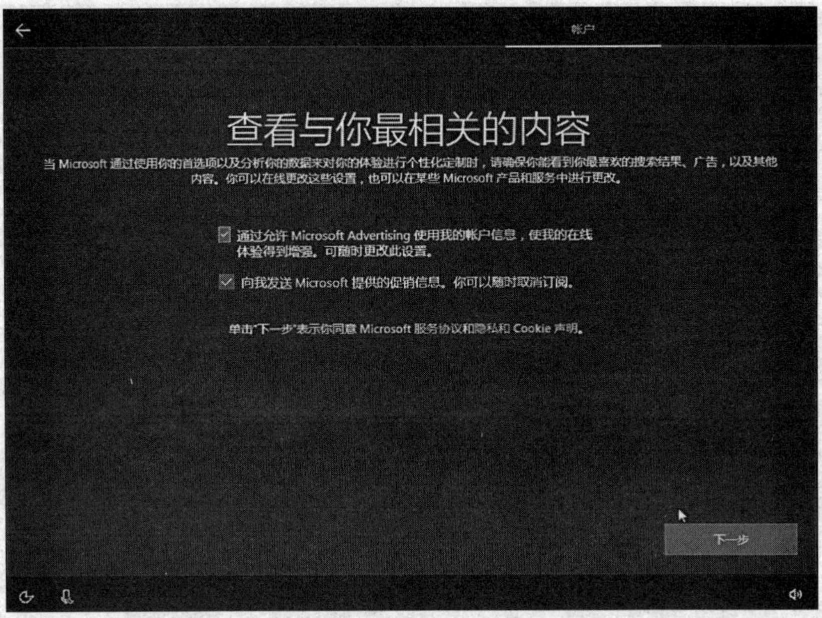

图 4-16　个性化定制界面

(17) 进入 PIN 码创建界面(PIN 码也是一种登录 Windows 账户的密码，但它独立于 Windows 账户密码，全部由数字组成，便于记忆，同时它只能在本机进行，也就是说远程登录时是不能使用 PIN 码登录的，这样提高了电脑的安全性)，如图 4-17 所示，输入 PIN 码后单击“确定”。

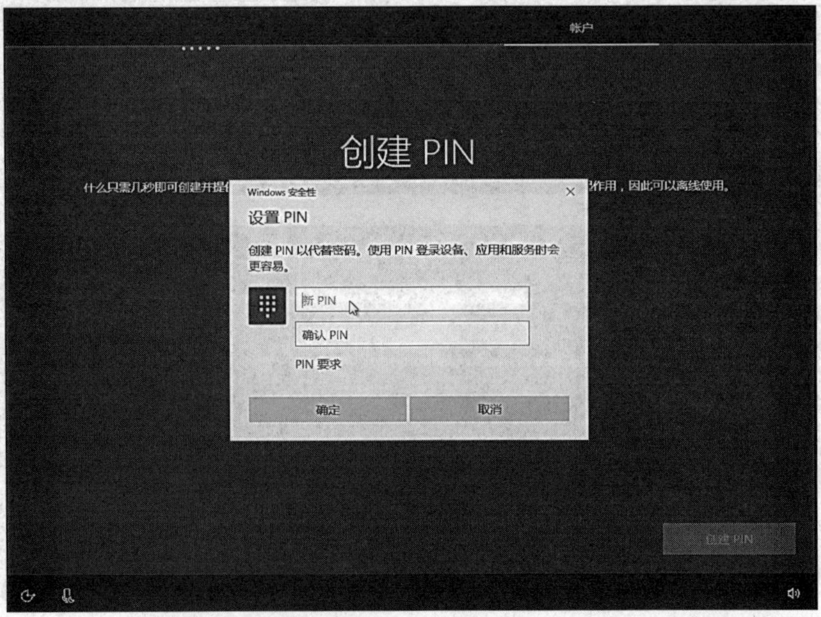

图 4-17　PIN 码创建界面

(18) 进入启用语音助理设置界面，可根据需要选择打开或关闭，如图 4-18 所示，选择完毕后单击“接受”。

图 4-18　服务设置界面

(19) 完成后即可进入 Windows 桌面，如图 4-19 所示。

图 4-19　Windows 10 桌面

技能训练　Windows 10 系统的安装

一、实训目的

(1) 掌握操作系统的安装方法。

(2) 掌握硬件对操作系统的支持情况。

二、实训器材

实训器材要求见表 4-1。

表 4-1　实训器材表

实训器材	数　量	备　注
计算机	1 台	

三、注意事项

(1) 选择操作系统前，需查询计算机硬件支持哪些操作系统版本。

(2) 根据计算机用途选择合理的操作系统，有些专业软件会出现安装时提示不兼容，无法正常安装的情况。

(3) 安装过程中不要手动重启计算机。

四、实训操作

U 盘启动盘中提前下载好操作系统文件，后缀名一般是 ISO。将操作系统安装在 C 盘，设置用户密码。

五、实训考核

根据实训完成的综合情况，给予考核，考核项目及评分见表 4-2。

表 4-2　实训考核表

班级		姓名		扣分记录	得分
项目	考核要求	分值	评分细则		
操作系统安装	能正确完成操作系统的安装	100 分	1. 能正确进入 U 盘 PE 工具箱，得 10 分。 2. 能正确完成操作系统安装，得 80 分。 3. 能正确设置用户密码，得 10 分		
总　分					

任务二　驱动程序及应用软件的安装

任务目标

为保障 Windows 10 操作系统正常工作，需为计算机安装相应的驱动程序，如芯片组、显卡、网卡、声卡、触摸屏等驱动程序。此外，还需下载相应的常用软件进行安装，如压缩软件、办公软件、播放器、输入法等。

知识链接

一、驱动程序安装

1. 什么是驱动

在英文里，驱动被称为“Driver”，原意是“驾驶员”，计算机的硬件就相当于卡车，当用户购买了该硬件后，将其安装在计算机上，它是不会正常运行的。这时就需要一个熟悉它的“驾驶员”，并且该“驾驶员”还需要获得该车型的“驾驶证”后，这辆车才能正常运行。而驱动就相当于这个“驾驶员”，“驾驶证”就相当于微软认证。

驱动程序使操作系统能正确地对计算机硬件进行控制管理，如果计算机没有正确安装该硬件的驱动，那该硬件是无法进行正常工作的，因此，在安装了操作系统后，我们应该立即安装相应的驱动程序。

Windows 系统自身集成了大量的驱动程序，在安装了 Windows 系统后，计算机会自动安装基本的驱动程序，Windows 系统提供的驱动程序并非是为某个型号的硬件量身定做的，它是通用的，只提供了一些基本功能。驱动程序也在不断更新，Windows 系统提供的驱动相比硬件专用的驱动安装后性能相差较大，因此，在一些重要的硬件设备或易出问题的硬件设备上，最好的方法是使用单独驱动程序。

为了保证系统的稳定性，安装驱动的顺序是先安装主板芯片组驱动，之后安装板卡驱动(声卡、网卡、显卡等)，最后安装外部设备驱动(摄像头等)。

2. 驱动安装情况查看

(1) 驱动的安装情况可以通过“设备管理器”进行查看，以 Windows 10 为例，方法是右键单击“此电脑”，在快捷菜单中选择“属性”，如图 4-20 所示。

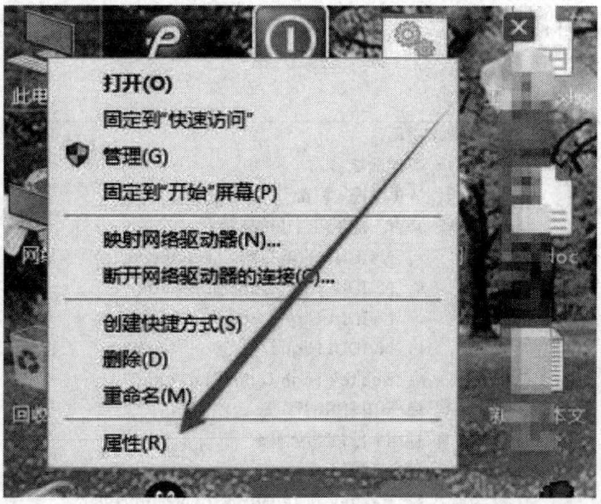

图 4-20 右键单击“此电脑”

(2) 打开系统属性窗口左侧边栏的“设备管理器”菜单项，如图 4-21 所示。

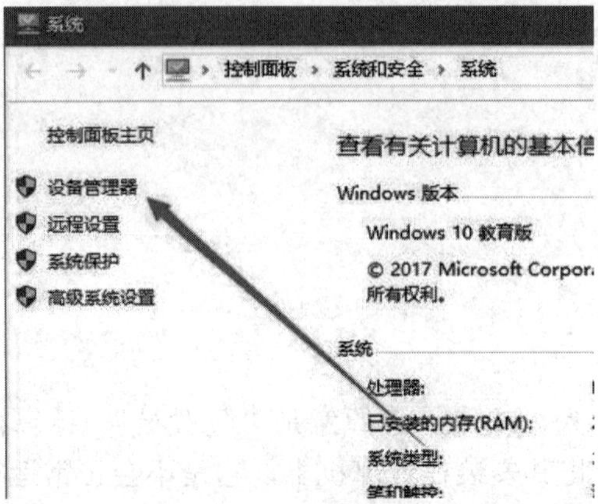

图 4-21　选择设备管理器

(3) 这样就可以进入“设备管理器”查看计算机各硬件设备的驱动情况了。如果设备管理器中没有出现任何符号，则表示该计算机安装的所有驱动程序都能正常工作，如图 4-22 所示。如果硬件驱动没有完成安装，或没有安装正确，则在该“设备管理器”界面会出现相应的符号进行提示。

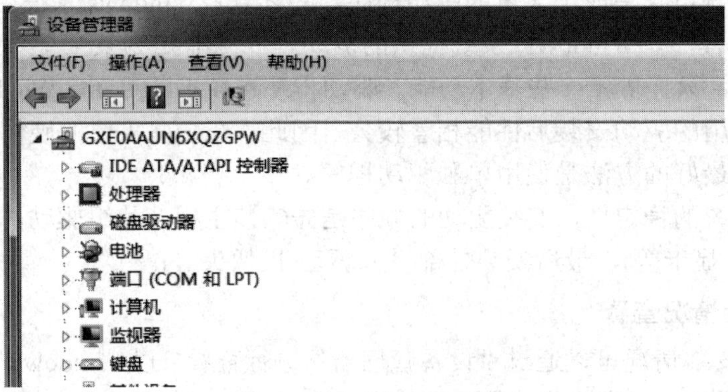

图 4-22　打开设备管理器

(4) 圆形向下箭头说明该设备已被停用，一般是为了节省系统资源和提高启动速度而人为禁用，如图 4-23 所示。

图 4-23　禁用驱动

(5) 如图 4-24 所示，“未知设备”图标右侧黄色的感叹号说明该硬件未安装驱动程序或驱动程序安装不正确。

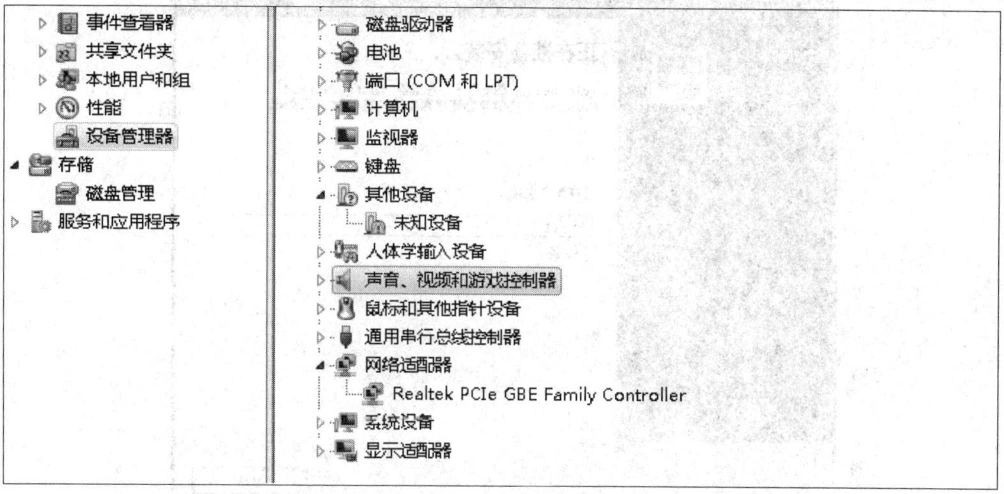

图 4-24　未找到驱动程序

3. 驱动安装

驱动程序的安装主要有以下几种方法：

1) 使用驱动光盘安装驱动

接下来我们以主板/声卡驱动程序安装为例进行说明。目前主板都集成有声卡、网卡，因此一般主板驱动程序除了芯片驱动外都附有声卡、网卡的驱动程序。

首先在光驱内放入驱动程序光盘，驱动程序会自动弹出安装程序，如图 4-25 所示。

图 4-25　主板/声卡驱动安装程序界面

单击“Setup”进入下一步安装，会出现准备安装的对话框，如图 4-26 所示。

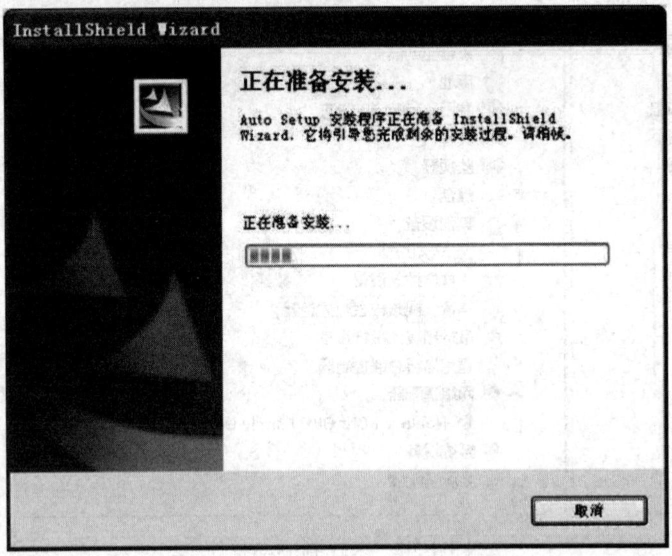

图 4-26　驱动程序安装向导初始化界面

驱动程序安装向导初始化完成后，会出现“欢迎使用”对话框，单击“下一步”，搜集完已安装驱动程序信息后，出现选择功能对话框，如图 4-27 所示。这里可以选择需要安装的驱动程序，除了默认安装的主板芯片驱动程序外，可勾选“Inf”“Device”选项，这样系统会同时安装板载声卡和板载网卡驱动程序。

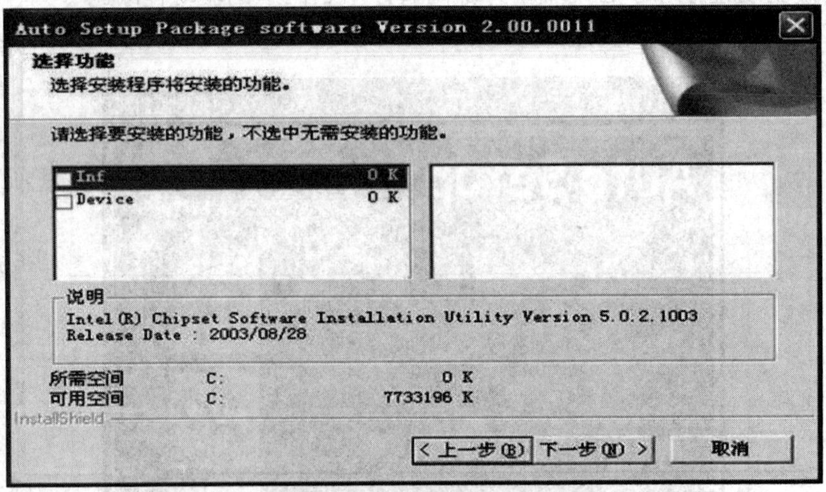

图 4-27　安装功能选择对话框

单击“下一步”，安装向导会自动完成驱动程序的安装并重新启动计算机使驱动程序生效。

2) 从官方网站下载安装驱动

如果没有硬件安装光盘，也可以在官方网站下载相应的最新驱动程序进行安装，安装方法和使用驱动光盘安装驱动的方法一样。

3) 使用驱动精灵安装驱动

如果对于驱动不熟悉，也可以使用驱动精灵、驱动人生之类的自动驱动安装程序进行自动检测安装。

驱动精灵是一款集驱动管理和硬件检测于一体的专业级驱动管理和维护工具，它为用户提供驱动备份、恢复、安装、删除、在线更新等实用功能。

首先，在百度上下载驱动精灵，找到网址，单击“立即下载”，如图 4-28 所示。

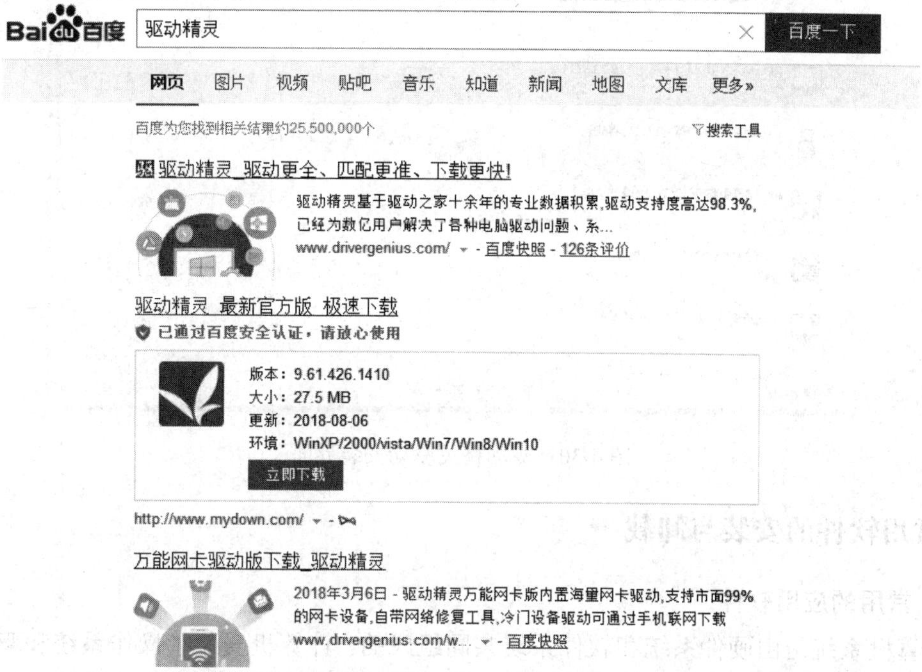

图 4-28　百度搜索驱动精灵

下载成功后安装，在桌面上出现如图 4-29 所示的图标。

图 4-29　驱动精灵图标

双击打开驱动精灵，弹出驱动精灵首页对话框，单击“立即检测”，检测完成后直接安装即可，如图 4-30 所示。

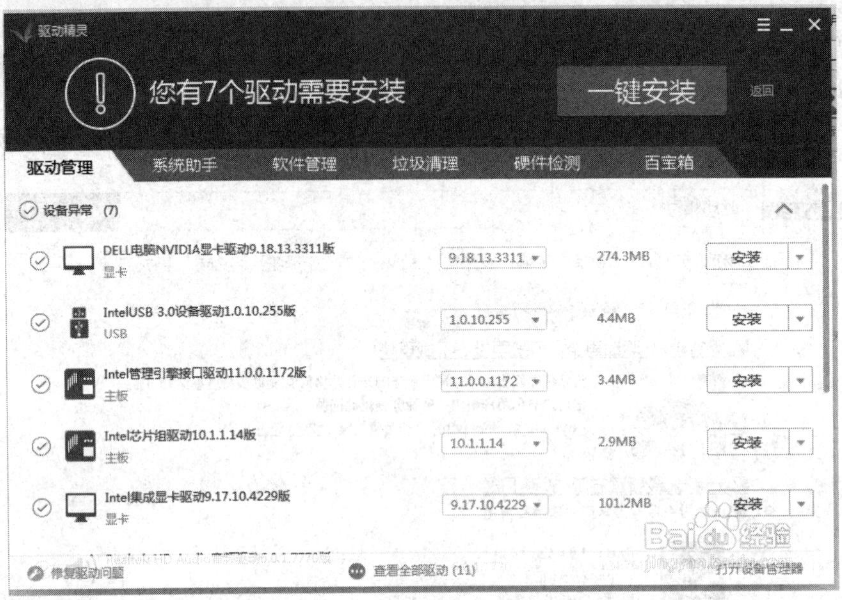

图 4-30　驱动精灵驱动安装界面

二、常用软件的安装与卸载

1. 常用的应用软件

计算机系统是由硬件系统和软件系统共同组成的，计算机安装了操作系统和驱动程序后还需要安装软件。每个人在使用电脑时的需求不同，需要用到的软件也不同，但有的软件是大多数人都会用到的，这些软件一般被称为装机必备软件，主要有以下几类：

(1) 杀毒软件。

(2) 安全软件。

(3) 打字软件。

(4) 办公软件。

(5) 多媒体软件。

(6) 压缩软件。

(7) 下载工具。

(8) 图像处理软件。

(9) 其他软件。

2. 安装简单应用软件

下面我们以“好压压缩软件”安装为例进行说明。

从网上找到该软件，下载后双击安装程序，进入安装主界面，勾选“已阅读并同意用户使用协议”，单击“自定义安装”，在弹出的“安装位置”中确定软件需要安装的路径，如图 4-31 所示。

图 4-31 安装主界面

设置完成后单击“一键安装”，程序会自动完成安装，在完成后的界面上单击“安装完成”即可，如图 4-32 所示。

图 4-32 安装完成界面

3. 安装复杂专用软件

相对于简单应用软件来说，大多数专用软件的安装相对复杂，下面以 Microsoft Office 2016 的安装为例来进行说明。

(1) 从网上下载 Microsoft Office 2016 的安装包，解压后运行里面的安装程序 setup.exe，如图 4-33 所示。

图 4-33　运行 setup 进行安装

(2) 在弹出的软件协议条款界面上勾选“我接受此协议的条款(A)”，单击“继续”，如图 4-34 所示。

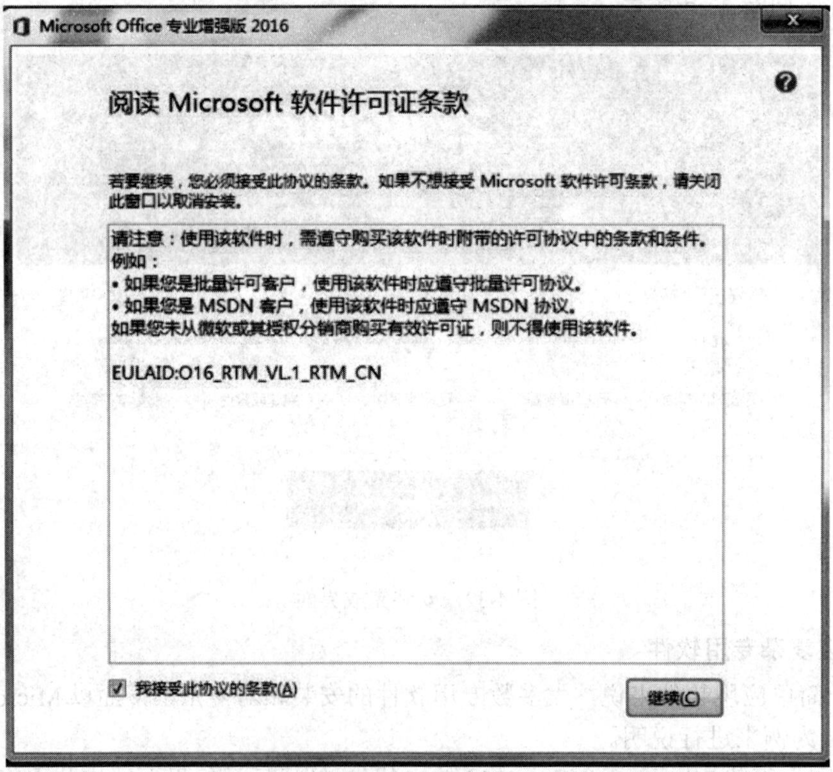

图 4-34　协议条款界面

(3) 选择安装类型，一般来说，我们需要指定该软件的安装位置，因此，选择“自定义”，如图4-35所示。

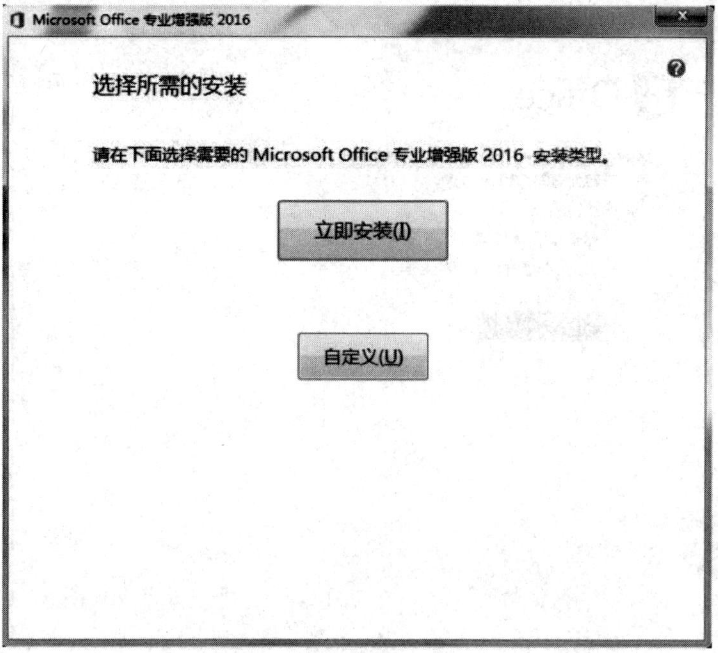

图4-35 安装位置选择

(4) 在“安装选项(N)”中选择需要安装的组件，在“文件位置”中选择需要安装的路径，确定后单击“立即安装”，如图4-36所示。

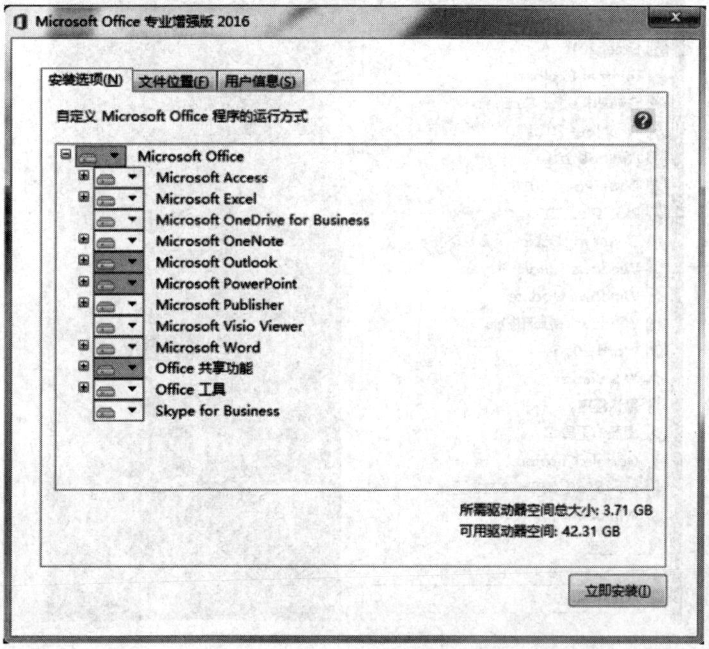

图4-36 “安装选项”及“文件位置”

(5) 在“安装选项”及“文件位置”确定后，软件开始安装，等待安装完成，如图 4-37 所示。

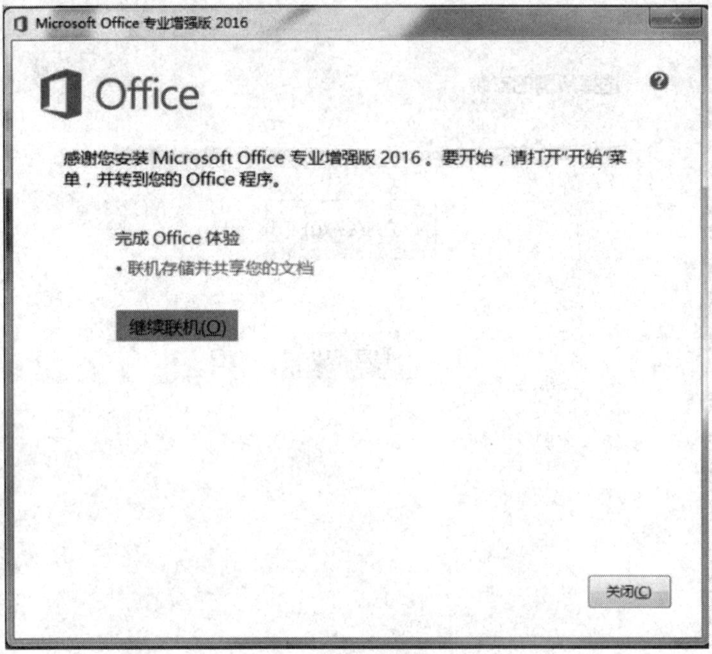

图 4-37　安装完成

(6) 安装完成后，在开始菜单中会发现安装好的 Microsoft Office 2016 工具，使用时鼠标左键单击即可运行，如图 4-38 所示。

图 4-38　开始菜单界面

4. 软件卸载

1) 自卸载程序

软件安装完成后，一般都会有一个自卸载程序，该程序主要用于当用户不需要使用该软件时卸载使用，该程序在“开始/程序”的相应软件目录中，如图 4-39 所示。

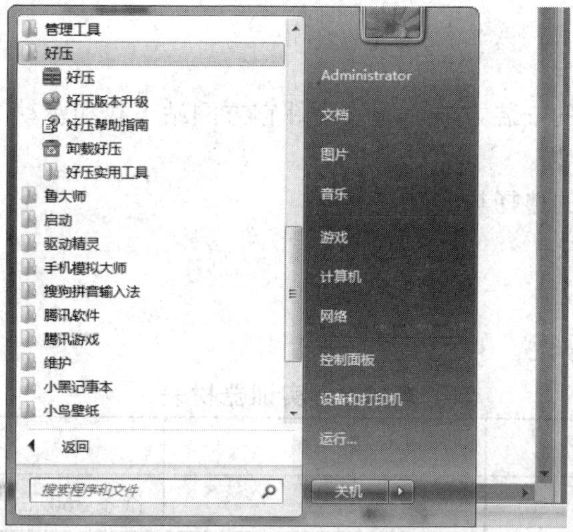

图 4-39 卸载程序

2) 使用控制面板卸载

如果没有自卸载程序，也可以使用控制面板的卸载功能进行卸载，如图 4-40 所示。

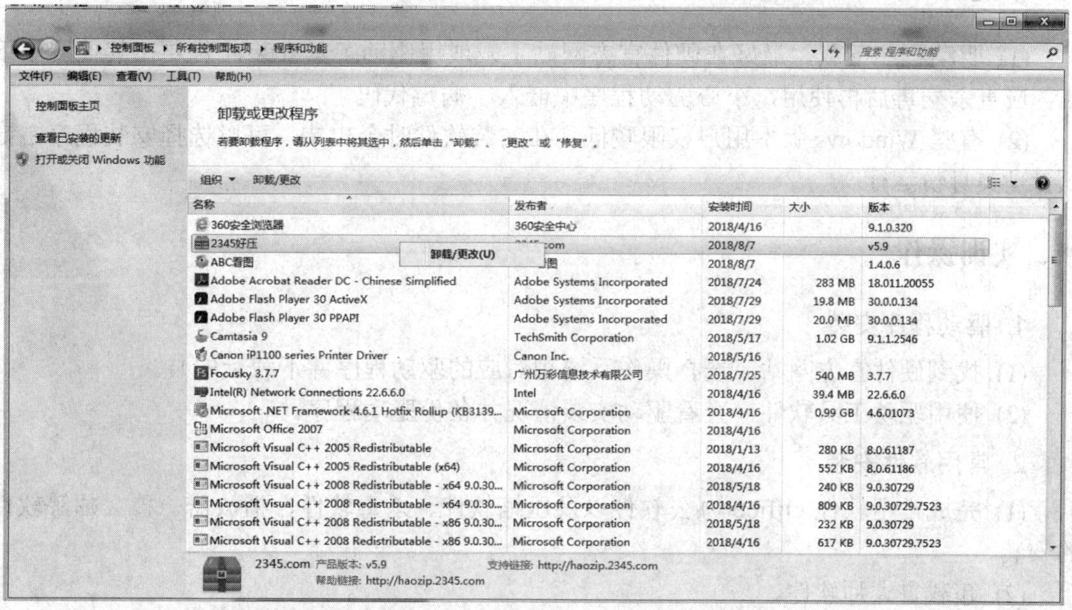

图 4-40 控制面板卸载

3) 使用辅助工具卸载

有时会遇到以上两种方法都没办法进行卸载的软件，这时可以使用辅助工具进行卸载，比如360的“软件管家”等。

技能训练　驱动程序及应用软件的安装

一、实训目的

(1) 掌握驱动程序的安装方法，通过硬件官方网站下载和驱动工具软件，如鲁大师或驱动人生等软件进行安装。

(2) 掌握常用软件的选择与安装。

二、实训器材

实训器材要求见表4-3。

表4-3　实训器材表

实训器材	数　量	备　注
计算机	1台	准备360卫士、鲁大师安装程序
U盘	1个	

三、注意事项

(1) 驱动程序下载，最好在硬件官方网站下载或用驱动工具安装，若要在其他网站下载，应查杀病毒后再使用，小心驱动程序中嵌入了病毒代码。

(2) 有些Windows版本用户权限较低，在安装软件时会出错，可以选择安装程序右键以管理员身份运行。

四、实训操作

1. 驱动程序安装

(1) 找到硬件官方网站，选择操作系统相对应的驱动程序并下载后安装。

(2) 使用驱动工具软件，查看驱动安装情况并备份驱动程序。

2. 常用软件安装

(1) 完成常用软件Office办公软件以及压缩软件、杀毒软件、播放器、鲁大师等软件的安装。

(2) 卸载鲁大师软件。

五、实训考核

根据实训完成的综合情况，给予考核，考核项目及评分见表4-4。

表 4-4　实训考核表

班级			姓名	扣分记录	得分
项目	考核要求	分值	评分细则		
驱动程序及应用软件的安装	能正确完成驱动安装和常用软件的安装	100 分	1. 能正确按老师要求完成驱动安装，得 40 分。 2. 能正确完成 Office 办公软件以及压缩软件、杀毒软件、播放器、鲁大师等软件的安装，得 40 分。 3. 能正确卸载鲁大师软件，得 20 分		
总　分					

项 目 小 结

在操作系统和网卡驱动安装过程中时间较长，可能不会一帆风顺，遇到问题应冷静思考，找出故障原因。前期做好计算机型号支持系统工作，选择好 Windows 版本，可以少走很多弯路，遇到的问题也会少很多，安装顺利会给我们节约大量的时间。完成了操作系统驱动和常用软件安装后，计算机就能正常使用了。

思考与练习

简述题

1. Windows 10 系统的安装。

(1) 如何判断计算机适合安装什么版本的操作系统？

(2) 对比 Windows 7 和 Windows 10 安装后占用系统盘空间的大小。

2. 驱动程序及应用软件的安装。

(1) 驱动程序的主要功能是什么？

(2) 对比显卡驱动安装前后计算机屏幕分辨率的变化。

(3) 对比绿色版和安装版软件各自的优缺点。

实训项目五　系统的备份和还原

项目分析

操作系统和应用软件的安装和配置完成后，计算机就可以工作了，计算机在使用过程中难免会因为操作不当，造成误操作或误删除，使系统缓慢、蓝屏、死机，用户往往因为没有及时地对数据进行备份，造成了个人及企业的损失。为解决这些问题，可以重新安装操作系统、驱动程序和应用软件，可以制订有效的系统备份和恢复方案，在需要时快速恢复系统。下面将详细介绍 Windows 10 系统的重置和系统的备份与还原。

本任务需要完成以下实训内容：

1. 完成 Windows 10 系统的重置。
2. 完成 Ghost 软件备份系统和还原系统。

知识目标

1. 了解 Windows 10 系统的重置目的和方法。
2. 了解系统备份和还原的几种方法。

能力目标

1. 掌握 Windows 10 系统的重置方法。
2. 掌握 Ghost 软件备份和还原系统的操作方法。

任务一　Windows 10 系统的重置

任务目标

操作系统崩溃或出现功能异常时，如何解决这些问题呢？一般情况下可以重新安装操作系统，但是这种方法费时、繁琐。其实，直接利用 Windows 10 系统本身所提供的系统重置方式就可以将系统恢复到正常状态。

知识链接

为了确保操作系统正常运行以及发生故障后能够快速恢复，用户可以通过 Windows 10 系统自带的系统重置将系统还原到原始状态，防止在操作计算机过程中出现的误操作等造成计算机系统崩溃而重新安装操作系统。系统安装结束后先对系统进行系统备份，即使遇到计算机系统崩溃，也不用重新再安装一次操作系统，只要对操作系统还原一次就可以恢复原先系统的备份状态。

一、Windows 10 系统重置的介绍

重置电脑系统相对于恢复出厂设置，可以初始化当前的系统，作用就是把 Windows 10 系统自动重新安装了一次，可以选择是否保留现有的软件、应用和资料。Windows 10 系统更新增加了许多实用的功能，比如 Windows 10 的重置功能，这个功能在 Windows 7 系统上是没有的。当系统出了比较麻烦的问题时我们一般选择重装系统解决，但是如果不想重装系统的话，Windows 10 系统可以用自带的重置系统功能把系统恢复到一个原始的状态，这是其他版本的操作系统所不具备的。

二、Windows 10 系统重置的方法

Windows 10 系统可以通过重置系统来达到修复系统问题、解决系统卡顿，让系统恢复到最佳状态的目的。重置系统之后，Windows 10 系统又在 Windows Defender 中推出了全新启动的新功能，Windows Defender 会在我们平时的使用过程中收集最适合系统运行的设置方案，然后在此基础之上重置系统、保留系统。可以说，全新启动是重置系统的进化版。下面详细介绍两种重置系统的方法，我们遇到系统问题之后可以根据需要选择适合的重置方法。

1. 全新启动的方法

全新启动的方法可以最大限度地保留有利于自己系统的设置和文件。

(1) 在开始菜单中打开 Windows 安全中心，或者直接双击左下角 Defender 图标打开 Windows 安全中心，如图 5-1 所示。

图 5-1　打开 Windows 安全中心

(2) 进入 Windows 安全中心界面，如图 5-2 所示。

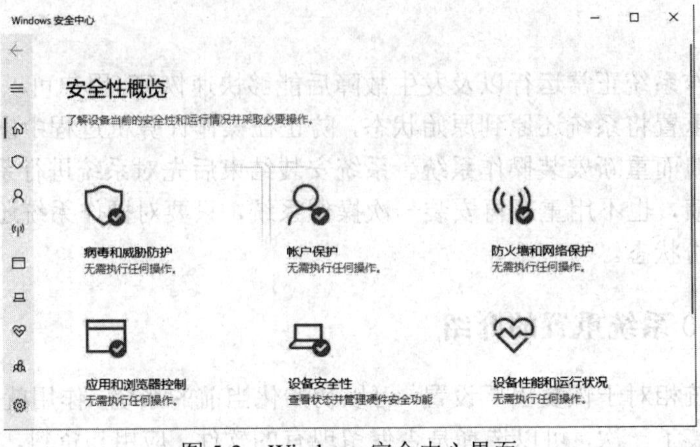

图 5-2　Windows 安全中心界面

(3) 单击左侧主页图标打开“安全性概览”选项，如图 5-3 所示，然后单击右下角的“设备性能和运行状况”

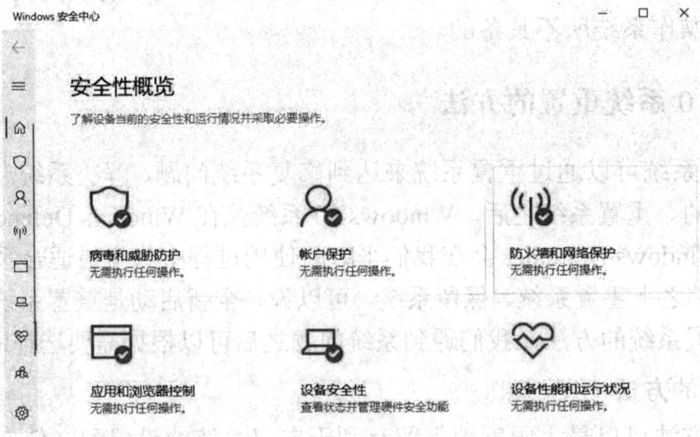

图 5-3　选择“设备性能和运行状况”

(4) 在全新启动下选择“附加信息”，如图 5-4 所示。

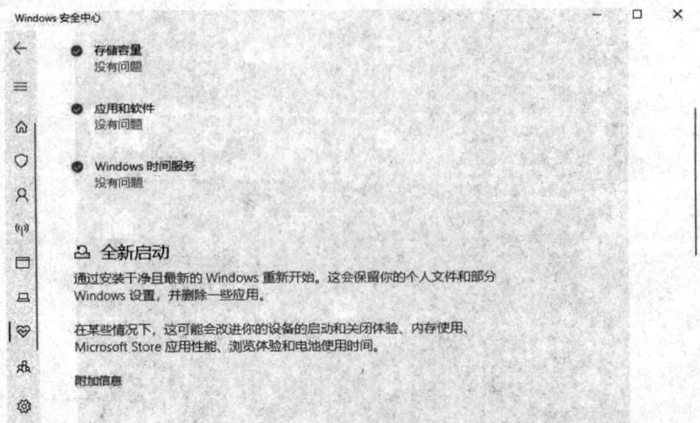

图 5-4　打开附加信息

(5) 单击“开始”进入全新启动，如图 5-5 所示。

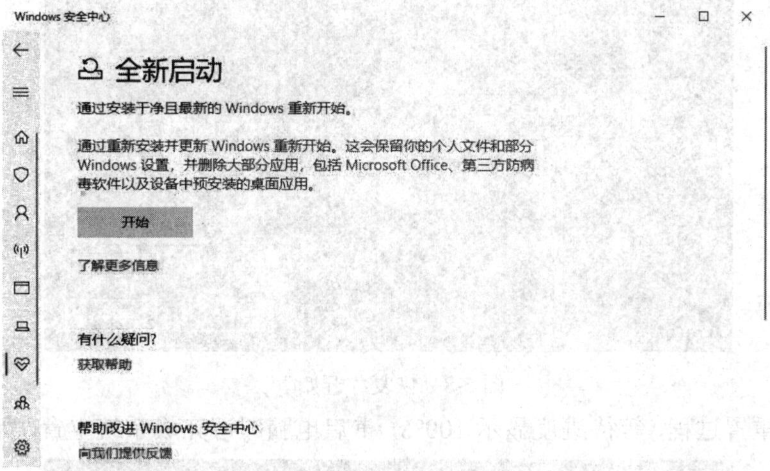

图 5-5　开始全新启动

(6) 进入“全新启动”界面后，单击“下一步”，如图 5-6 所示。

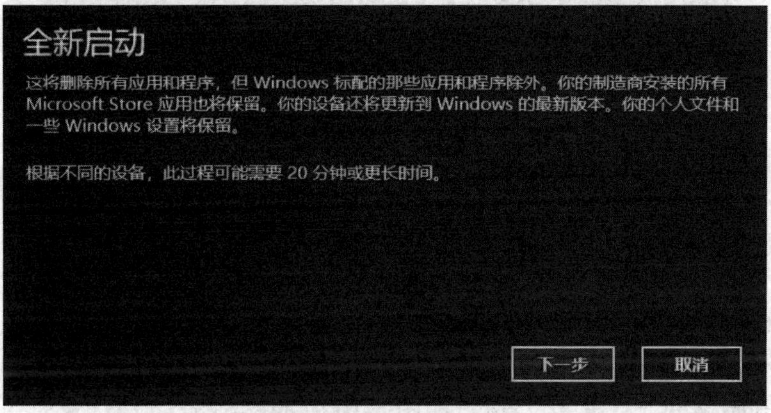

图 5-6　进入全新启动

(7) 全新启动准备中，几秒钟后进入开始界面，如图 5-7 所示。

图 5-7　全新启动准备

(8) 单击“开始”进入恢复阶段，如图 5-8 所示。

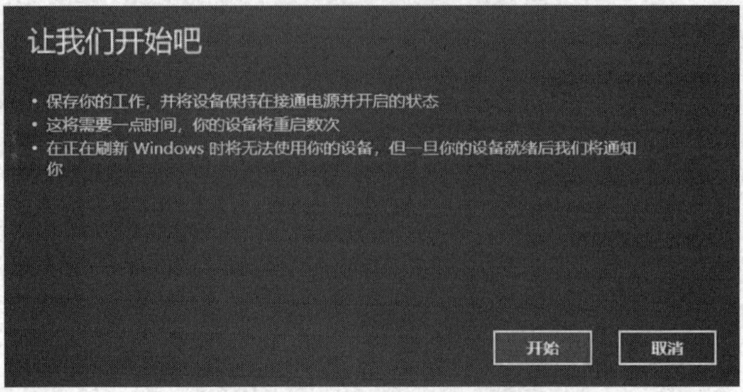

图 5-8　恢复“开始”

(9) 系统重置过程，等待进度显示 100%，重启电脑即可完成系统重置，如图 5-9 所示。

图 5-9　恢复进度

2. 出厂化所有设置

出厂化所有设置方法选择性更强，用户可以根据自己的需求选择所要保留的项目。

(1) 打开开始菜单，单击“设置”，如图 5-10 所示。

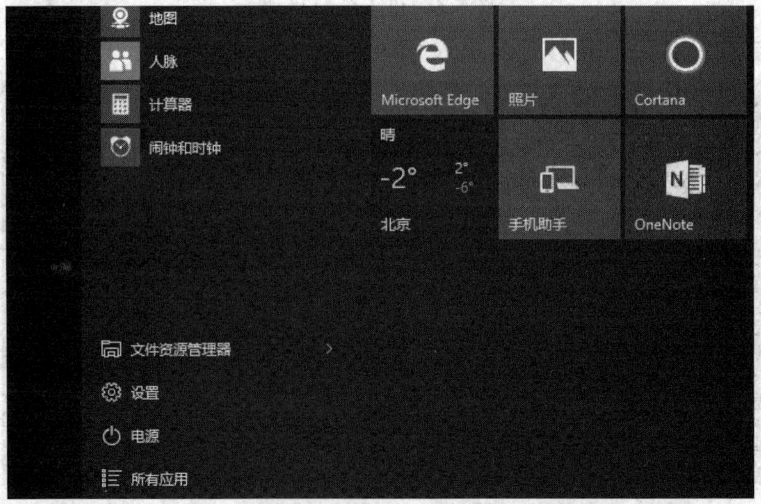

图 5-10　进入系统设置

(2) 打开“更新和安全”→“恢复”，如图 5-11 所示，单击“开始”就可以进行重置了。

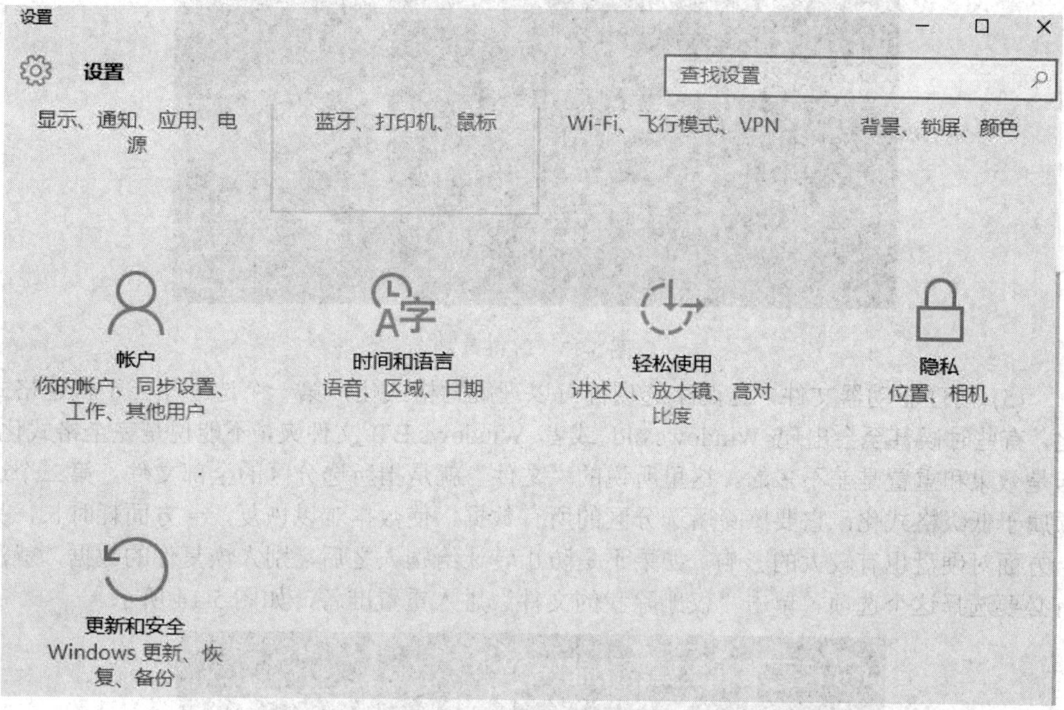

图 5-11　打开安全和更新

(3) 进入选择选项，第一个选项中的“文件”指的是 C:\users\ 里的文件，对 C 盘之外的分区没有影响，这个选项不是非常彻底，最明显的特征就是恢复完和原来相比没什么差别。一般选择的是第二个选项。这里，我们选择“删除所有内容”，如图 5-12 所示。

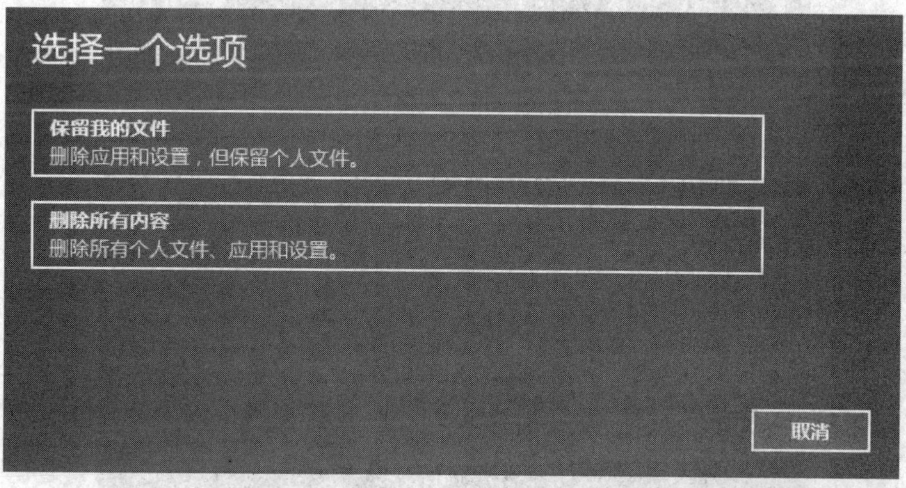

图 5-12　进入选择选项

(4) 初始化电脑准备中，等待片刻进入下一步，如图 5-13 所示。

图 5-13　等待重置

(5) 清理驱动器文件，这两个选项都可以理解为格式化，第一个选项相当于快速格式化，有些时候甚至会出现 Windows.old 或者 Windows.BT 文件夹，不能说是完全格式化，但是效果和重置是差不多的。这里所说的“文件”就是指所选分区的全部文件。第二个选项属于低级格式化，它要擦除所选分区的所有数据，使数据难以恢复，一方面耗时长，另一方面对硬盘也有较大的影响，如果不是防止转让给别人之后，别人恢复你的数据，就没有必要选择这个选项。单击“仅删除我的文件”进入重置准备，如图 5-14 所示。

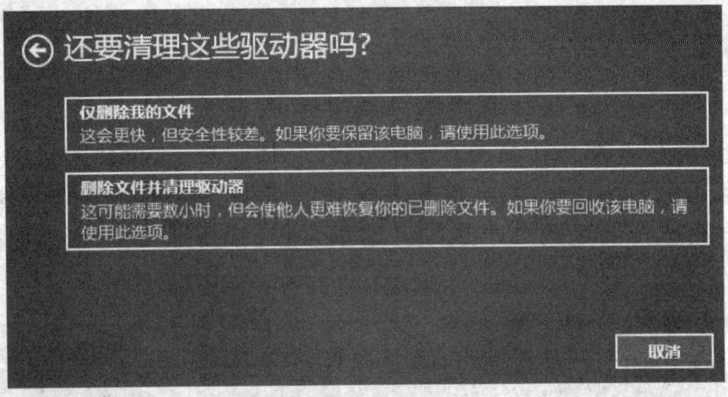

图 5-14　清理驱动器文件

(6) 单击“初始化”开始系统重置，如图 5-15 所示。

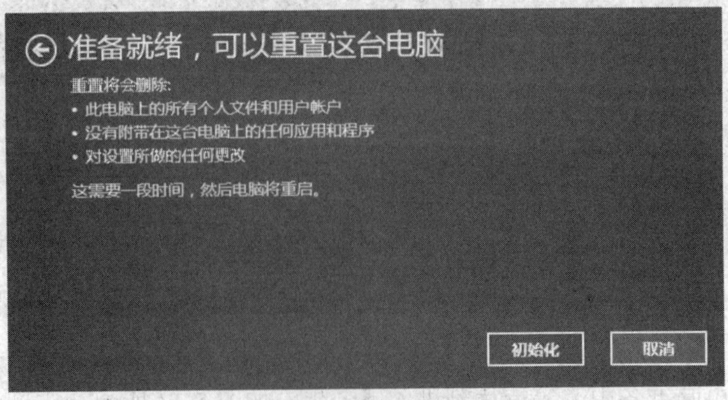

图 5-15　系统重置提示

(7) 系统进入重置阶段，这个过程一般需要一个小时左右，重置过程中会不断重启电脑。

(8) 界面显示100%后即说明重置完成，如图5-16所示。

图5-16　即将完成重置

技能训练　使用 Windows 10 系统重置功能对系统进行重置

一、实训目的

(1) 了解系统重置的目的与作用。

(2) 掌握 Windows 10 系统重置的方法。

二、实训器材

实训器材要求见表5-1。

表5-1　实训器材表

实训器材	数　量	备　注
计算机	1台	安装 Windows 10 系统

三、注意事项

(1) 选择“保留文件和设置”。

(2) 选择“所有驱动器”，否则会将电脑中所有分区的文件都删除了。

(3) 重置前要准备好安装介质(如U盘启动安装盘)，否则重置操作有可能失败。

(4) 系统重置有失败的风险，重置前需做好数据备份。

四、实训操作

(1) 当操作系统可以进入系统桌面时，通过系统重置恢复系统。

(2) 当操作系统不可以进入系统桌面时，通过第三方软件实现系统恢复。

五、实训考核

根据实训完成的综合情况，给予考核，考核项目及评分见表 5-2。

表 5-2 实训考核表

班级			姓名		扣分记录	得分
项目	考核要求	分值	评分细则			
系统重置	能正确对系统进行重置	100 分	1. 不能正确使用 Windows 10 系统重置功能对系统进行重置，不得分。 2. 基本能正确使用 Windows 10 系统重置功能对系统进行重置，扣 40 分。 3. 能正确使用 Windows 10 系统重置功能对系统进行重置，并且各项操作完成无误，不扣分			
总 分						

任务二 利用 Ghost 软件备份和恢复系统

任务目标

虽然 Windows 10 操作系统具有系统重置的功能，但是系统崩溃，进不了系统桌面，要完成该操作仍然很难。为了解决这个问题，我们可以使用 Ghost 软件对系统进行备份与还原，下面详细介绍利用 Ghost 软件对系统进行备份和还原的方法。

知识链接

Windows 10 操作系统提供系统重置功能需要正常进入操作系统，因此有一定的局限性，在实际的使用过程中，我们更多的是使用 Ghost 软件来对系统进行备份还原。

Ghost 软件提供了方便的备份还原功能，同时不再局限于 Windows 系统，它可以在 DOS 系统、Windows PE 系统下进行备份还原的操作。

一、Ghost 简介

Ghost 是美国 Symantec 公司旗下的硬盘备份还原工具，早期的 Ghost 并没有被冠以 Symantec 的名称，Ghost 可以实现 FAT16、FAT32、NTFS、OS2 等多种硬盘分区格式的分区及硬盘的备份还原。在这些功能中，数据备份和备份恢复的使用频率很高，提起 Ghost

大家就会忽略了它的其他功能。

Ghost 被称为克隆软件，说明其备份和还原是以硬盘的扇区为单位进行的，也就是说它可以将一个硬盘上的物理信息完整复制，而不仅仅是数据的简单复制；Ghost 能克隆系统中所有的内容，包括声音动画图像，连磁盘碎片都可以复制。Ghost 支持将分区或硬盘直接备份到一个扩展名为.GHO 的文件里(赛门铁克把这种文件称为镜像文件)，也支持直接备份到另一个分区或硬盘里。

Ghost 只支持 DOS 的运行环境，这不能不说是一种遗憾，通常把 Ghost 文件复制到启动 U 盘里，也可将其刻录进启动光盘，用启动盘进入 DOS 环境后，在提示符下输入 Ghost，按下“回车”键即可运行 Ghost，首先出现的是 Ghost 界面，如图 5-17 所示。

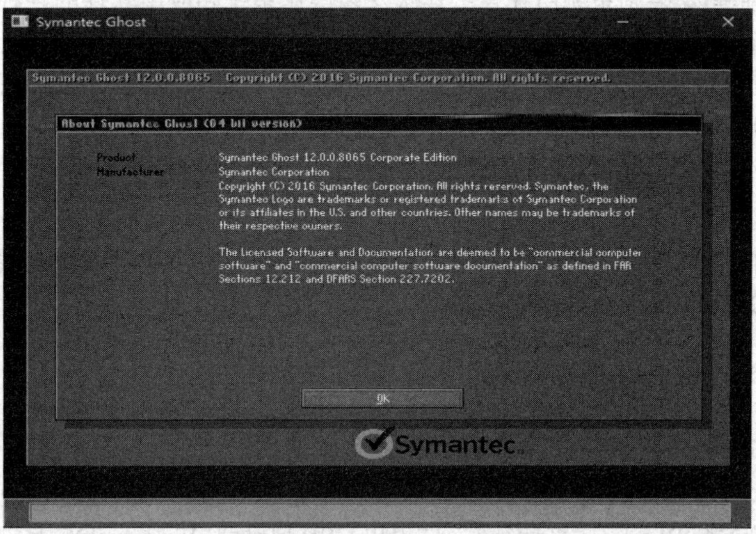

图 5-17　Ghost 界面

由于 Ghost 在备份还原时是按扇区来进行复制的，所以在操作时一定要小心，不要把目标盘(分区)弄错了，如果将目标盘(分区)的数据全部抹掉，数据就很难恢复，所以一定要认真、细心，但也不要太紧张。其实 Ghost 的使用很简单，弄懂几个关键单词的意思就会理解它的用法，在操作中即可得心应手。

二、Ghost 涉及的相关英文含义

1. 相关单词

(1) Disk：磁盘。

(2) Partition：分区。在操作系统里，每个硬盘盘符(C 盘以后)对应着一个分区。

(3) Image：镜像。镜像是 Ghost 的一种存放硬盘或分区内容的文件格式，扩展名为.GHO。

(4) To：到。在 Ghost 里，简单理解 To 即为“备份到”的意思。

(5) From：从。在 Ghost 里，简单理解 From 即为“从……还原”的意思。

2. Partition 菜单简介

Partition 其下有三个子菜单，它们分别是 To Partition、To Image 和 From Image：

(1) To Partion：将一个分区(源分区)直接复制到另一个分区(目标分区)。注意：操作时，

目标分区空间不能小于源分区。

(2) To Image：将一个分区备份为一个镜像文件，注意：存放镜像文件的分区不能比源分区小，最好比源分区大。

(3) From Image：从镜像文件中恢复分区(将备份的分区还原)。

三、使用 Ghost 备份还原的注意事项

1. 备份

操作系统和驱动程序的安装完成后，首先将常用软件(如杀毒软件、媒体播放软件、Office 办公软件等)安装到系统所在盘；其次安装操作系统和应用软件的各种升级补丁；再次优化系统；最后在 DOS 下将系统备份为镜像文件。如果是在装好系统一段时间后克隆备份的，备份前最好先将系统盘里的垃圾文件和注册垃圾信息清除，然后整理系统盘磁盘碎片，整理完成后进行克隆备份。

2. 还原

当操作系统运行缓慢、系统崩溃或感染了比较难清除的病毒时，可以运行克隆还原系统。如果长时间没有整理磁盘碎片，又不想花费时间整理时，也可以直接恢复克隆备份，这样比单纯整理磁盘碎片效果要好得多。

四、系统分区备份和还原的步骤

1. 使用 Ghost 进行系统分区备份

DOS 版本和 Windows 版本的 Ghost 在操作上基本一致，可以通过在硬盘上一键安装 Ghost 或者直接安装 Windows 来运行它，这里以 USB 启动盘 Windows PE 上自带的 Windows 32 版为例介绍有关操作。

(1) 启动 USB 启动盘 WIN PE，找到诺顿 Ghost v11.5 并启动克隆工具，其界面如图 5-18 所示。

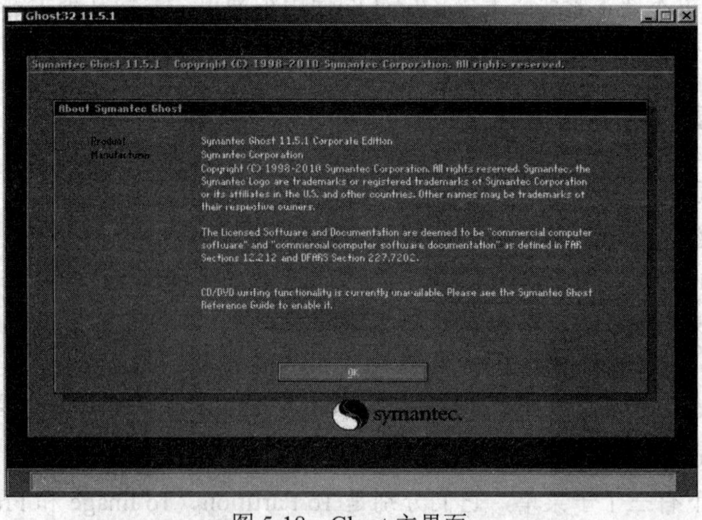

图 5-18　Ghost 主界面

(2) 单击“OK”，进入操作界面，如图 5-19 所示。

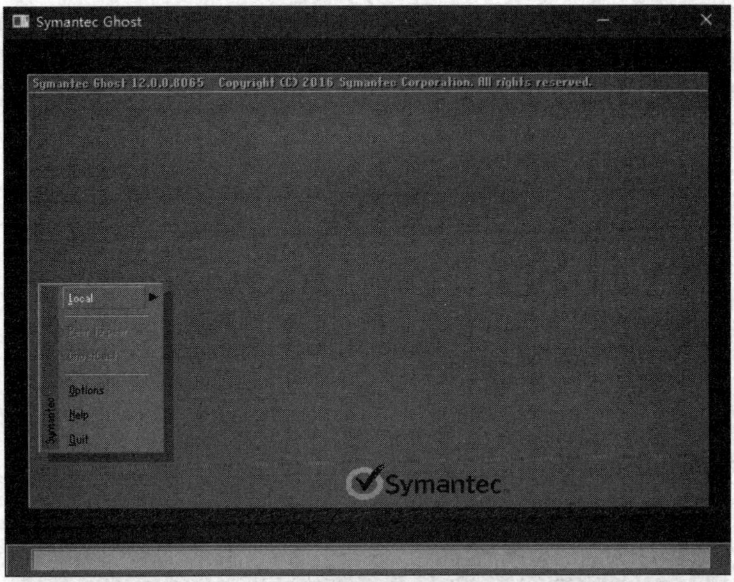

图 5-19　Ghost 启动界面

其中有如下选项：

Local：本地操作，即对本地计算机上的硬盘进行操作。

Peer To Peer：通过点对点模式对网络计算机上的硬盘进行操作。

GhostCast：通过单播和多播或者广播方式对网络计算机上的硬盘进行操作。

Options：使用 Ghost 时的一些选项，一般使用默认设置即可。

Help：一个简洁的帮助。

Quit：退出 Ghost。

(3) 对本地系统进行分区操作，执行“Local”→“Partition”→“To Image”命令，弹出硬盘选择窗口，如图 5-20 所示。

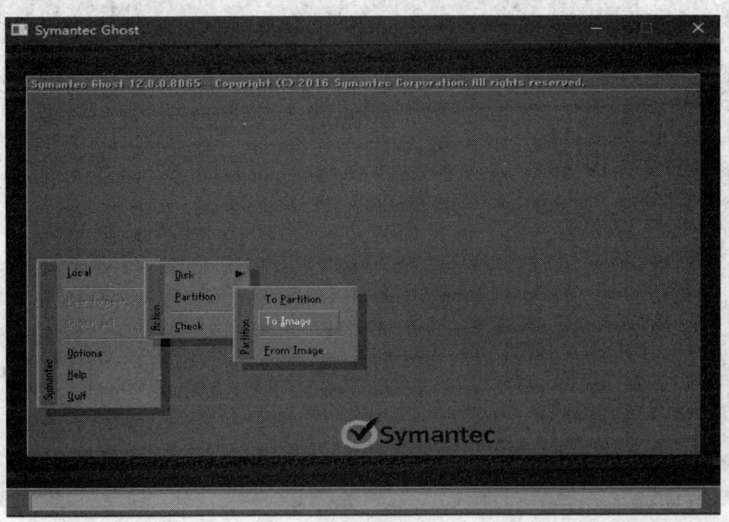

图 5-20　硬盘选择窗口

(4) 选择操作系统所在的硬盘，然后单击“OK”(如果计算机仅有一块硬盘，直接单击“OK”按钮即可)，进入窗口，选择操作分区(DOS 版本的 Ghost 不支持鼠标操作，可用键盘进行相关操作，如用 Tab 键进行切换，用 Enter 键进行确认，用方向键进行选择等)。如图 5-21 所示。

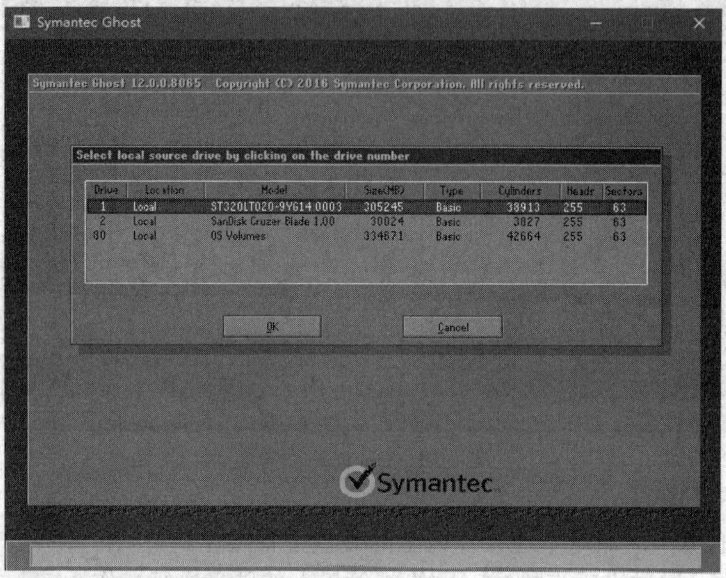

图 5-21　分区选择

(5) 选择系统所在的分区，然后单击“OK”，在弹出的窗口中选择备份存储路径并输入备份文件名称“201908-C”(这里以当前时间进行命名)，注意备份文件扩展名为“.GHO”，如图 5-22 所示。

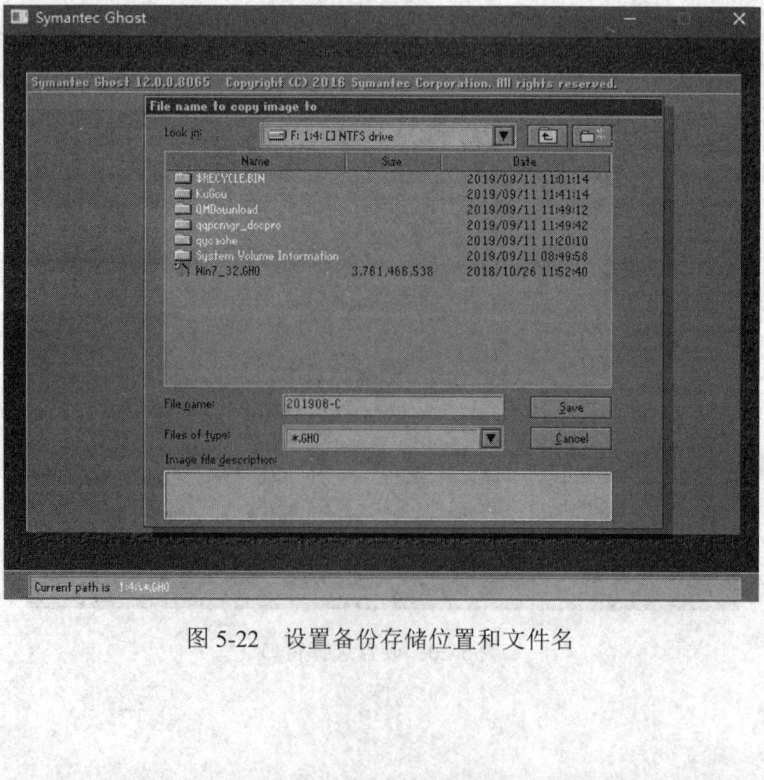

图 5-22　设置备份存储位置和文件名

(6) 单击“Save”进行保存，接下来查询会询问是否压缩备份数据，并给出三个选择(见图 5-23)：No 表示不压缩；Fast 表示压缩，但压缩比例小，执行备份速度较快；High 表示压缩比例高，但执行备份速度较慢。

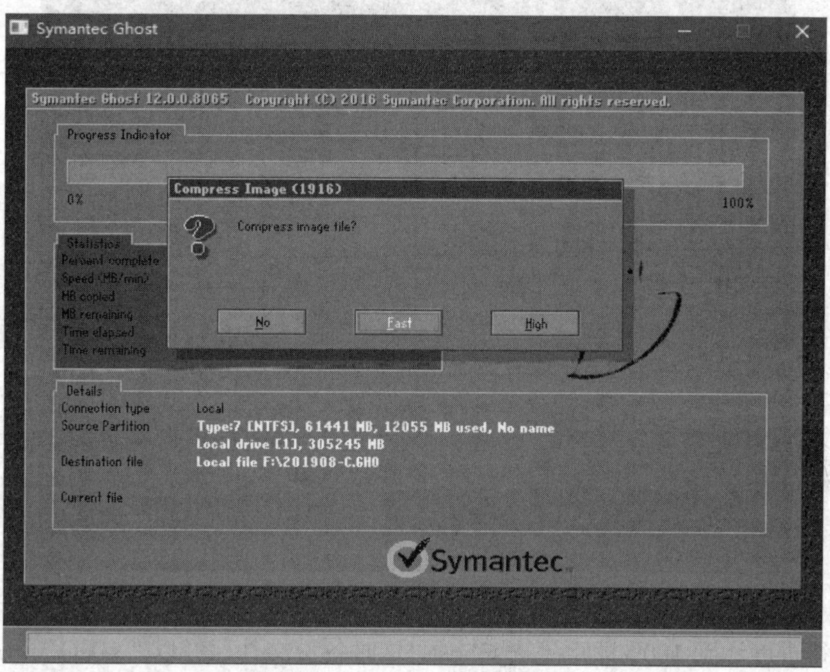

图 5-23　选择压缩方式提示框

(7) 单击“Fast”，弹出确认执行备份提示框，如图 5-24 所示。

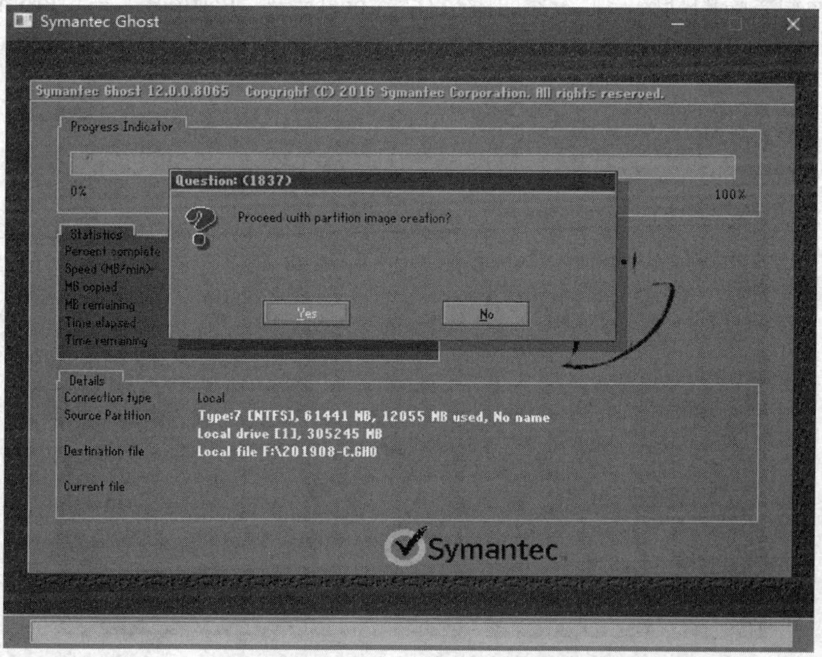

图 5-24　确认执行备份提示框

(8) 单击“Yes”，弹出备份进度显示界面，如图 5-25 所示。图中显示了进度的百分比、速度、已复制数据和剩余数据以及已用时间和剩余时间。

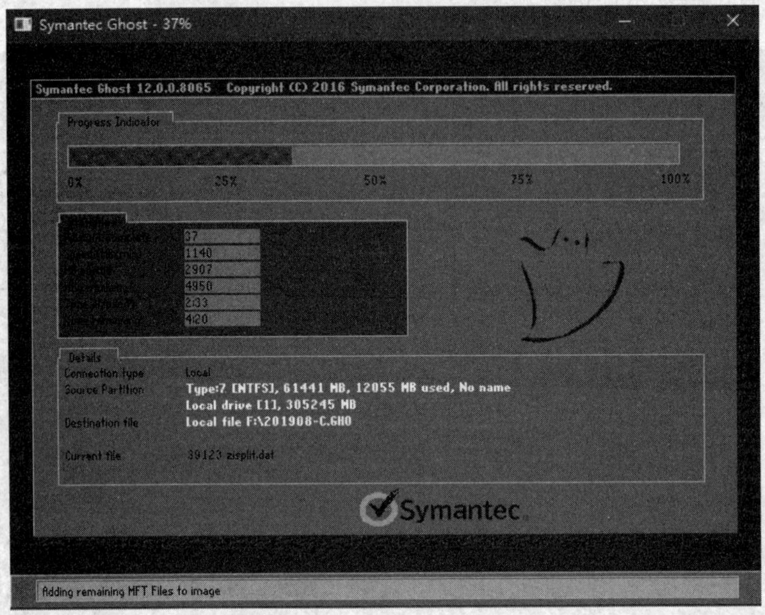

图 5-25　备份进度显示

(9) 等待进度达到 100%即可退出 Ghost，这时备份文件已经以“.GHO”为后缀名存储在了设定的目录中，至此备份完成。

2. 使用 Ghost 进行系统分区还原

(1) 要使用备份的分区，可在界面中执行“Local”→“Partition”→“From Image”命令，如图 5-26 所示。

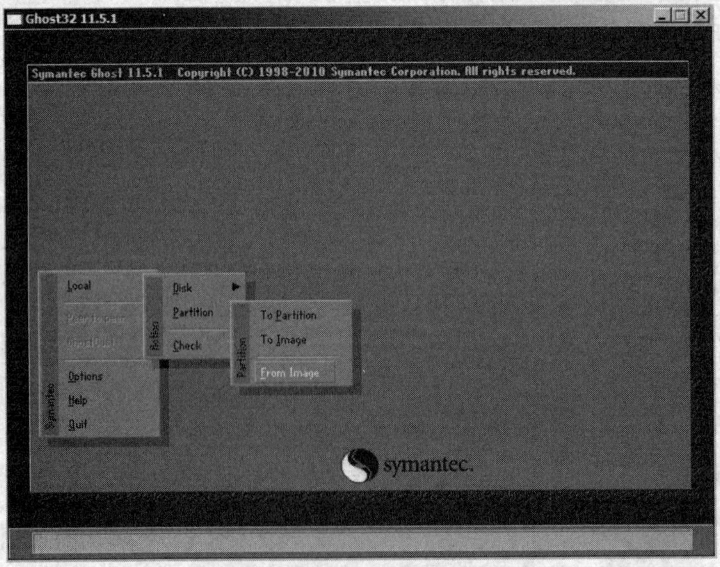

图 5-26　选择从镜像文件恢复命令

(2) 找到镜像所在的分区，选择所需镜像文件，如图 5-27 所示。

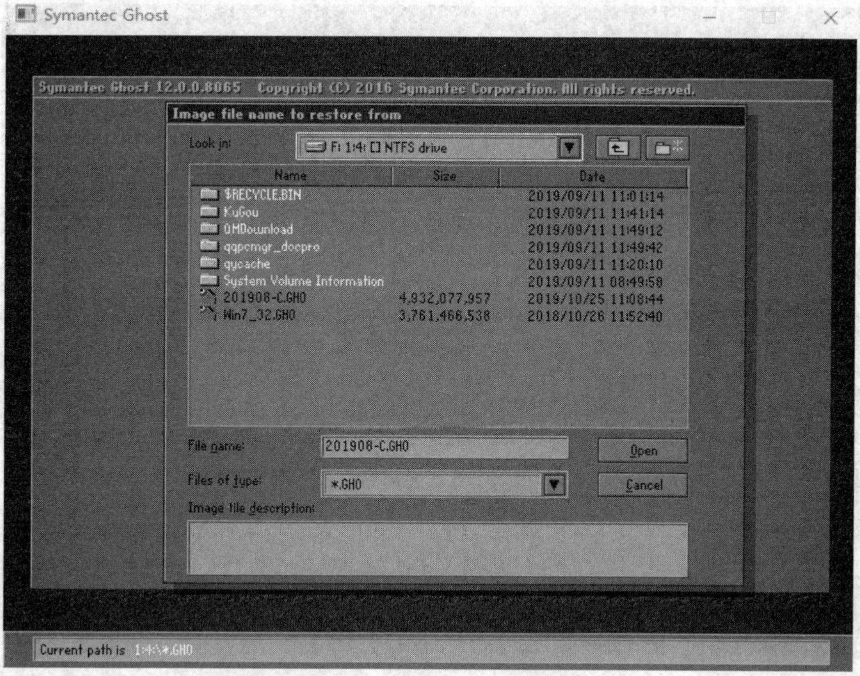

图 5-27　选择镜像文件对话框

(3) 选择镜像文件“201908-C.GHO”，进入选择源分区界面，如图 5-28 所示。

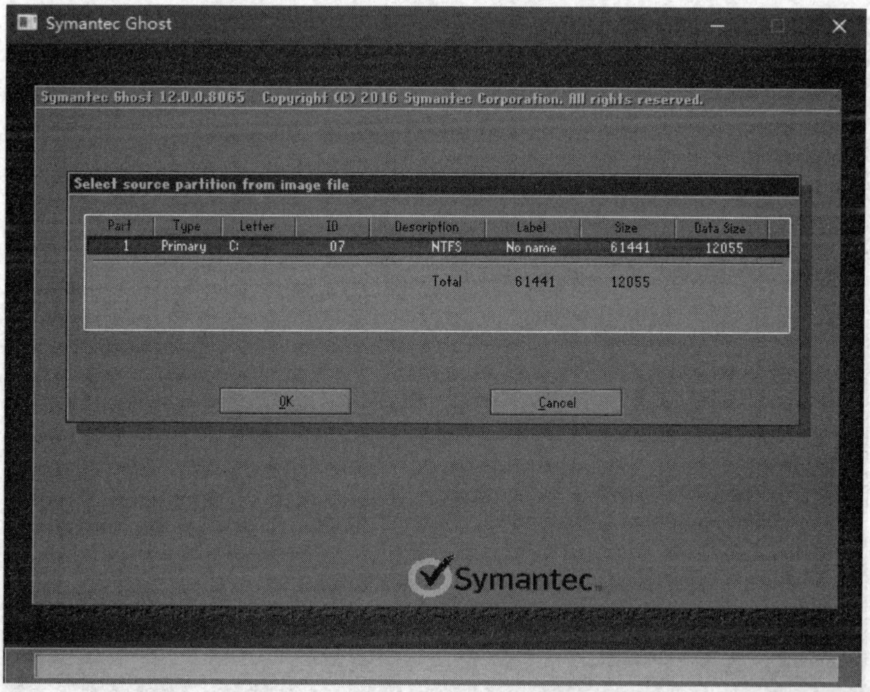

图 5-28　选择源分区界面

(4) 接着单击“OK”，进入目标磁盘选择界面，如图 5-29 所示。

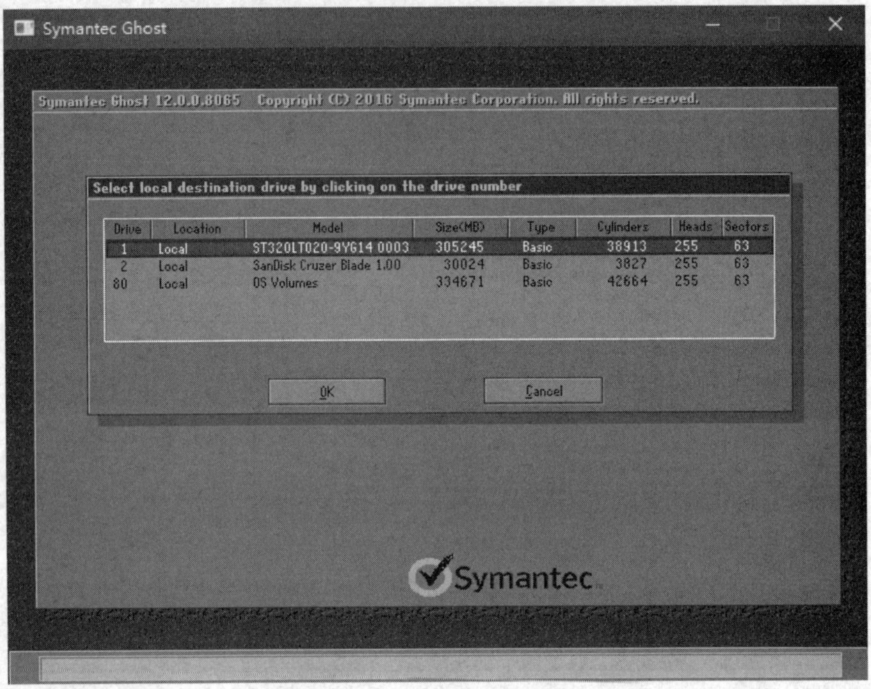

图 5-29　目标磁盘选择界面

(5) 选择目标分区后，单击“OK”，进入分区界面，如图 5-30 所示。

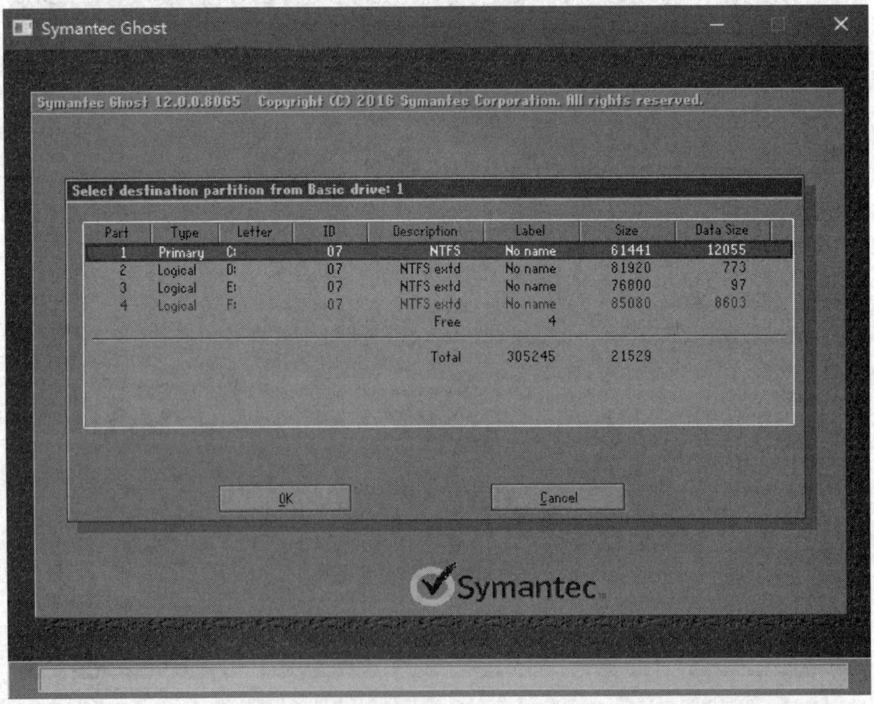

图 5-30　分区界面

(6) 单击“Yes”，弹出确认执行恢复提示框，如图 5-31 所示。

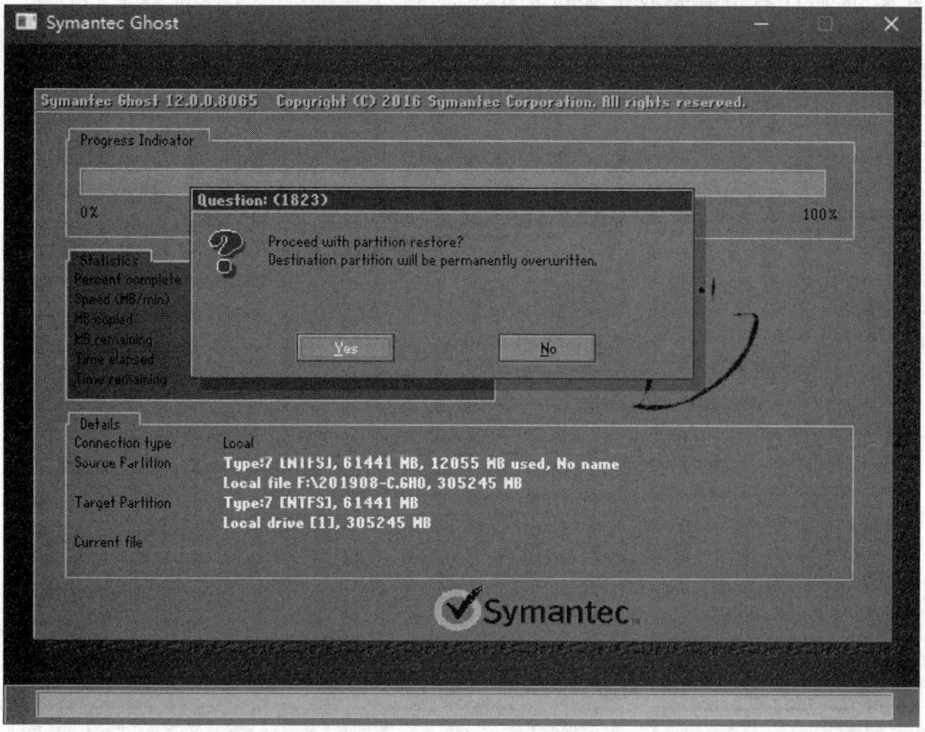

图 5-31　确认执行恢复提示框

(7) 进入恢复执行进度界面，如图 5-32 所示。

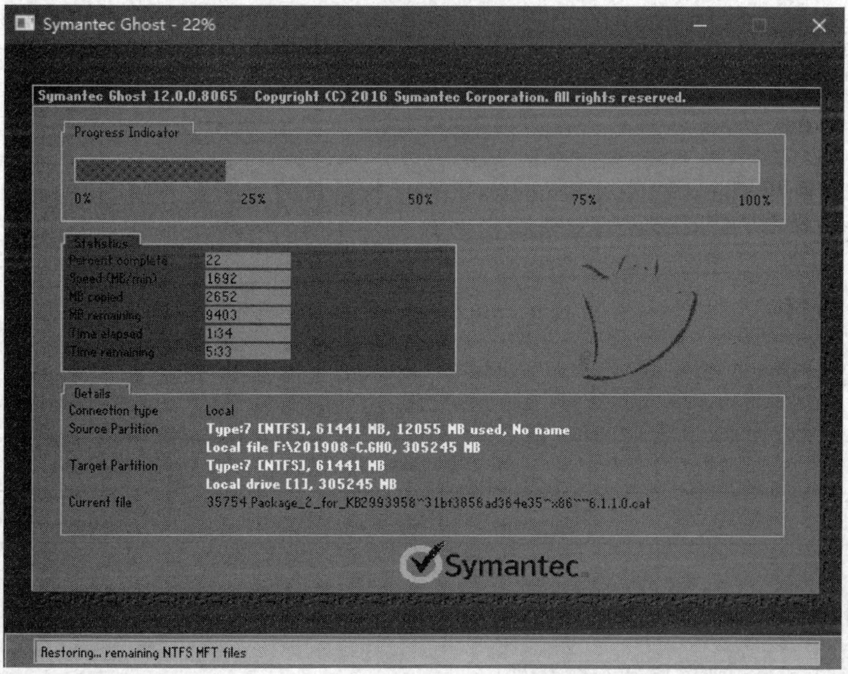

图 5-32　恢复执行进度界面

(8) 等待执行完成后，弹出克隆成功完成提示框，如图 5-33 所示。单击“Reset Computer”，重启计算机并完成系统的恢复。

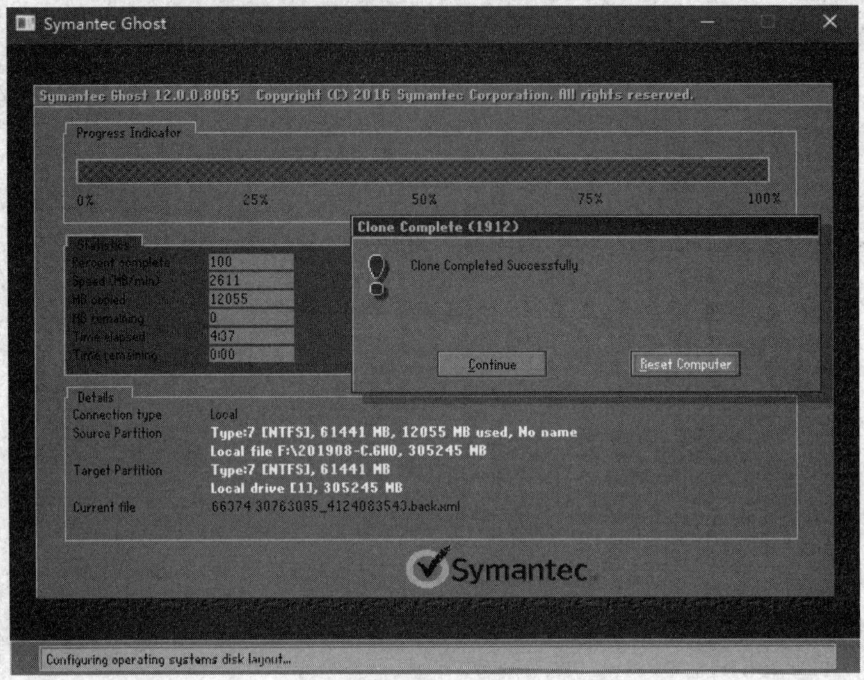

图 5-33　克隆成功完成提示框

技能训练　使用 Ghost 软件对 Windows 系统进行备份及还原操作

一、实训目的

(1) 掌握利用 Ghost 软件对 Windows 系统进行备份的方法。
(2) 掌握利用 Ghost 软件对 Windows 系统进行还原的方法。

二、实训器材

实训器材要求见表 5-3。

表 5-3　实训器材表

实训器材	数　量	备　注
计算机	1 台	已安装 Ghost 软件

三、实训操作

(1) 使用 Ghost 进行系统分区备份。

(2) 使用 Ghost 进行系统分区还原。

四、实训考核

根据实训完成的综合情况，给予考核，考核项目及评分见表 5-4。

表 5-4　实训考核表

班级			姓名		扣分记录	得分
项目	考核要求	分值	评分细则			
备份和还原的方法	能正确使用 Ghost 进行备份和还原	100 分	1. 不能正确使用 Ghost 对系统进行备份和还原操作，不得分。 2. 基本能正确使用 Ghost 对系统进行备份和还原操作，但备份路径不正确，扣 40 分。 3. 能正确使用 Ghost 对系统进行备份和还原操作，不扣分			
总　分						

项 目 小 结

本项目主要介绍了 Windows 10 系统的重置方法和使用 Ghost 软件系统进行备份与还原的方法。通过学习，我们了解了 Windows 10 系统重置的目的和作用，并且熟练掌握了重置的两种方法。了解了 Ghost 软件的功能和使用方法，并能够熟练利用 Ghost 进行系统备份和还原。

思 考 与 练 习

简述题

1. Windows 10 系统重置。

(1) 系统重置的目的是什么？

(2) Windows 10 系统重置的方法有哪些？

2. 利用 Ghost 软件备份和恢复。

(1) Ghost 软件的功能是什么？

(2) 什么时候需要进行 Ghost 备份和还原？

实训项目六　计算机系统的检测和优化

项目分析

在计算机组装完毕、安装好操作系统和应用软件后，我们就可以对计算机进行检测并根据检测情况进行优化。如果只需要对计算机的性能作一般性了解，那么常用的测试软件就可以；如果要精确了解，则需要专用软件来进行测试。

本项目需要完成以下任务：

1. 完成对计算机的硬件检测与性能测试。
2. 完成对计算机性能的优化。

知识目标

1. 掌握计算机性能测试的方法和工具。
2. 掌握计算机性能优化的方法与技巧。

能力目标

1. 能够使用软件工具对计算机硬件性能参数进行测试。
2. 能够使用软件对系统进行优化或手工优化。

任务一　计算机检测与性能测试

任务目标

当我们准备购买某款计算机时，想知道该计算机的性能，或是计算机在安装了操作系统后我们需要知道计算机性能发挥得如何，此时需要对计算机进行检测，本任务将学习如何对计算机进行检测与性能测试。

知识链接

一、计算机检测的意义

计算机检测的意义主要有以下几个方面：

(1) 检测计算机可以清楚地知道计算机的硬件配置情况是否和选购的一致。

(2) 检测计算机可以有针对性地优化系统，清理垃圾。

(3) 通过硬件检测可以清楚地了解计算机的性能。

二、计算机检测的方法

计算机检测的方法主要有常用应用软件测试法和专用测试工具测试法。

1. 应用软件测试法

一般来说，常用应用软件测试法分为以下几类：游戏测试法、图形图像测试法、视频播放测试法和复制文件测试法等。

1) 游戏测试法

游戏测试法是对计算机整机综合性能进行测试的一种方法。通常情况下，游戏都会给出一个计算机的最低配置和推荐配置，甚至是帧高手推荐配置，如图 6-1 所示。通过一些大型的游戏，我们可以对计算机的 CPU、内存、显卡、硬盘的数据处理能力的表现有一个直观的认识，同时也可以清楚地了解到鼠标、键盘的灵敏度，声卡、音箱的音效以及显示器的显示效果等。

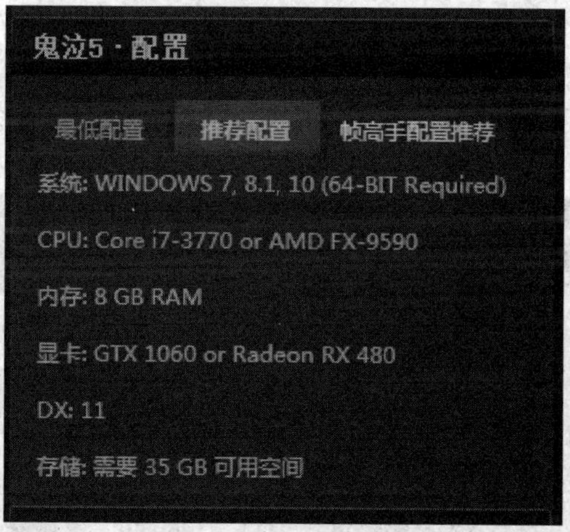

图 6-1　鬼泣 5 推荐配置

由图 6-1 可以看到，鬼泣 5 游戏官方给出了三款计算机的推荐配置，CPU 从 Intel Core i5-4460 一直到 Intel i9-9900k，内存从 8 GB 一直到 32 GB，显卡从 GTX760 一直到 iGame RTX 2080 SUPER Vulcan X OC，这中间的差距是非常大的。同样，不同的配置带来的游戏体验也会存在相当大的区别，比如流畅度、帧数等，都是能让测试者很直观地感受到计算机性能的差异的。

2) 图形图像测试法

图形图像测试法一般选用图形图像处理软件来进行测试，通过这些软件对图形图像进行处理，可以查看显示效果，通过渲染，可以查看计算机的处理能力。常用的测试软件有3DMark 和 FurMark。

首先我们以 3DMark 11 基础版为例进行说明。3DMark 11 包含了四个图形测试项目，一项物理测试和一组综合性测试，并提供了 Demo 演示模式。它分为基础版(Basic Edition)、高级版(Advanced Edition)和专业版(Professional Edition)三种版本：基础版免费，但只能进行性能级(Performance)预设测试，包括四个图形测试场景、物理测试场景、综合测试场景和音频视觉演示(分辨率固定于 720P)，同时可在线创建账户、查询和对比结果。

安装好 3DMark 11 基础版后的界面如图 6-2 所示。

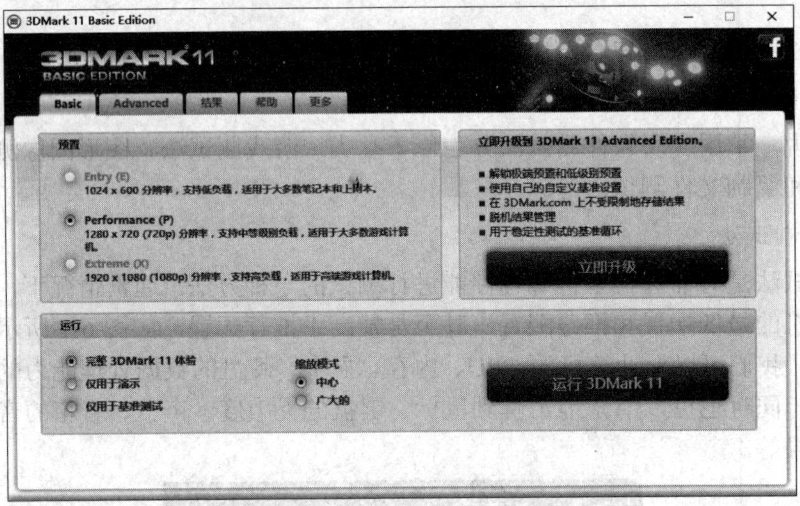

图 6-2　3DMark 11 基础版主界面

在 3DMark 11 基础版的 Advanced 界面中可以对测试项进行选择确定，如图 6-3 所示。

图 6-3　3DMark 11 基础版高级界面

确定好需要测试的选项后，就可以选择“运行 3DMark 11”了，运行后的测试界面如图 6-4 所示。

图 6-4　3DMark 11 基础版测试动画

当测试完成后系统会自动打开网页，显示结果，如图 6-5 所示，同时，在测试结果下方会给出详细的运行信息。

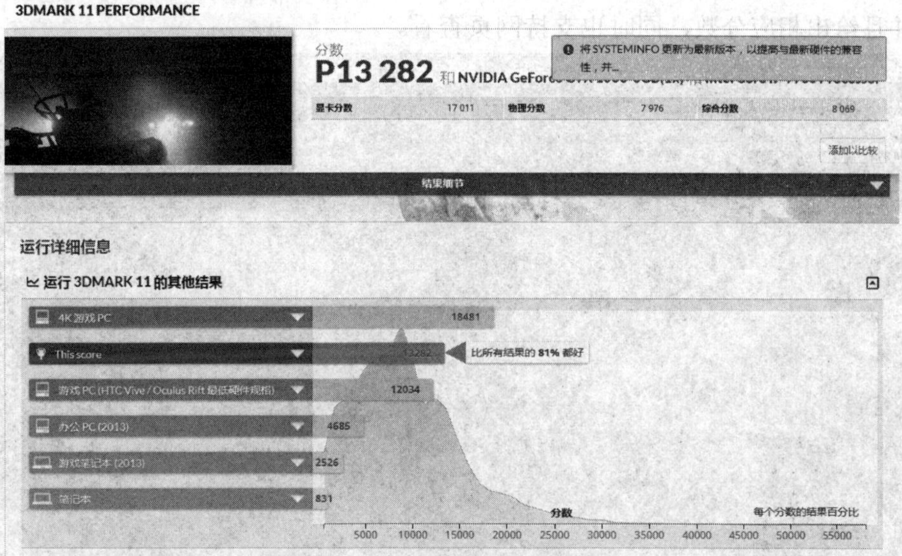

图 6-5　3DMark 11 基础版测试结果

除了 3D Mark 外，FurMark 也是常用的图形图像测试软件。FurMark 是 oZone3D 开发的一款 OpenGL 基准测试工具，提供了多种测试选项，比如全屏/窗口显示模式、多种分辨率(也可以自定义)、基于时间或帧的测试形式、多种多重采样反锯齿(MSAA)和竞赛模式等。

这里以 FurMark 1.20.7.0 版本为例进行说明，FurMark 的主界面如图 6-6 所示，它提供了很多测试选项设置，包括动态背景、动态摄像机、烤机、极端折磨烤机、Post-FX 等。

图 6-6　FurMark 的主界面

FurMark 的 OpenGL 基准测试不仅可对显卡的 OpenGL 进行测试，同时也记录了显卡在测试过程中的温度变化，并且以曲线的方式进行显示，如图 6-7 所示。测试结果也会详细显示并且给出相应分数，同时也支持网页查看。

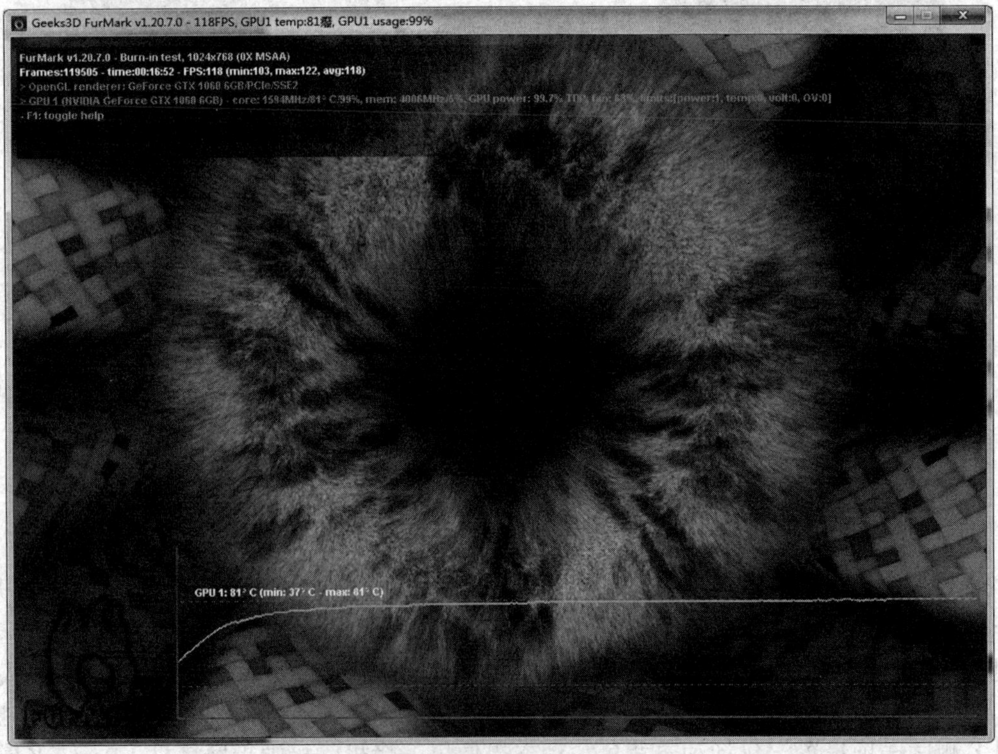

图 6-7　FurMark 测试动画

在测试结束后，可以查看 FurMark 近期参与测试的测试者的结果，进行对比，以使测试者对测试的结果有一个比较直观的了解，结果对比如图 6-8 所示。

FurMark - Recent submissions

OpenGL renderer	Benchmark_name	Resolution	Score	Submited by	Date
GeForce RTX 2070 SUPER/PCIe/SS ...	FurMark (P720)	1280x720	17241	Anonymous	Jul 31, 2019
Radeon RX 570 Series	FurMark (P1080)	1920x1080	4131	zoltm	Jul 31, 2019
GeForce GTX 1060 6GB/PCIe/SSE2	FurMark (P0)	0x0	3396	Anonymous	Jul 31, 2019
GeForce GTX 1060 6GB/PCIe/SSE2	FurMark (P1080)	1920x1080	4384	Anonymous	Jul 31, 2019
GeForce 410M/PCIe/SSE2	FurMark (P720)	1280x720	236	Anonymous	Jul 31, 2019
GeForce GTX 1050 Ti/PCIe/SSE2	FurMark (P1080)	1920x1080	2602	Anonymous	Jul 31, 2019
GeForce GTX 1080/PCIe/SSE2	FurMark (P2160)	3840x2160	2772	Anonymous	Jul 31, 2019
GeForce 930A/PCIe/SSE2	FurMark (P1080)	1920x1080	219	krzynio	Jul 31, 2019
GeForce 610M/PCIe/SSE2	FurMark (P720)	1280x720	295	Anonymous	Jul 31, 2019
GeForce RTX 2080/PCIe/SSE2	FurMark (P1080)	1920x1080	9795	Anonymous	Jul 31, 2019
GeForce RTX 2080/PCIe/SSE2	FurMark (P1440)	2560x1440	6899	Anonymous	Jul 31, 2019
Radeon RX 580 Series	FurMark (P2160)	3840x2160	2856	Anonymous	Jul 31, 2019
Radeon (TM) RX 480 Graphics	FurMark (P1080)	1920x1080	4336	Anonymous	Jul 31, 2019
GeForce GTX 1060 6GB/PCIe/SSE2	FurMark (P1080)	1920x1080	4779	Anonymous	Jul 31, 2019
GeForce GTX 980 Ti/PCIe/SSE2	FurMark (P1080)	1920x1080	5976	Jared	Jul 31, 2019
Intel(R) HD Graphics	FurMark (P720)	1280x720	16	Anonymous	Jul 31, 2019
GeForce GTX 1060 6GB/PCIe/SSE2	FurMark (P1080)	1920x1080	4737	Anonymous	Jul 31, 2019
GeForce GTX 1060 6GB/PCIe/SSE2	FurMark (P1080)	1920x1080	4795	Anonymous	Jul 31, 2019
GeForce GTX 970/PCIe/SSE2	FurMark (P1440)	2560x1440	2560	Anonymous	Jul 31, 2019
GeForce GTX 980/PCIe/SSE2	FurMark (P1440)	2560x1440	3255	Anonymous	Jul 31, 2019
GeForce GTX 980/PCIe/SSE2	FurMark (P1440)	2560x1440	3240	Anonymous	Jul 31, 2019
GeForce GTX 1060 3GB/PCIe/SSE2	FurMark (P1080)	1920x1080	4249	Anonymous	Jul 31, 2019
GeForce GTX 980/PCIe/SSE2	FurMark (P1440)	2560x1440	3253	Anonymous	Jul 31, 2019
AMD Radeon HD 7800 Series	FurMark (P1080)	1920x1080	1445	Anonymous	Jul 31, 2019

图 6-8　FurMark 测试在线结果对比

3) 视频播放测试法

视频播放测试法一般用于显示器的测试，可以通过与其他计算机对比来分辨自己的计算机在播放时的流畅度、画面鲜艳度、显示器亮度、清晰度等，当然，在选择视频时最好选用自己熟悉的影片进行测试。

4) 复制文件测试法

复制文件测试法是通过与其他计算机对比来查看自己计算机硬盘的读写速度的一种测试法，这种方法的硬盘测试结果是比较直观的。

2. 专用测试工具测试法

虽然我们可以使用常用应用软件测试法对计算机进行测试，但这些方法无法做到精确掌握计算机整机的性能，此时我们就需要使用专用测试软件进行测试。同时，在对计算机整机性能进行测试时，也可以通过软件得知硬件的真伪情况。

1) 通过操作系统了解硬件信息

Windows 操作系统在安装完成后能显示计算机硬件的大致信息，我们可通过在桌面的

“计算机”上单击鼠标右键，选择“属性”，在弹出的“系统”对话框中查看CPU和内存的基本信息，如图6-9所示。

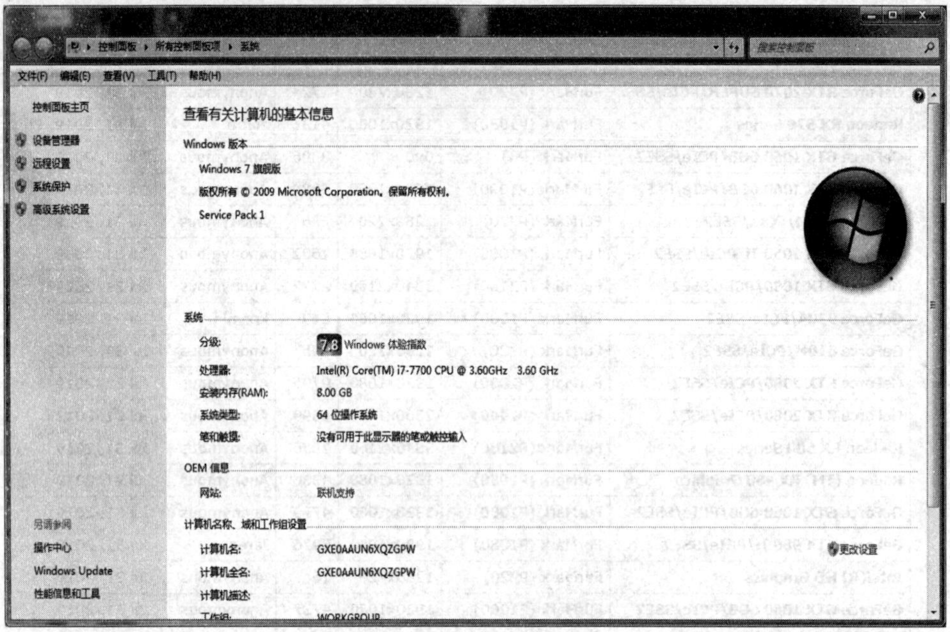

图6-9　“系统”对话框

从图6-9中我们可以看到CPU是i7-7700，主频为3.6 GHz，内存为8 GB。

在桌面空白处单击鼠标右键，选择“屏幕分辨率”，可查看显示器信息。

在该显示器信息界面上选择“高级设置”，在“适配器”选项卡中可查看显卡信息，如图6-10所示。

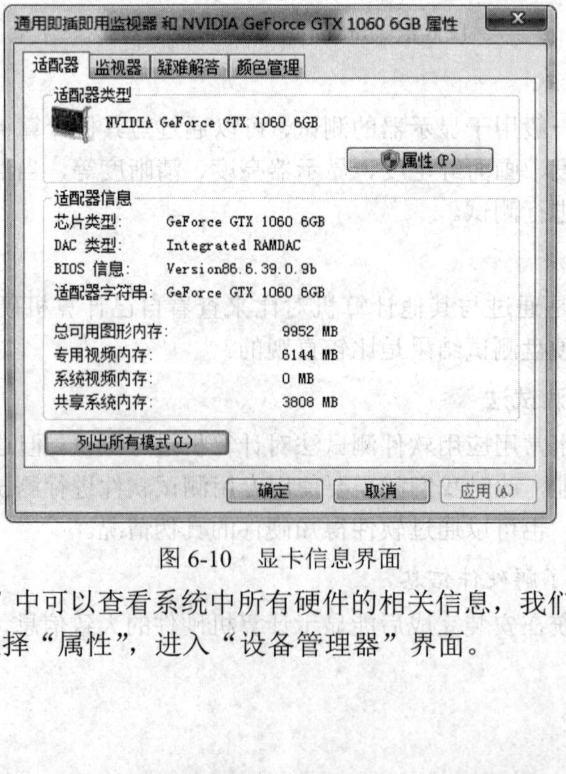

图6-10　显卡信息界面

在“设备管理器”中可以查看系统中所有硬件的相关信息，我们可通过鼠标右键单击桌面的“计算机”，选择“属性”，进入“设备管理器”界面。

2) CPU-Z 测试

CPU-Z 主要是针对 CPU 进行检测的一款软件，它支持的 CPU 相当全面，同时也支持检测主板和内存，针对目前的操作系统，它分为 32 位和 64 位，CPU-Z 界面如图 6-11 所示。

图 6-11　CPU-Z 界面

3) MemTest 内存测试

MemTest 是一款专业的内存测试工具，简单易用，安装好后单击“开始测试”就可以了，如图 6-12 所示。MemTest 内存检测工具找到问题时将会停止并且提示问题，运行的时间越长，测试的结果就越准确，同时它还提供了日志功能便于后期查看。

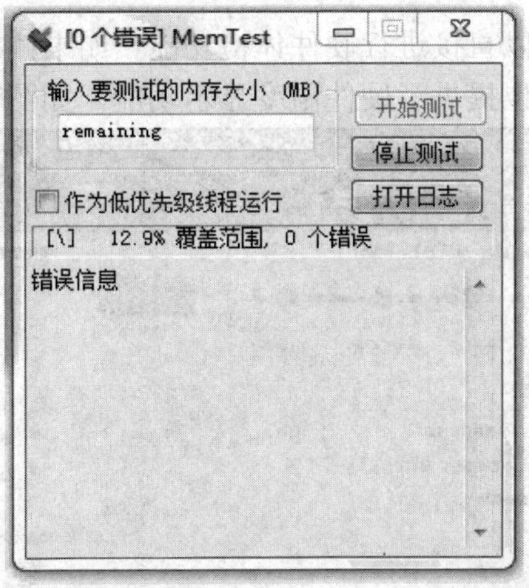

图 6-12　MemTest 内存测试

4) 硬盘哨兵

硬盘哨兵原名 Hard Disk Sentinel，它能测试所有的硬盘，包括服务器硬盘。同时，它也能够检测硬盘状态、健康程度、性能以及每个硬盘的温度等，如图 6-13 所示。

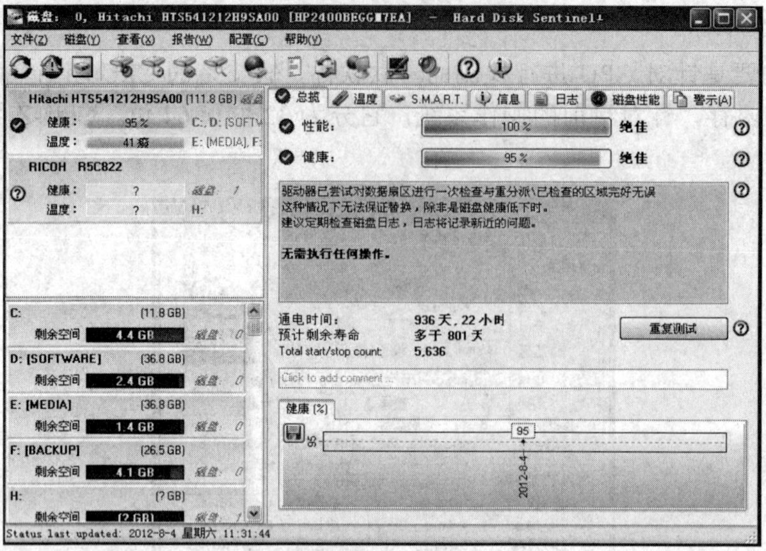

图 6-13　硬盘哨兵测试界面

5) 综合测试

鲁大师是目前用得比较多的一款综合测试软件，它的缺点是跑分浮动大，可比性不强，但是鲁大师比较符合国内装机的国情，主要是因为它集成了几个功能比较方便：第一是查看硬件，第二是安装驱动，第三是压力测试，第四是跑分。虽然都不算业界一流，但是结合到一起还是很方便的。

鲁大师的硬件检测可以看到主要硬件的列表和一些性能参数。如果是联网状态，选择驱动检测，就可以安装和更新驱动，当然硬件检测和驱动安装不如专业软件。性能测试方面，由于鲁大师在不同情况下跑分差异比较大，同时跑分规则也常常修改，所以跑分常常只具有参考价值。

鲁大师进入主界面后可以直接进行硬件体检功能，如果体检后存在问题可以使用“一键修复”功能，同时在右侧也提供了硬件温度显示功能，如图 6-14 所示。

图 6-14　鲁大师硬件体检

在硬件检测功能中可以对计算机各个硬件进行检测。同时，它还给出了计算机各个硬件的详细检测结果。

在温度管理功能中，鲁大师包含了 CPU 温度、CPU 核心、CPU 封装、显卡温度、硬盘温度、主板温度、风扇转速等多个项目，如图 6-15 所示。

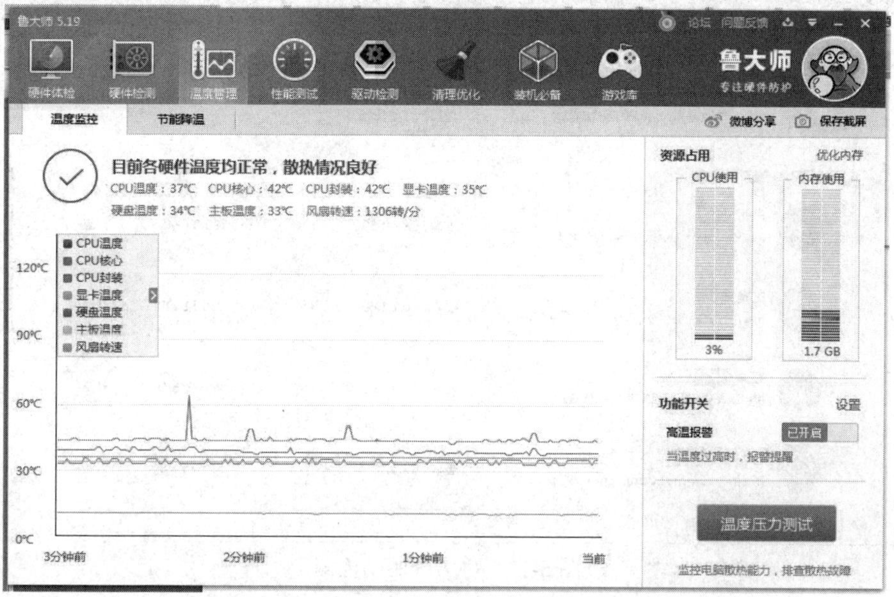

图 6-15　鲁大师温度管理

鲁大师也具有性能测试的功能，但一般仅作参考使用，如图 6-16 所示。

图 6-16　鲁大师性能测试

测试结束后，我们可以在综合性能排行榜中进行综合性能排名查看。同时也可以在处理器排行榜中进行 CPU 性能排名查看，在显卡排行榜中进行显卡性能排名查看。

鲁大师还具有驱动检测功能，包括驱动安装、驱动管理等，提供了在线驱动升级服务，使用“一键安装”就可以完成，相当方便，如图 6-17 所示。

图 6-17　鲁大师驱动检测

同时鲁大师还提供了优化功能，如图 6-18 所示。

图 6-18　鲁大师清理优化

支持计算机综合测试的软件有很多，除了比较常用的鲁大师外，还有很多专业的工具软件。

PCMARK 就是一款测试计算机综合性能的专业测试工具，测试内容包括 CPU、内存、

Graphics、HDD 子系统性能测试，其性能综合测试得分如图 6-19 所示。

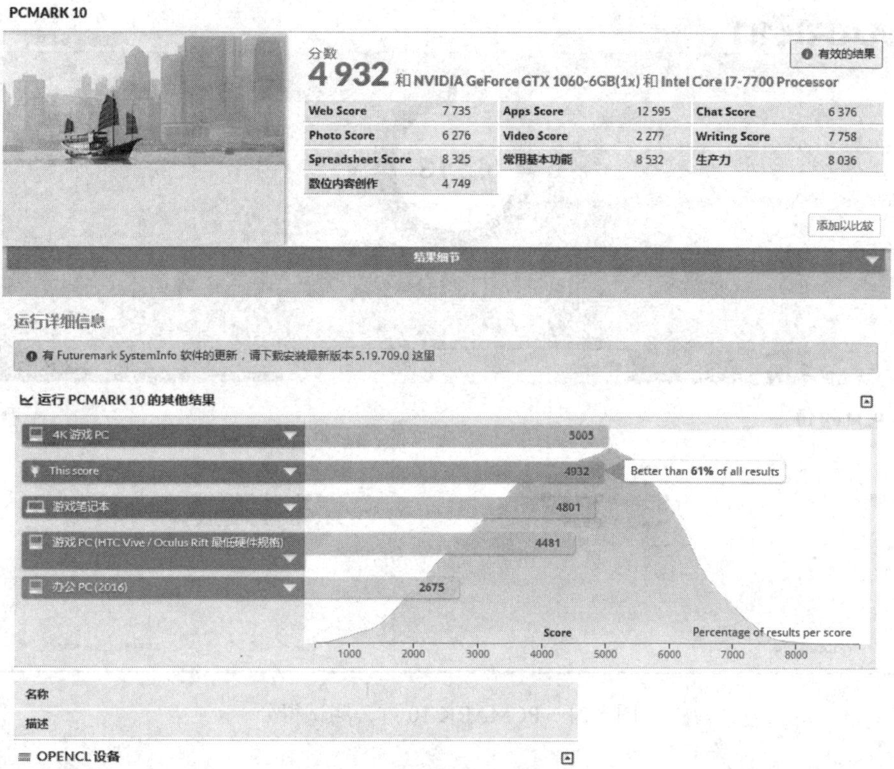

图 6-19　PCMARK 10 综合测试得分

同时，PCMARK 10 针对办公计算机推出了专业测试，测试项包括应用程序启动、电子表格、照片编辑、视频会议、文档编写、渲染与视觉化、网页浏览、视频编辑等，其测试过程如图 6-20 所示。

图 6-20　PCMARK 10 测试动画

测试完成后针对每个项目都会给出相应的分数，如图 6-21 所示。

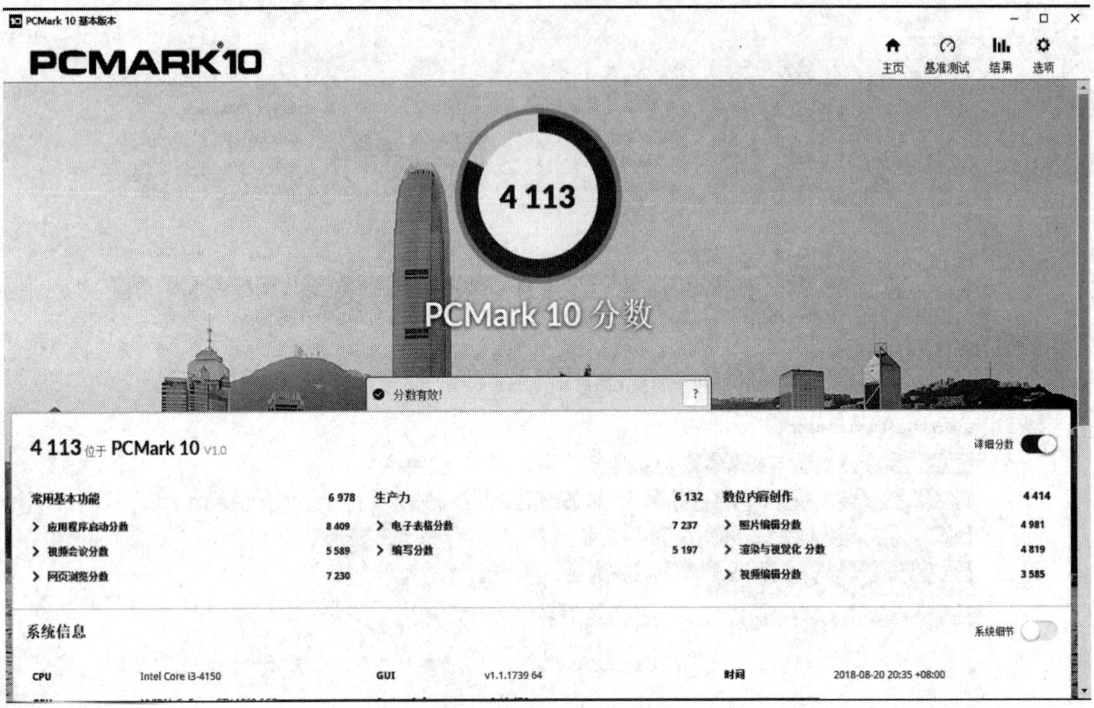

图 6-21　PCMARK 10 办公测试得分

技能训练　使用计算机检测工具对计算机进行检测

一、实训目的

(1) 掌握常用应用软件测试法。
(2) 掌握专用测试工具测试法。

二、实训器材

实训器材要求见表 6-1。

表 6-1　实训器材表

实训器材	数　量	备　注
计算机	1 台	需要连接 Internet

三、注意事项

(1) 计算机运行时，禁止挪动主机，防止振动。

(2) U 盘等外部存储设备使用完毕后需及时取出。

(3) 计算机运行时，如无特殊情况请勿人为断电以及按机箱重启按钮。

(4) 计算机运行时，敲击键盘、鼠标不要太用力，轻触即可。

(5) 如需关机，先关闭当前所有窗口，再用鼠标左键依次单击“开始”→“关闭计算机”→“关机”，然后等待程序关闭计算机至主机外指示灯显示为全灭状态。

四、实训操作

1. 常用应用软件测试法

(1) 使用 3DMark、FurMark 测试显卡，将测试的结果记录在实训报告册上。

(2) 使用视频播放，测试视频播放时的流畅度、画面鲜艳度、显示器亮度、清晰度等，将测试的结果记录在实训报告册上。

(3) 使用网络测试法测试网络上传、下载情况，将测试的结果记录在实训报告册上。

2. 专用测试工具测试法

(1) 通过操作系统了解硬件信息，将测试的结果记录在实训报告册上。

(2) 使用 CPU-Z 测试 CPU 性能，将测试的结果记录在实训报告册上。

(3) 使用 Memtest 测试内存性能，将测试的结果记录在实训报告册上。

(4) 使用硬盘哨兵测试硬盘性能，将测试的结果记录在实训报告册上。

(5) 使用鲁大师进行综合性能跑分测试，将测试的结果记录在实训报告册上。

(6) 使用 PCMARK 进行综合性能跑分测试，将测试的结果记录在实训报告册上。

五、实训考核

根据实训完成的综合情况，给予考核，考核项目及评分见表 6-2。

表 6-2　实训考核表

<table>
<tr><td>班级</td><td colspan="2"></td><td>姓名</td><td></td><td rowspan="2">扣分记录</td><td rowspan="2">得分</td></tr>
<tr><td>项目</td><td>考核要求</td><td>分值</td><td colspan="2">评分细则</td></tr>
<tr><td>硬件分析</td><td>能正确操作软件对计算机性能进行测试</td><td>100 分</td><td colspan="2">1. 不能正确操作软件对计算机性能进行测试，操作软件错误，不得分。
2. 基本能正确操作软件对计算机性能进行测试，但各测试工具软件的测试项完成较少，扣 40 分。
3. 能正确操作软件对计算机性能进行测试，并且各测试工具软件的测试项全部完成，不扣分</td><td></td><td></td></tr>
<tr><td colspan="5">总　分</td><td></td><td></td></tr>
</table>

任务二 系统优化

任务目标

对计算机进行测试后，可以对计算机进行性能优化。本任务将学习如何对计算机进行性能优化。

知识链接

计算机优化可通过手工优化和软件优化两种方式进行。

一、计算机优化的意义

计算机优化的意义在于尽可能减少计算机执行的进程，更改工作模式，删除不必要的中断，让机器运行更有效，优化文件的位置使数据读写更快，空出更多的系统资源供用户支配，同时可以减少不必要的系统加载项及自启动项。当然优化到一定程度可能略微影响系统稳定性，但基本对硬件无害。

二、计算机优化的方法

1. 手工优化

手工优化是通过手工方式对计算机进行优化的操作，该方式的优点是可以纠正操作的错误，而软件优化是自动执行的，不便于查找错误。

1) 性能效果优化

Windows 操作系统为我们提供了较好的视觉效果，但是该效果本身是以牺牲计算机性能来实现的，如果计算机配置较好，该效果不会对计算机造成太大的负担；如果计算机配置较差，则可以通过关闭这些视觉效果来提高计算机的性能。

方法如下：鼠标右键单击“计算机”，选择“属性”→“高级系统设置”，在“高级”选项卡中的“性能”选项中选择“设置”，进入“视觉效果”界面，根据需求勾选需要使用的视觉效果。

2) 虚拟内存优化

虚拟内存是在内存不够的情况下，以硬盘空间充当内存的一种技术。简单来说，虚拟内存就相当于篮球后备运动员一样，在篮球正式球员(内存)不够的情况下，就调用它。

虚拟内存一般由操作系统自动分配，也可以由用户改为自定义大小。虚拟内存设置一般为物理内存的 2～3 倍，可通过“性能选项”界面的“高级”选项卡进入，如图 6-22 所示。

选择“更改”，进入“虚拟内存”界面，取消勾选“自动管理所有驱动器的分页文件大小(A)”，单选“自定义大小(C)”，根据计算机物理内存进行设置，完成后先单击“设置”，再单击“确定”，如图 6-23 所示。

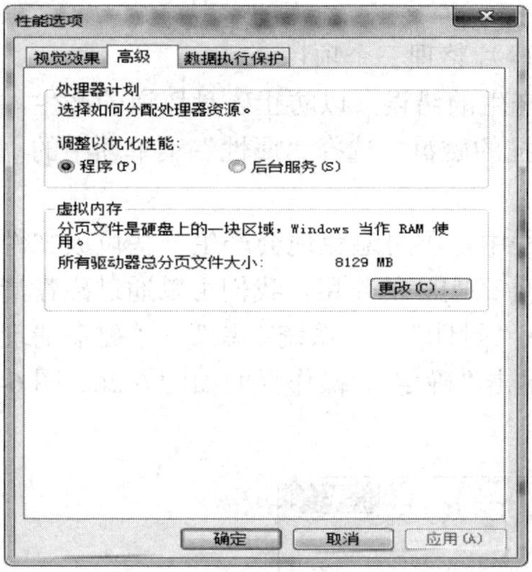

图 6-22　性能选项

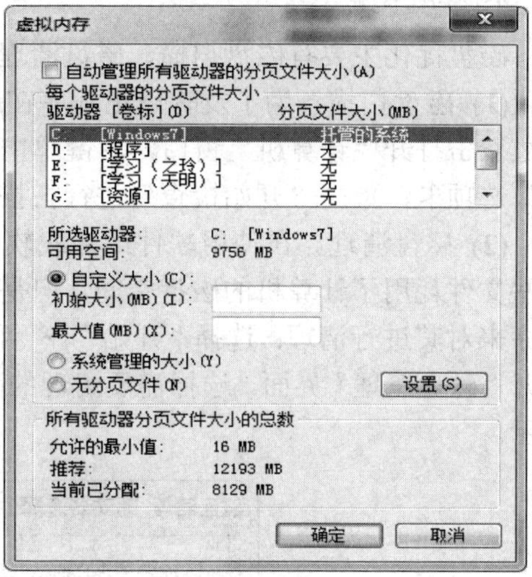

图 6-23　虚拟内存设置界面

3) 启动项优化

计算机在进入 Windows 桌面时会加载部分软件，这样的加载会导致系统变慢，我们可以通过启动程序项关闭部分不必要的自动加载程序来加快系统的运行。

在“开始”菜单中选择“运行”命令，在弹出的对话框中输入“msconfig”，单击“确定”，进入“系统配置”界面，如图 6-24 所示。

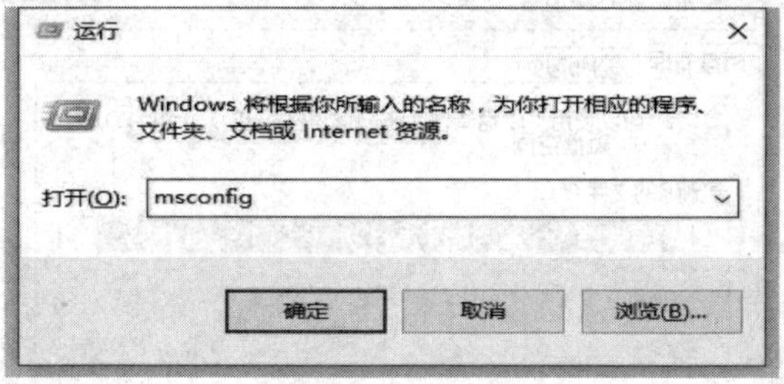

图 6-24　“运行”对话框

选择“启动”选项卡，去掉不需要的启动项，单击“确定”，如图 6-25 所示。设置完成后需要重新启动计算机才能生效。

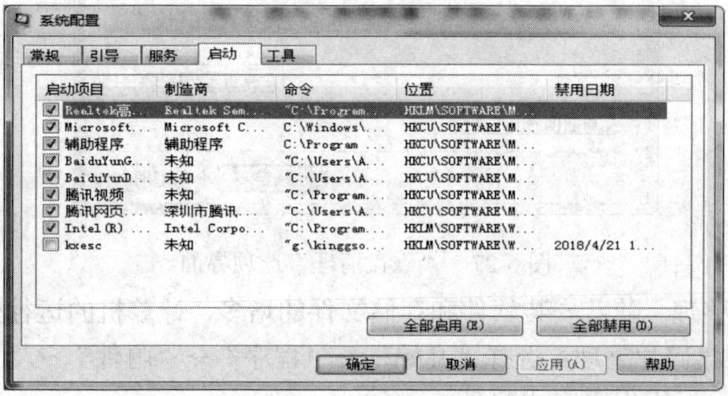

图 6-25　系统配置界面

4) *磁盘优化*

磁盘优化主要有磁盘扫描、磁盘清理、磁盘碎片整理三个项目。

(1) 磁盘扫描。为了及时修正程序在运行时产生的错误，以防止磁盘坏道的产生，可通过双击打开“计算机”窗口，右键单击需要扫描的磁盘，选择“属性”菜单项中的“工具”选项卡，单击“开始检查”进行扫描。

(2) 磁盘清理。在使用软件或卸载软件的过程中，不可避免地会产生一些垃圾文件，这些文件耗用了计算机的磁盘空间，但是又没有什么实际的作用，我们可以通过磁盘清理程序来对其进行清理：选择“开始”→“程序”→“附件”→“系统工具”→“磁盘清理”，打开“磁盘清理”界面，选择需要清理的磁盘，单击“确定”，操作界面如图 6-26、图 6-27 所示。

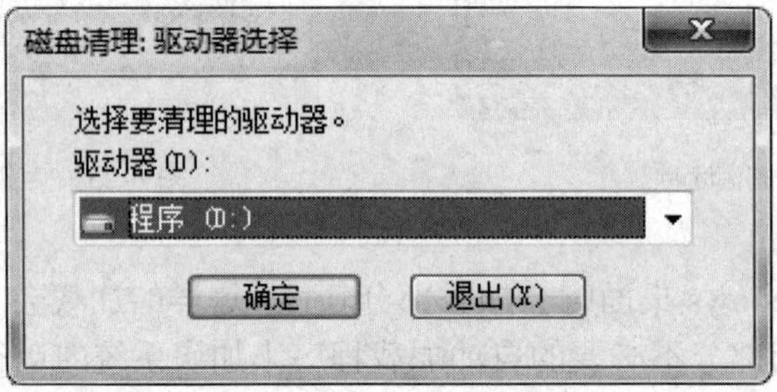

图 6-26　“磁盘清理”驱动器选择界面

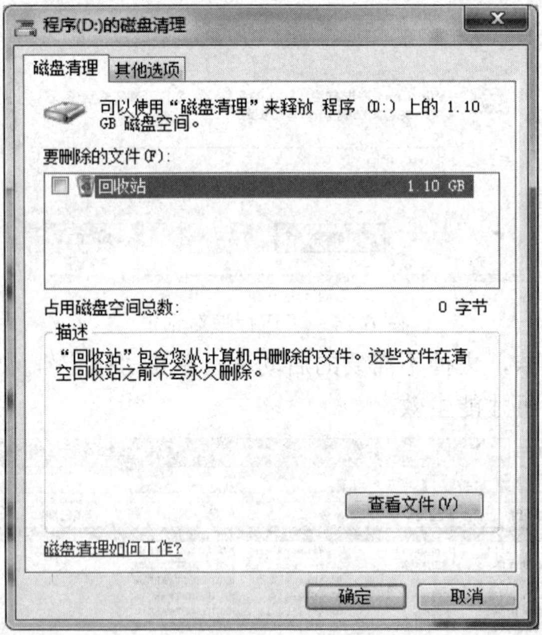

图 6-27　“磁盘清理”选项界面

(3) 磁盘碎片整理。随着安装软件和存储文件的增多，计算机的运行效率会下降，最好的解决办法就是磁盘碎片整理：选择“开始”→“程序”→“附件”→“系统工具”→“磁盘碎片整理程序”，运行程序完成整理。

5) 其他优化

除了以上几种常用优化方法外，我们还可以通过删除一些不必要的文件、清空回收站、对“我的文档”进行清理、清理注册表多余项、关闭远程、关闭系统自动更新等操作来达到优化系统的目的。

2. 软件优化

除了手工优化外，我们也可以通过一些软件对操作系统进行优化，其中较好的 Windows 优化软件有 Windows 优化大师、软媒魔方、360 软件管家、超级兔子等。

1) Windows 优化大师

Windows 优化大师提供了系统检测、系统优化、系统清理、系统维护四大功能模块及数个附加的工具软件。使用 Windows 优化大师，能够有效地帮助用户了解自己的计算机软硬件信息，简化操作系统设置步骤，提升计算机运行效率，清理系统运行时产生的垃圾，修复系统故障及安全漏洞，维护系统的正常运转。

Windows 优化大师在优化方面做得相当不错，它提供了优化自定义选项，用户可以根据自己的需求选择不同的优化项，还提供了设置向导，用户可以根据设置向导的提示进行优化。

(1) 磁盘缓存优化：Windows 优化大师的磁盘缓存优化可以对输入/输出缓存大小、内存性能配置等进行设置，如图 6-28 所示。

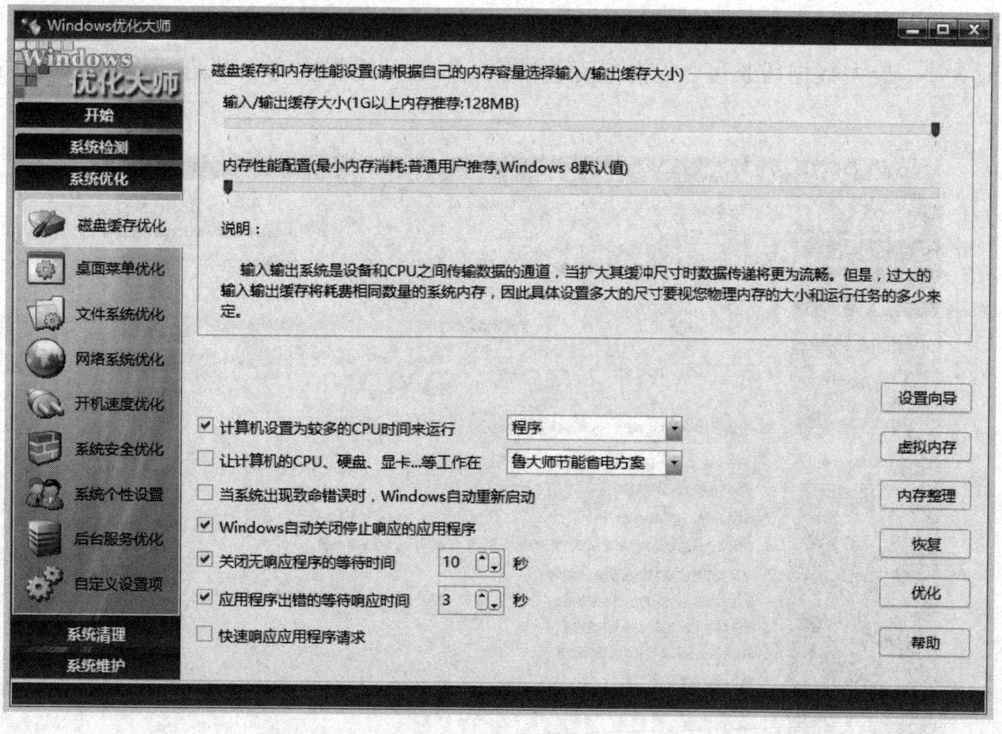

图 6-28　磁盘缓存优化

(2) 桌面菜单优化：Windows 优化大师的桌面菜单优化可以对开始菜单速度、菜单运行速度、桌面图标缓存等进行设置，同时为了让用户清楚如何设置，在每一步都有相应的提示信息，并且提供了“恢复”选项，以便用户在优化错误的时候可以对计算机进行还原处理，保证了优化的可靠性，操作界面如图 6-29 所示。

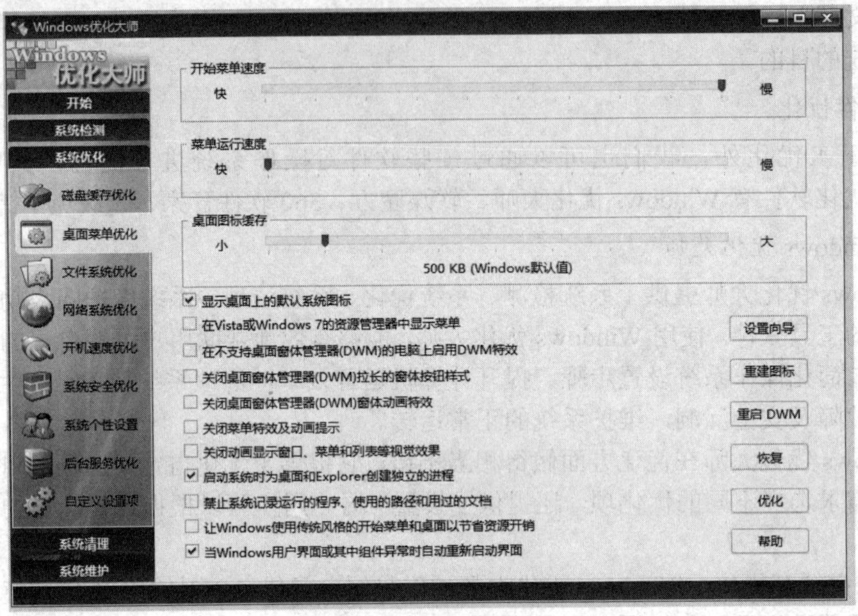

图 6-29　桌面菜单优化

(3) 网络系统优化：Windows 优化大师的网络系统优化可以对上网方式选择、最大传输单元大小、最大数据段长度、传输单元缓冲区、默认分组报文寿命等进行设置，如图 6-30 所示。

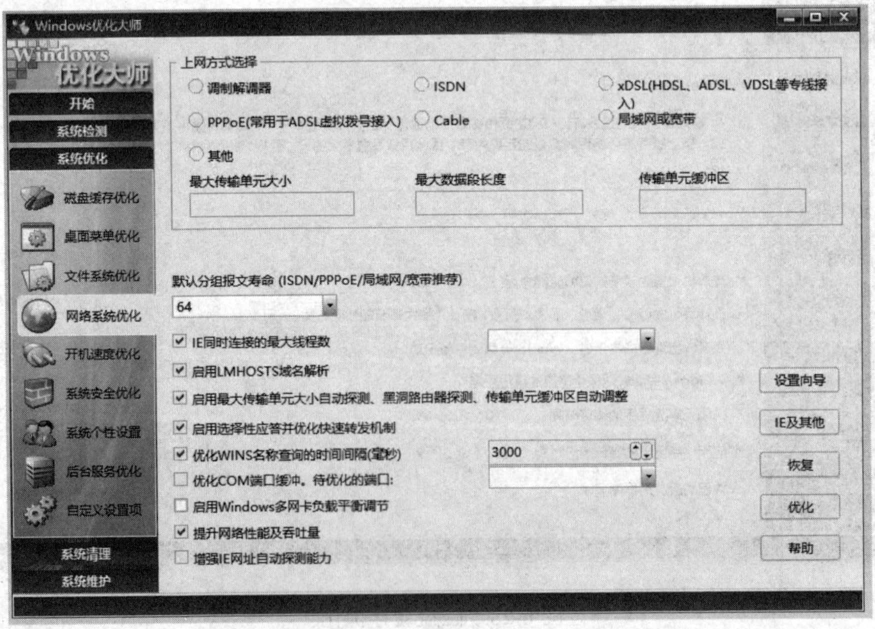

图 6-30　网络系统优化

(4) 开机速度优化：Windows 优化大师的开机速度优化可以对启动信息停留时间、系统启动预读方式、开机自动启动项目等进行设置，如图 6-31 所示。

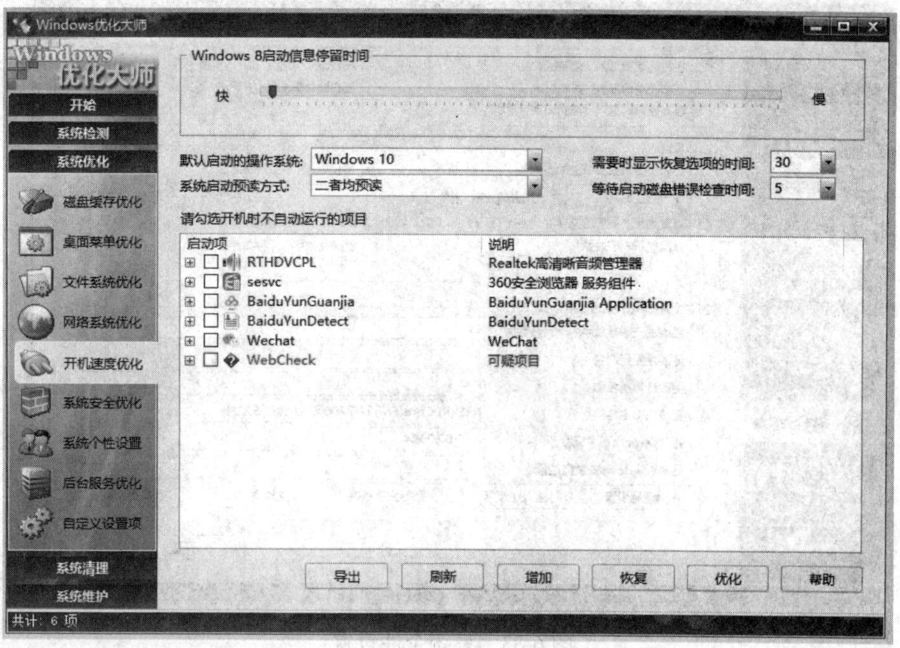

图 6-31　开机速度优化

(5) 系统安全优化：Windows 优化大师的系统安全优化可以对分析处理、流量监控、进程管理、文件加密等进行设置，如图 6-32 所示。

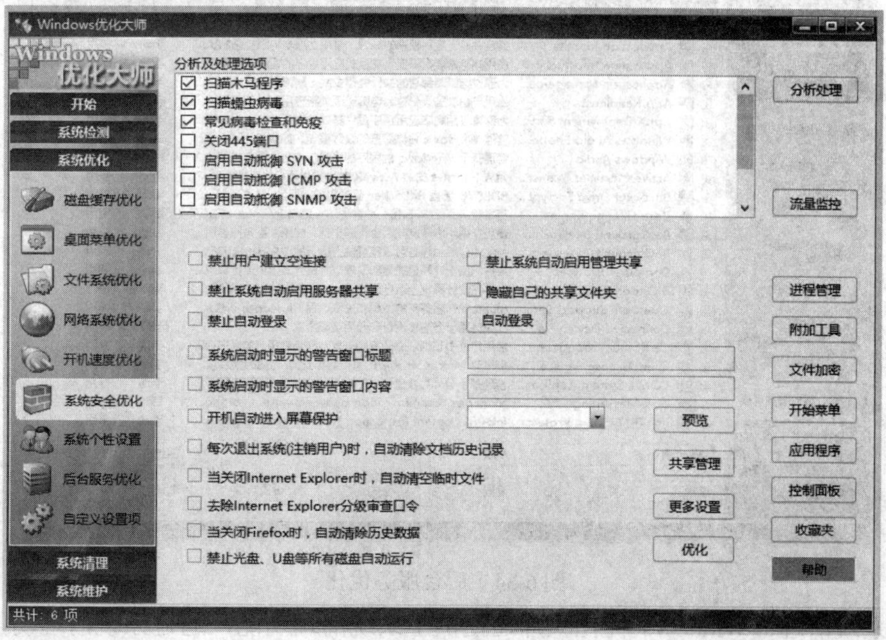

图 6-32　系统安全优化

(6) 系统个性设置：Windows 优化大师的系统个性设置可以对鼠标右键、桌面等进行设置，如图 6-33 所示。

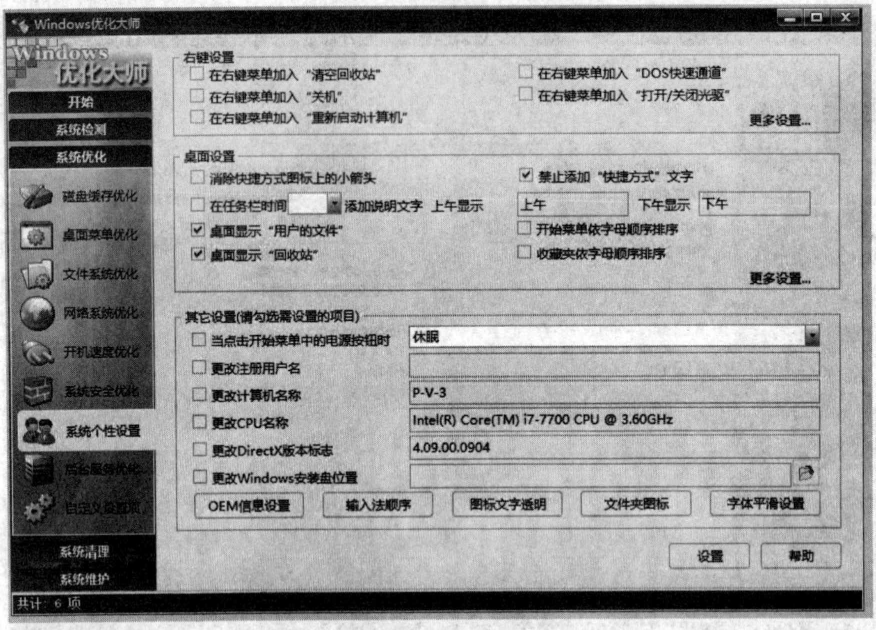

图 6-33　系统个性设置

(7) 后台服务优化：Windows 优化大师的后台服务优化可以对后台进程、启动服务等进行设置，如图 6-34 所示。

图 6-34　后台服务优化

(8) 系统清理：Windows 优化大师还提供了系统清理功能，通过系统清理功能，我们可以对系统进行注册信息清理、磁盘文件管理、冗余 DLL 清理、ActiveX 清理、软件智能卸载、历史痕迹清理、安装补丁清理等设置，操作界面如图 6-35 所示。

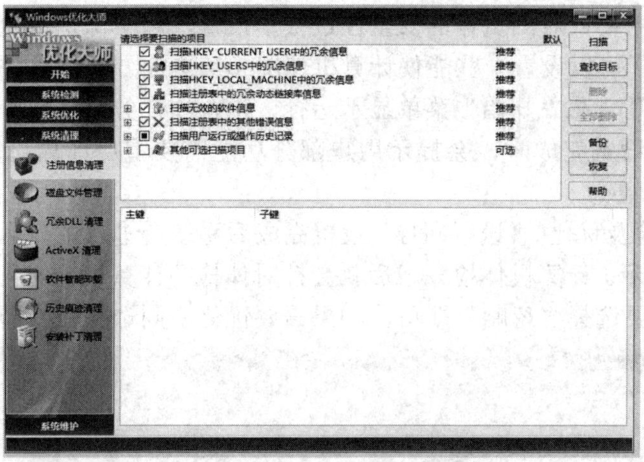

图 6-35　系统清理

2) 软媒魔方

软媒魔方也叫魔方优化大师或魔方计算机大师，它支持 64 位和 32 位的所有主流 Windows 系统，具有清理、美化、桌面增强、系统雷达、通知区万年历、优化加速、安全守护、软件管家、计算机医生、虚拟光驱、U 盘装机等功能，是一款不错的系统优化软件。

(1) 设置向导。在安装好软媒魔方后会弹出“设置向导”对话框，帮助用户完成优化设置，如图 6-36 所示。

图 6-36　软媒魔方“设置向导”

“云日历”可以选择“立即启用”，如果选择，则会在桌面右上角出现一款精美的日历，包含天气、提醒、记事、实用工具等功能。

“软媒桌面”在桌面任务栏下方提供了类似苹果系统桌面图标的便捷管理功能，将桌面图标进行了分组，更加便于管理和查找程序。

“关联设置”主要针对鼠标右键添加了一些便捷功能，如果设置后不想使用，希望恢复设置前的状态，选择“恢复当前为系统默认”即可。

“安全加固”主要针对系统安全性进行了一些设置，如果设置后不想使用，希望恢复设置前的状态，选择“恢复当前为系统默认”即可。

“网络优化”主要针对浏览器的安全性进行了设置，用于保护浏览器不被恶意篡改。

“易用性改善”可以设置一些能使计算机使用起来更加方便的插件，包括在“时间和日期”中显示星期几，在“开始”菜单显示运行、不合并任务栏按钮等。

“设置向导”设置完成时，会提示用户部分功能需要重启计算机才能生效，重启计算机即可。

(2) 计算机体检及优化。“设置向导”设置完成后系统会进入主界面，首先就是计算机体检，如图 6-37 所示。计算机体检完成后就会针对体检的计算机给出优化方案，如果有不想优化的项目只需要选择“忽略”即可，如果需要优化，则选择“立即处理”。

图 6-37　计算机体检

技能训练　使用手动优化和软件优化对计算机进行性能优化

一、实训目的

(1) 掌握常用手工优化计算机的方法。

(2) 掌握软件优化计算机的方法。

二、实训器材

实训器材要求见表 6-3。

表 6-3　实训器材表

实训器材	数　量	备　注
计算机	1 台	需要连接 Internet

三、注意事项

(1) 计算机运行时，禁止挪动主机，防止振动。

(2) U 盘等外部存储设备使用完毕后需及时取出。

(3) 计算机运行时，如无特殊情况请勿人为断电以及按机箱重启按钮。

(4) 计算机运行时，敲击键盘、鼠标不要太用力，轻触即可。

(5) 如需关机，请先关闭当前所有窗口，再用鼠标左键依次单击“开始”→“关闭计算机”→“关机”，然后等待程序关闭计算机至主机外指示灯显示为全灭状态。

四、实训操作

1. 手工优化

使用手工优化对计算机进行优化操作，将优化的结果记录在实训报告册上。

2. 软件优化

使用 Windows 优化大师和软媒魔方对计算机进行优化操作，将优化的结果记录在实训报告册上。

五、实训考核

根据实训完成的综合情况，给予考核，考核项目及评分见表 6-4。

表 6-4　实训考核表

<table>
<tr><td>班级</td><td colspan="2"></td><td>姓名</td><td rowspan="2">扣分记录</td><td rowspan="2">得分</td></tr>
<tr><td>项目</td><td>考核要求</td><td>分值</td><td>评分细则</td></tr>
<tr><td>硬件分析</td><td>能正确使用手工优化和软件优化两种方式对计算机进行优化</td><td>100 分</td><td>1. 不能正确使用手工优化和软件优化两种方式对计算机进行优化，不得分。
2. 基本能正确使用手工优化和软件优化两种方式对计算机进行优化，扣 40 分。
3. 能正确使用手工优化和软件优化两种方式对计算机进行优化，不扣分</td><td></td><td></td></tr>
<tr><td colspan="4">总　分</td><td></td><td></td></tr>
</table>

项 目 小 结

通过本实训项目，应重点理解和掌握以下理论和技能知识：

(1) 计算机测试及优化的意义。

(2) 能正确对计算机性能进行测试。

(3) 能根据需求正确对计算机进行优化。

思 考 与 练 习

简述题

试比较手工优化与软件优化的优劣性。

实训项目七　计算机日常维护

项目分析

计算机在使用过程中难免会出现各种故障，特别是在关键的时候出故障，需要找专业人员来维修，可能耗时较长，影响工作进度。如果自己掌握了一些日常的维护方法，那么就能尽量减少计算机出现故障的情况并且能快速解决计算机常见的故障。

本项目需要完成以下任务：

1. 能使用维护工具进行计算机日常维护。
2. 能正确分析计算机故障。
3. 能正确对计算机常见故障进行检测和处理。

知识目标

1. 了解计算机各部件的日常维护知识。
2. 掌握计算机维修的基本原则和方法。
3. 根据故障现象分析其原因，最终进行检测和处理。

能力目标

1. 会正确分析计算机常见故障产生的原因。
2. 能够根据日常维护工作对计算机进行日常维护。
3. 能够分析和解决常见的故障，特别是典型的软硬件故障。

任务一　计算机各部件的日常维护

任务目标

对计算机进行合理的维护，能保证计算机以良好的状态运行。本任务将学习如何进行计算机的日常维护。

知识链接

计算机在运行时也是存在理想工作环境的，同时，在使用计算机的过程中，计算机也会出现死机、卡壳甚至是数据丢失的情况，因为计算机毕竟属于机器设备，只有做好日常的维护保养工作，才能够减少这些意外状况的发生。

一、计算机运行的理想工作环境

计算机的工作环境条件主要包括洁净度、湿度、温度、光线、静电、电磁干扰、电网环境、防止静电等方面。

1. 洁净度

计算机的机箱和显示器等部件都不是完全密封的，粉尘会进入其中，过多的粉尘附着在电路板上，会影响集成电路板的散热，甚至引起线路短路等问题。因此，不要将计算机安置于粉尘高的环境中，如确实需要安装，应做好防尘工作；另外，最好能一个月清理一次计算机机箱内部的灰尘，做好机器的清洁工作，以保证计算机的正常运行。

在防尘过程中也要注意以下问题：

(1) 在清洁前一定要先将主机断电，拔掉主机电源线。

(2) 尽量不要打开电源和显示器，因为里面的电压很高，容易发生危险。

(3) 清洁之前要先看好天气，最好不要选在阴天下雨和空气湿度大的时候清洁，那样会造成连接线插头的氧化。

(4) 在清洁过程中最好用软刷，如果刷毛过硬会增大器件的损坏几率。

2. 湿度

计算机工作时，相对的空气湿度最好在 30%～70%，存放时的相对湿度也应控制在10%～80%。过于潮湿的空气容易造成电器件、线路板生诱腐蚀而导致接触不良或短路，磁盘也会发霉导致存在上面的数据无法使用；而空气过于干燥，则可能引起静电积累，会损坏集成电路，清掉内存或缓存区的信息，影响程序运行及数据存储。因此，不要将计算机安置于湿度过高的环境中，应保持通风良好，否则计算机内的线路板很容易腐蚀，使板卡过早老化。

3. 温度

15℃～30℃的温度对工作较为适宜，超出这个范围的温度会影响电子元器件工作的可靠性，存放个人计算机的温度也应控制在 5℃～40℃。现在的计算机虽然本身散热性能较好，但过高的温度仍然会使计算机工作时产生的热量散不出去，轻则使计算机工作不稳定、数据处理出错、缩短机器的使用寿命，重则烧毁计算机的芯片或其他配件。而温度过低则会使计算机的各配件之间接触不良、增加出错率，从而导致计算机不能正常工作。

4. 光线

计算机使用时的光线条件对计算机本身影响并不大，但还是应适当注意，一是如果太阳光直射显示器屏幕，不利于延长显示器的使用寿命；二是光线太亮或者太暗，对使用者来说容易引起视觉疲劳。

5. 电磁干扰

磁场对存储设备的影响较大，它可能使磁盘驱动器失灵、引起内存信息丢失、数据处理和显示混乱，甚至会毁掉磁盘上存储的数据。另外，较强的磁场也会使显示器被磁化，引起显示器颜色不正常。

6. 电网环境

为了使计算机系统可靠、运行稳定，交流电源供电质量须达到一定的标准。按规定电网电压的波动度应在标准值的 ±5% 以内，若电网电压的波动在标准值的 –20%～+10%，即 180 V～240 V，个人计算机系统也可正常运行，但如果波动范围过大，电压太低，计算机则无法启动；电压过高，会造成计算机系统的硬件损坏。由于市电供应存在高峰期和低谷期，在电压经常波动的环境下，最好能配备一个稳压器，以保证计算机正常工作所需的稳定电源，尤其在离城镇比较远的边远农村的电压相当不稳定，在这样的环境下使用计算机，一定要配备稳压器。

另外，如果突然停电，则有可能会造成计算机内部数据的丢失，严重时还会造成计算机系统不能启动等各种故障，所以，对计算机进行电源保护应该配备一个小型的家用 UPS，保证计算机的正常使用。

7. 防止静电

静电有可能造成计算机芯片的损坏，为防止静电对计算机造成损害，在打开计算机机箱前应当用手接触水管等可以放电的物体，将本身的静电放掉后再接触计算机的配件；另外在安放计算机时将机壳用导线接地，可以起到很好的防静电效果。

同时，在进行计算机维护工作的时候，不要穿纤维布料的衣服、不要在有地毯的地方进行，这样做可有效地减少静电的产生从而避免静电击穿元件的人为故障发生。

二、计算机的清洁及维护工具

为了辅助计算机维护与维修工作的进行，在这个过程中，我们需要经常使用一些维修仪器和工具。

1. 组装环境

1) 工作台

一般情况下工作台是一张宽大且高度合适的桌子，如果条件允许，也可以在工作台上铺设一层聚氨酯橡胶垫，它是绝缘体，不会产生静电。

2) 插线板

由于计算机系统需要向主机、显示器等设备供电，所以要有一个电源插线板，方便组装完成后给计算机供电。

3) 器皿

计算机在维护维修过程中有许多的螺钉和小零件，所以要有一个小器皿来存放，以防丢失。

2. 维护工具

1) 万用表

万用表又称为复用表、多用表、三用表、繁用表等，一般以测量电压、电流和电阻为主要目的。万用表按显示方式分为指针万用表和数字万用表，如图 7-1、图 7-2 所示。

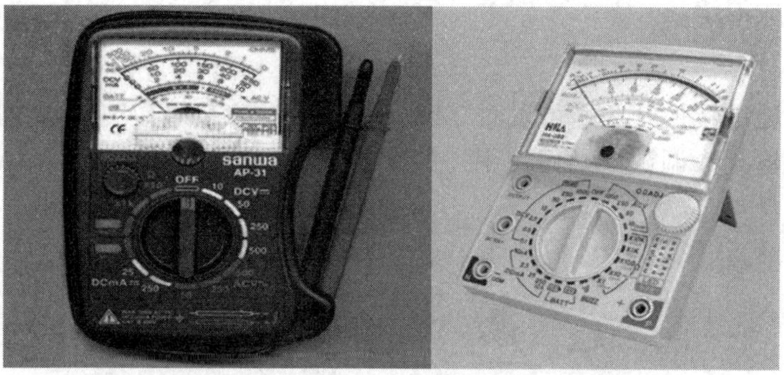

图 7-1　指针万用表

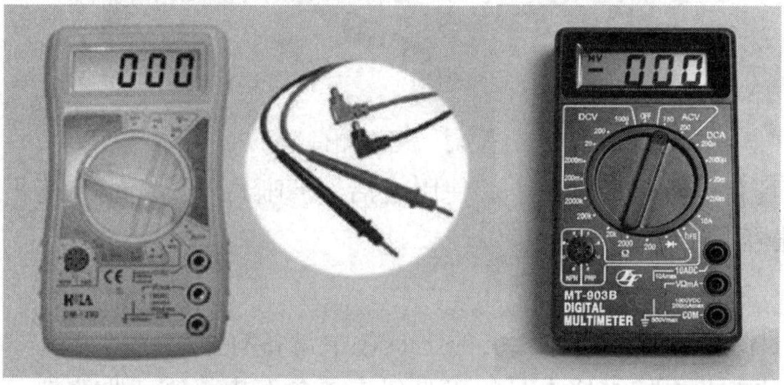

图 7-2　数字万用表

指针式万用表的挡位主要有：

(1) 标有“Ω”标记的是测电阻时用的刻度尺；

(2) 标有“DCmA”标记的是测直流电流时用的刻度尺；

(3) 标有“DCV”的是测量直流电压时用的刻度尺；

(4) 标有“ACV”的是测量交流电压时用的刻度尺；

(5) 标有“HFE”的是测晶体管时用的刻度尺；

(6) 标有“LI”的是测量负载的电流、电压的刻度尺；

(7) 标有“DB”的是测量电平的刻度尺。

数字万用表的档位主要有：

(1) “V～”表示测量交流电压的挡位；

(2) “V－”表示测量直流电压的挡位；

(3) “A～”表示测量交流电流的挡位；

(4) “A－”表示测量直流电流的挡位；

(5) “？”表示测量电阻的挡位；

(6) “HFE”表示测量晶体管的挡位。

以电阻测量为例，指针式万用表的缺点非常明显，那就是在测量和读数时，读取精度较差，但由于测试时是指针形式的读取，指针摆动的过程非常直接(尤其在幅度变化较大时)，所以其指针的摆动幅度能够比较客观地反映被测电阻的大小。数字万用表读数则非常流畅精确，能明显看到小数点后几位的变化，但这种万用表的数字变化过程有时看起来比较杂乱，容易造成混淆。

2) 逻辑测试笔

逻辑测试笔通过转换开关，可以对 TTL、CMOS、DTL 等数字集成电路构成的各种电子仪器设备进行检测、调试与维修使用，如图 7-3 所示。

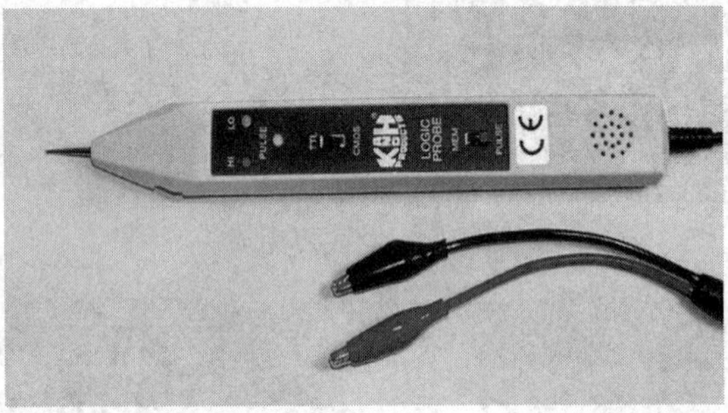

图 7-3　逻辑测试笔

逻辑测试笔具有重量轻、体积小、使用灵活、清晰直观、判别迅速正确、携带方便及 TTL 与 CMOS 兼容使用等优点。

3) 工具包

一般情况下，计算机维护维修人员的工具包中常备有十字螺丝刀、一字螺丝刀、钳子、镊子等工具，有的专业维护维修人员的工具包中还备有电烙铁、吸锡器、芯片起拔器等工具，如图 7-4 所示。

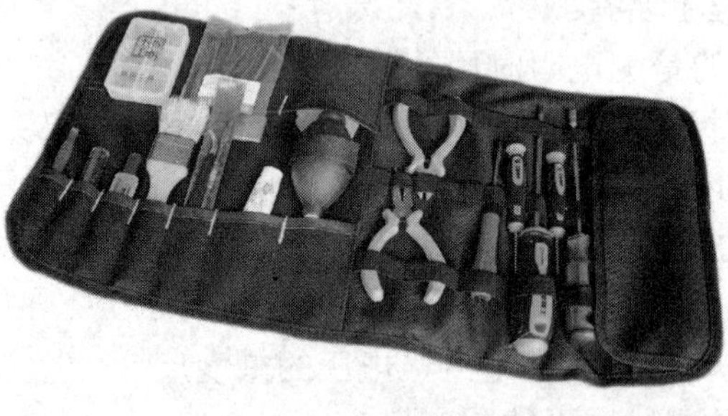

图 7-4　工具包

(1) 十字螺丝刀和一字螺丝刀：在计算机拆装过程中主要需要用两种螺丝刀，一种是“一”字形的，通常称为“平口改锥”；另一种是“十”字形的，通常称为“梅花改锥”。我们应尽量选用带磁性的螺丝刀，这样可以降低安装的难度，因为机箱内空间狭小，用手扶螺丝很不方便。但螺丝刀上的磁性不能过大，以免对部分硬件造成损坏。磁性的强弱以螺丝刀能吸住螺丝并不脱离为宜。

十字螺丝刀是必不可少的，可以将小螺钉轻易地沾取出来，但不要长时间的将带有磁性的螺丝刀放在硬盘上，以免破坏盘上数据。推荐准备一长一短两把带磁性的十字螺丝刀。

一字螺丝刀是用于拆卸产品包装盒或包装封条等，一般不常使用。

(2) 钳子：在计算机维护过程中主要使用的钳子是尖嘴钳，尖嘴钳主要用于插拔小元件如跳线帽、主板支撑架(金属螺柱、塑料定位卡)和拧开一些比较紧的螺钉等。

(3) 镊子：镊子一般用于插入或拔出各类路线，使用镊子可以降低安装的难度，也可以夹取掉落到机箱死角的物体。

(4) 电烙铁：电烙铁是计算机硬件维修常用的设备之一，它分为外热式电烙铁、内热式电烙铁、恒温式电烙铁和吸锡式电烙铁等几种类型：

① 外热式电烙铁：烙铁头安装在烙铁芯里面的电烙铁称为外热式电烙铁。其体积较小、价格便宜、使用寿命长。焊接金属底板或者比较大的元件，可以用 45 W～75 W 的外热式电烙铁。

② 内热式电烙铁：烙铁芯装在烙铁头里面的电烙铁称为内热式电烙铁。其发热块的热利用率高，而且更换烙铁头也较方便。普通电子制作(如焊接电路板)可使用 20 W～30 W 的内热式电烙铁。

③ 恒温式电烙铁：在烙铁头内装有带磁铁式的温度控制器，控制通电时间而实现温度控制的电烙铁称为恒温式电烙铁。恒温式电烙铁价格较贵，体积也较大。

④ 吸锡式电烙铁：吸锡式电烙铁是将活塞式吸锡器与电烙铁融为一体的拆焊工具。

(5) 吸锡器：拆卸电路板上的元器件时，吸锡器用来将元器件上的焊锡吸掉，以方便拆卸，如图 7-5 所示。吸锡器分为自带热源和不带热源两种。

图 7-5　吸锡器

(6) 芯片起拔器：芯片起拔器主要用于快速将元件从电路板上分离，如图 7-6 所示。

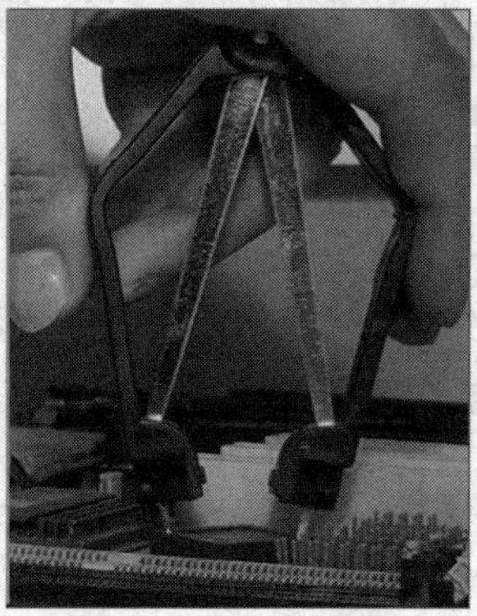

图 7-6　芯片起拔器

4) 主板诊断卡

主板诊断卡又被称为故障诊断卡、POST 诊断卡等，主要是利用主板中 BIOS 内部自检程序的检测结果，通过代码一一显示出来，从而确定计算机的哪个部件无法正常工作，判断计算机故障所在。尤其在计算机不能引导操作系统或出现黑屏等故障时，使用故障诊断卡更容易判断故障，主板诊断卡如图 7-7 所示。

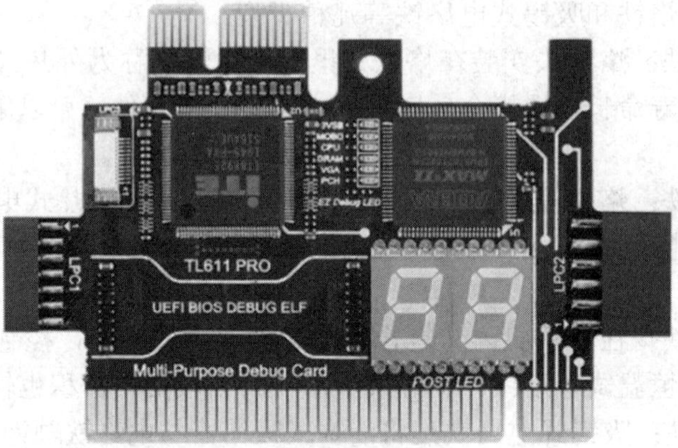

图 7-7　主板诊断卡

5) 清洁工具

除了前面的专业工具外，一般还需要准备一些清洁工具，如橡皮、小毛刷、棉签、洗耳球等。

橡皮经常用来清洁内存、显卡等部件的金手指上的污垢等。

毛刷是专门用来清洁主板等电路板或部件的，计算机在使用过程中积累的大量灰尘可能使主板、显卡、内存等部件工作不正常，这时需要用小毛刷清洁灰尘。

棉签一般用来清洁计算机板卡等元件上的污垢，也可用于清洁计算机键盘里的异物。

洗耳球也称做吸耳球、吹尘球、皮老虎、皮吹子，它是一种橡胶材质的工具仪器。在计算机维护中一般多用于吹走物体上的灰尘，例如清除键盘、电路板上的灰尘，洗耳球如图 7-8 所示。

图 7-8　洗耳球

技能训练 计算机各部件日常维护

一、实训目的

(1) 了解计算机运行的理想工作环境。
(2) 掌握计算机清洁及维护工具的使用。

二、实训器材

实训器材要求见表7-1。

表7-1 实训器材表

实训器材	数 量	备 注
计算机	1台	需要连接Internet
数字万用表	1台	可根据实际情况选择使用
指针万用表	1台	可根据实际情况选择使用
逻辑测试笔	1支	可根据实际情况选择使用
十字螺丝刀	1把	可根据实际情况选择使用
一字螺丝刀	1把	可根据实际情况选择使用
钳子	1把	可根据实际情况选择使用
镊子	1把	可根据实际情况选择使用
电烙铁	1把	可根据实际情况选择使用
吸锡器	1支	可根据实际情况选择使用
主板诊断卡	1块	可根据实际情况选择使用
橡皮	1块	可根据实际情况选择使用
小毛刷	1把	可根据实际情况选择使用
洗耳球	1个	可根据实际情况选择使用

三、注意事项

1. 注意安全

(1) 禁止湿手触摸电器。
(2) 禁止用手或导电物(如铁丝、钉子等金属制品)接触电源插座内部。
(3) 禁止随意拆卸、安装电源线路、插座、插头等。

2. 数字万用表注意事项

(1) 测量前一定要先检查测量档位是否正确。

(2) 测量时，应先把测量档置于最高档，测量其值后再换档测量，这样可以得到比较精确的数值，同时也能避免损坏万用表。

(3) 测量元件阻值时电路中不能带电，如果电路中带电的话，容易损坏万用表内部电池，还会影响测量的准确性。

(4) 当屏幕出现电池符号时，说明电量不足，应更换电池。

3. 指针万用表注意事项

(1) 使用之前，应先进行“机械调零”。

(2) 在使用过程中，不能用手去接触表笔的金属部分。

(3) 在测量某一电量时，不能在测量的同时换档，否则会毁坏万用表。

(4) 使用时，必须水平放置，以免造成误差。

(5) 使用完毕后，应将转换开关置于交流电压的最大挡。

4. 电烙铁注意事项

(1) 通电加热过程中，禁止用手直接触碰电烙铁金属部分。

(2) 尽量使用低温焊接，高温会使烙铁头加速氧化，降低烙铁头寿命。

(3) 焊接时，请勿施压过大，否则会使烙铁头受损变形。

(4) 经常保持烙铁头上锡，以减低烙铁头的氧化，使烙铁头更耐用。

四、实训操作

计算机清洁及维护工具的使用：使用计算机清洁及维护工具，将使用的结果及心得记录在实训报告册上。

五、实训考核

根据实训完成的综合情况，给予考核，考核项目及评分见表 7-2。

表 7-2　实训考核表

班级			姓名		扣分记录	得分
项目	考核要求	分值	评分细则			
硬件分析	能正确使用计算机清洁及维护工具	100 分	1. 不能正确使用计算机清洁及维护工具，不得分。 2. 基本能正确使用计算机清洁及维护工具，扣 40 分。 3. 能正确使用计算机清洁及维护工具，不扣分			
总　分						

任务二 计算机维修的原则和方法

任务目标

在初步了解了计算机维护工具的使用后，还需要掌握计算机维护原则及故障的处理方法。本任务将学习计算机维护的原则和方法。

知识链接

一、计算机常见故障分类

计算机故障是指由于计算机系统的硬件物理损坏和软件程序错误或系统配置错误而引起的计算机系统功能错误。

1. 硬件故障

硬件故障是指计算机元器件发生的故障。

1) 元器件损坏引起的故障

在计算机中，各种集成电路芯片、电容等元器件很多，若其中有功能失效、内部损坏、漏电、频率特性降低或变坏等故障，计算机就不能正常工作。

2) 制造工艺引起的故障

焊接时，虚焊、焊锡太近、积尘受潮时漏电、印刷板金属化孔阻变大、印刷板铜膜有裂痕、日久断开、各种接插件的接触不良等工艺都会引起故障。

3) 疲劳性故障

机械磨损会造成永久性的疲劳性损坏(如打印针、色带、磁盘、磁头磨损，键盘按键损坏等)。同时，电气、电子元器件长期使用也会造成硬件的疲劳性损坏(显像管、电解电容、集成电路、外部设备机械组件的磨损等)。

4) 电磁波干扰引起的故障

交流电源附近电机启动、停止以及电钻等电器的工作，都会引起电磁波干扰。另外，电感性元件等也会引起电磁波干扰，从而使触发器翻转，造成错误。

5) 机械故障

机械故障主要发生在外部设备中，较容易发现。通常在打印机、光驱和键盘等设备中体现。

6) 存储介质故障

存储介质故障常在软盘、光盘和硬盘等设备中体现，它会造成系统引导信息和数据信息的丢失。

2. 软故障

由于操作人员对软件使用不当，或者是因为应用软件损坏，致使系统性能下降甚至死机，这类故障被称为软故障。

3. 病毒故障

病毒故障是由于计算机病毒而引起的计算机系统工作异常。常见的病毒分为 Windows 病毒和蠕虫类病毒两类：

1) Windows 病毒

Windows 病毒主要指针对 Windows 操作系统的病毒。现在的计算机用户一般都安装 Windows 系统，Windows 病毒一般感染 Windows 系统。其主要感染的文件扩展名有 .exe、.scr、.dll、.ocx 等。

2) 蠕虫类病毒

蠕虫类病毒通过计算机网络传播，不改变文件和资料信息，利用网络从一台机器的内存传播到其他机器的内存。它们在系统中一般只占用内存。

4. 人为故障

人为故障指使用了不该使用的命令，选择了不该使用的操作，运行了某些具有破坏性的程序、不正确或不兼容的诊断程序、硬盘操作程序、性能测试程序等而导致了文件丢失、硬盘格式化等问题。

5. 意外故障

意外故障指的是意料之外、料想不到的事件引发的故障，如突然地震导致计算机数据损坏等。

6. 超寿命故障

超寿命故障指的是超出使用件有效使用寿命引发的故障，一般出现基本很难修复，如鼠标按键的次数一般在 300 万次以上或者两年左右，但出现故障的鼠标已经连续使用五年了，这一般就是超寿命引起的故障。

二、计算机维护原则

计算机在维护过程中需要遵循以下原则，以便于更好地对计算机进行维护。

原则一：要了解清楚故障产生的具体情况。

维修前需要清楚机器的配置情况、所有操作系统和应用软件，了解机器的工作环境和条件；了解系统近期发生的变化，如移动、装卸软件等；了解诱发故障的直接或间接原因以及死机时的现象。

原则二：“先想后做”“先假后真”“先外后内”“先软后硬”。

“先想后做”即先想好怎样做、从何处入手，再实际动手。也可以说是先分析判断，再进行维修。其次是，对于所观察到的现象，尽可能地先查阅相关的资料，看有无相应的技术要求、使用特点等，然后根据查阅到的资料，再着手维修。最后，在分析判断的过程中，可以根据知识、经验来进行判断，对于自己不太了解或根本不了解的，一定要先向有经验的同事或技术支持工程师咨询，寻求帮助。

“先假后真”即先判断可能出现的假故障，再判断真故障。如一些故障可能是由于某个设备未插紧或松动导致的，因此要特别注意这些假故障，如插紧后还不能排除再将其列为真故障处理。

“先外后内”即首先检查计算机外部电源、设备、线路后再开机箱；

“先软后硬”即从整个故障诊断的过程看，总是先判断是否为软件故障，先检查软件问题，当可以确认软件环境正常时，如果故障不能消失，再从硬件方面着手检查。

原则三：注意安全。

检查故障时要做好安全措施。

计算机需要接电源运行，因此在拆机维护时千万要记得检查电源是否切断；此外，预防静电与绝缘很重要。做好安全防范措施，既是为了保护自己，同时也是为了保障计算机部件的安全。

三、计算机故障处理步骤

1. 明确问题的本质

当计算机出现故障时，必须了解所出现的问题是哪一方面的，到底是内存？是显卡？还是整机的兼容性？这就需要有一个清晰的思路，一步步地观察才能找到问题的所在，然后正确地处理。

2. 收集资料

根据所明确的问题来收集相应的资料，例如主板的型号、BIOS 的版本、显卡的型号以及操作系统的版本等。

3. 提出解决的方法

根据计算机出现的故障现象，结合自己平时掌握的有关硬件处理的知识，提出一个合理的解决方法。

四、故障检测注意事项

1. 断去电源

在任何拆装零部件的过程中，切记一定要将电源拔去，不要进行热插拔，以免因为误操作而烧坏计算机。

2. 备妥工具

在开始维护前先备妥工具(如螺丝刀、尖嘴钳、清洁工具等)，不要等到维修中途才发现少了某种工具而无法继续。

3. 备妥替换部件

对一台坏的计算机进行维护时，最好能准备一台好的计算机，以便提供替换部件来测试，这样对于发现故障会比较容易。

4. 小心静电

维护计算机时请小心静电，以免烧坏计算机元件，尤其是在干燥的冬天，手经常带有静电，请勿直接用手触摸计算机部件。

5. 备妥小空盒

维护计算机难免要拆计算机，也就需要拆下一些小螺丝钉，这时我们可以将这些螺丝钉放到一个小盒中，最好用一些小隔间且可以存放下不同大小的螺丝空盒，维护完毕后再将螺丝钉拧回原位。

五、计算机维护方法

1. 程序诊断法

程序诊断法也称为软件分析法，它包括简易程序测试法、检查诊断程序测试法和高级诊断法三种。计算机在没有完全死机的情况下，可以通过运行程序来诊断故障部位。如编制一些小程序，用来检查针式打印机的断针、接口卡和接口芯片故障等。另外也可运行一些专用的诊断程序，以完成对计算机各功能模块的检测。根据检查结果确定故障部位，然后找到故障点。

1) 简易程序测试法

简易程序测试法是维护人员针对具体故障，编制一些简单而有效的检查程序来帮助测试和检查计算机故障的方法。这种方法依赖于对故障现象的分析和对系统的熟练程度。

2) 检查诊断程序测试法

检查诊断程序测试法采用系统提供的一些专用检查诊断程序来帮助寻找故障，这类程序一般具有多个功能模块，可以分别检测处理器、存储器、显示卡、软硬盘、键盘和打印机等。通过显示错误码或错误标志信息以及发出不同声响，为用户提供故障原因和故障位置。

3) 高级诊断法

高级诊断法指利用厂商提供的诊断程序，或者利用某些专门为检测计算机而编制的程序来帮助查找故障原因的一种方法，也是考核计算机性能的重要手段。这类程序一般提供了多种菜单，菜单中又提供了许多选择项目，可以检测系统的各部分，包括各种接口适配器和电缆，检测后通过反馈问题流程编码使用户迅速找到故障原因。

2. 清洁法

有些计算机故障，往往是由于机器内灰尘较多引起的，这就要求我们在维护过程中，注意观察故障机内、外部是否有较多的灰尘，如果是，应该先进行除尘，再进行后续的判断维修。在进行除尘操作中，要特别注意以下几个方面：

1) 注意风道的清洁

所谓风道，就是计算机中空气流通的通道。它主要包括计算机前面的进风孔、CPU 所在位置的空间，电源风扇(出风口)及机箱后面可能的缝隙。

风道的清洁，主要是使风道上无阻碍，气流流通正常，进风口与出风口处没有灰尘。

2) 注意风扇的清洁

在风扇的清洁过程中，最好在清除其灰尘后，能在风扇轴处点一点儿钟表油，加强润滑。

3) 注意接插头、座、槽、板卡金手指部分的清洁

金手指的清洁，可以用橡皮或酒精棉擦拭金手指部分。

插头、插座、插槽金属引脚上的氧化现象的去除：一是用酒精擦拭，二是用金属片(如小一字改锥)在金属引脚上轻轻刮擦。

4) 注意大规模集成电路、元器件等引脚处的清洁

清洁时，应用小毛刷或吸尘器等除掉灰尘，同时要观察引脚有无虚焊和潮湿的现象，元器件是否有变形、变色或漏液现象。

5) 注意使用的清洁工具

清沽用的工具，首先是防静电的。如清洁用的小毛刷，应使用天然材料制成的毛刷，禁用塑料毛刷。其次是如使用金属工具进行清洁时，必须切断电源，且对金属工具进行泄放静电的处理。用于清洁的工具包括小毛刷、皮老虎、吸尘器、抹布和酒精(不可用来擦拭机箱、显示器等的塑料外壳)。

6) 注意潮湿情况下的清洁

对于比较潮湿的情况，应想办法使其干燥后再使用。可用的工具如电风扇、电吹风等，也可让其自然风干。

3. 插拔法

插拔法是一种比较好的判断计算机故障的方法，其原理是通过插拔板卡后，观察计算机的运行状态来判断故障所在。例如：拔出除 CPU、内存、显卡外的硬件，拔后系统工作仍不正常，则说明故障很可能就在主板、CPU、内存或显卡上。在查出故障之后，就可以利用新的硬件来代替原来已坏的硬件。另外插拔法还可以解决一些芯片、板卡与插槽接触不良所造成的问题。

插拔法可以检查计算机的故障，并且排除故障，但是在使用插拔法时一定要注意一些事项，否则在使用不恰当时，会带来一些不必要的麻烦。比如移动硬盘，移动硬盘的 USB 接口相对比较“脆弱”，稍微插拔不当的话，就可能被烧毁或者出现“假死”现象。为了有效避免这些现象的发生，还需要掌握一些正确安全插拔的技巧：

(1) 在系统关机或者系统已经启动完毕的情况下，轻轻地将USB接口插入到计算机中，尽量避免在系统启动过程中或处理大容量数据信息的时候插入移动硬盘，以免造成系统 CPU 无法及时应答。对于移动硬盘的拔除操作，一定要等到移动硬盘停止工作后，再双击系统任务栏中的“拔下或弹出硬件”图标，然后将移动硬盘选中，单击“确定”，等到屏幕提示现在可以安全拔除了，才能将移动硬盘从计算机中移走。倘若由于插拔时机不当，造成移动硬盘突然“失常”的话，可以尝试删除设备管理器中的“未知 USB 设备”后，再将移动硬盘从计算机中拔下来。

(2) 在可能的情况下，将 USB 接口的移动硬盘尽量与硬件配置较高的计算机相连，因为配置较高的计算机内通常都安装了较高质量的机箱电源，这种优质电源往往都有接地或

防静电设计，所以移动硬盘插入到这些高档次计算机中时，一般不容易出现移动硬盘接口被不小心烧毁的故障现象。而如果将移动硬盘随意插入到配置较低的计算机中时，因配置较低的计算机使用的机箱电源质量不好，那么移动硬盘的接口就很有可能受到静电或其他意外因素的冲击，导致USB接口被不小心击毁的现象出现。

(3) 在计算机机箱前、后面板中都留有USB接口的情况下，应该尽量将移动硬盘插入到机箱背面板上的USB端口中。背面板上的USB端口通常直接集成在计算机主板中，这种 USB 端口一般都有安全接地的设计考虑，所以人体身上的静电就不大容易威胁到移动硬盘USB接口的安全。

(4) 在插入移动硬盘之前，尽可能地不要用手直接接触到移动硬盘接口处的金属，因为静电会在不经意间把移动硬盘的金属接口当做静电感应电流的传输通道，来对计算机主板形成攻击。为防止意外发生，在插拔移动硬盘之前，先应该用手触摸一下金属门框或各种金属管道，以便将静电提前释放掉，以后在插拔移动硬盘时即使手不小心碰到了移动硬盘接口处的金属部位，也不会对移动硬盘接口或计算机主板造成太大的危害。

(5) 每次对移动硬盘执行插入和拔出操作时，一定要确保这两项操作之间留有至少 5 分钟的时间间隔，如果频繁地对移动硬盘进行插拔操作的话，每次插拔时系统产生的尖峰电流或电压，很容易毁坏移动硬盘的接口，而且也容易影响系统的整体运行性能，甚至会导致系统发生死机现象。

(6) 当将移动硬盘插入到计算机中后，不要立刻对移动硬盘进行访问，毕竟计算机会要用一定时间来识别插入其中的移动硬盘，倘若计算机在处于识别过程中时，就尝试双击移动硬盘的盘符或图标来访问移动硬盘的话，系统就可能弹出无法识别的错误提示或警告，甚至能直接导致系统发生死机现象。

4. 替换法

替换法是用好的部件去代替可能有故障的部件，以判断故障现象是否消失的一种维修方法。将型号相同，总线方式一致、功能相同的部件或同型号芯片相互交换，根据故障现象的变化情况判断故障所在。此法多用于易拔插的维修环境，例如内存自检出错。

替换法也可用于以下情况：没有相同型号的计算机部件或外设，但有相同类型的计算机主机，则可以把计算机部件或外设插接到该同型号的主机上判断其是否正常。

替换的顺序一般为：

(1) 根据故障的现象或故障类别，来考虑需要进行替换的部件或设备；

(2) 按先简单后复杂的顺序进行替换。如先内存、CPU后主板，又如要判断打印故障时，可先考虑打印驱动是否有问题，再考虑打印电缆是否有故障，最后考虑打印机或接口是否有故障等；

(3) 先检查与怀疑有故障的部件相连接的连接线、信号线等，之后是替换怀疑有故障的部件，再后是替换供电部件，最后是替换与之相关的其他部件。

(4) 从部件的故障率高低来考虑最先替换的部件，先替换故障率高的部件。

5. 直接观察法

直接观察法是维修判断过程中的第一要法，包括眼看、耳听、手摸、鼻闻，它贯穿于整个维护过程中，观察不仅要认真，而且要全面。

“看”，即观察系统板卡的插头、插座是否歪斜，电阻、电容引脚是否相碰，表面是否烧焦，芯片表面是否开裂，主板上的铜箔是否烧断。另外，还要查看是否有异物掉进主板的元器件之间(造成短路)，也可以查看板卡上是否有烧焦变色的地方、印制电路板上的走线(铜箔)是否断裂等。

“听”，即监听电源风扇、软硬盘电机或寻道机构、显示器等设备的工作声音是否正常。另外，系统发生短路故障时常常伴随着异常声响。监听可以及时发现一些事故隐患，帮助事故发生时采取即时措施。

“闻”，即辨闻主机，板卡中是否有烧焦的气味，便于发现故障和确定短路所在地。

“摸”，即用手按压管座的活动芯片，看芯片是否松动或接触不良。另外，在系统运行时用手触摸或靠近 CPU、显示器、硬盘等设备的外壳，根据其温度可以判断设备运行是否正常，用手触摸一些芯片的表面，如果发烫，则认为该芯片已损坏。

要观察的内容包括：

(1) 周围的环境。

(2) 硬件环境，包括接插头、座和槽等。

(3) 软件环境。

(4) 用户操作的习惯、过程。

6. 比较法

比较法是运行两台或多台相同或相类似的计算机，根据正常计算机与故障计算机在执行相同操作时的不同表现，可以初步判断故障产生的部位的一种方法。

7. 最小系统法

最小系统是指从维修判断的角度能使计算机开机或运行的最基本的硬件和软件环境。

最小系统有硬件最小系统和软件最小系统两种形式：硬件最小系统由 CPU 和主板、内存、电源组成。在这个系统中，没有任何信号线的连接，只有电源到主板的电源连接。在判断过程中通过声音来判断这一核心组成部分是否可以正常工作；软件最小系统由电源、主板、CPU、内存、显示卡/显示器、键盘和硬盘组成。这个最小系统主要用来判断系统是否可完成正常的启动与运行。

对于软件最小系统，就“软件”有以下几点要说明：

(1) 硬盘中应尽量保留原有的软件环境，仅在分析判断时，根据需要进行隔离(如卸载、屏蔽等)即可。保留原有的软件环境，主要是用来分析判断应用软件方面的问题。

(2) 硬盘中只有一个基本的操作系统环境(可以是卸载掉所有应用后的系统，也可以重新安装一个干净的操作系统)，然后我们可以根据分析判断的需要，一个个加载需要的应用。使用一个干净的操作系统环境，是要判断系统问题、软件冲突或软、硬件之间的冲突问题。

(3) 在软件最小系统下，可根据需要添加或更改适当的硬件。如在判断音视频方面的故障时，应需要在软件最小系统中加入声卡；在判断网络问题时，应在软件最小系统中加入网卡等。

最小系统法，主要是要先判断在最基本的软、硬件环境中，系统是否可以正常工作。如果不能正常工作，即可判定最基本的软、硬件部件有故障，从而起到故障隔离的作用。

此时，可以引入逐步添加法。逐步添加法是在最小系统法的基础上逐一添加设备，并开机测试，测试出哪一步有故障现象，就能判断哪个设备有故障。最小系统法与逐步添加法结合，能较快速地定位发生在其他板软件的故障，提高维修效率。

8. 加快显故法

加快显故法是指通过某些手段来加快计算机故障显示的方法，其中最常用的有升降温法、敲击法等。

1) 升降温法

升降温法由于工具的限制，其使用与维修方法是不同的。升温的方法是：在用户同意的情况下，设法降低计算机的通风能力或提高计算机的运行功率，靠计算机自身的发热来升温。降温的方法是：选择环境温度较低的时段，如清早或较晚的时间；使计算机停机 12～24 小时以上；用冷风扇对着故障机吹，以加快降温速度。

2) 敲击法

敲击法一般用在怀疑计算机中的某部件有接触不良的故障时，通过震动、适当的扭曲，或者用橡胶锤敲打部件或设备的特定部件来使故障复现，从而判断故障部件的一种维修方法。

9. 原理分析法

原理分析法是按照计算机的基本原理，根据机器所安排的时序关系，从逻辑上分析各点应有的特征，进而找出故障原因的一种方法。

10. 加电自检法

计算机启动过程是个很复杂的过程。在按下启动键时，供电电压还是不稳定的，主板控制芯片组会向 CPU 发出一个 RESET 信号，让 CPU 初始化。当电源稳定供电后，芯片组便撤去 RESET 信号，CPU 马上就从地址 FFFF0H 处开始执行指令，这个地址在系统 BIOS 的地址范围内，无论是 AWARD BIOS 还是 AMI BIOS，放在这里的只是一条跳转指令，跳到系统 BIOS 中真正的启动代码处。系统 BIOS 的启动代码首先进行 POST(加电自检)。POST 的主要任务是检测系统中的一些关键设备是否存在和能否正常工作，如内存和显卡等。如果这个时候系统的喇叭发出的不是一声清脆的“嘀”声，那就有可能是内存条或是显示卡等出故障了。具体的错误一般可以从警报声的长短和次数来判断。

以下是部分常见 BIOS 报警声的含义：

1) AMI 的 BIOS 自检报警含义

1 短：DMA 刷新失败。

2 短：奇偶校验电路故障。

3 短：基本 640K RAM 故障。

4 短：系统定时器故障。

5 短：处理器故障。

6 短：键盘控制器门电路 A20 故障。

7 短：虚拟模式例外错误。

8 短：显示内存读/写失败。

9 短：ROM BIOS 求和检验失败。
10 短：CMOS 掉电读/写失败。
11 短：高速缓存(CACHE) 故障。
1 长 3 短：内存错误。
1 长 8 短：显示测试错误；显示器数据线松了或显示卡插不牢。

2) AWARD 的 BIOS 自检报警含义

1 短：系统正常 BOOT 机。
2 短：常规错误，需进入 CMOS Setup 重新设置不正确的选项。
1 长 1 短：RAM 或主板出错。
1 长 2 短：显示器或显示适配器错误。
1 长 3 短：键盘控制器错误。
1 长 9 短：主板 Flash RAM 或 EPROM 错误(BIOS 损坏)。
不断地响(长声)：内存插得不稳或损坏。

3) PHOENIX 的 BIOS 自检报警含义

1 短：系统正常 BOOT 机。
1 短 1 短 1 短：系统加电初始化失败。
1 短 1 短 2 短：主板错误。
1 短 1 短 3 短：CMOS 或电池失效。
1 短 1 短 4 短：ROM BIOS 校验错误。
1 短 2 短 1 短：系统时钟错误。
1 短 2 短 2 短：DMA 初始化失败。
1 短 2 短 3 短：DMA 页寄存器错误。
1 短 3 短 1 短：内存信道刷新错误(问题范围为所有内存)。
1 短 3 短 2 短：基本内存错误(内存损坏或 RAM 设置错误)。
1 短 3 短 3 短：基本内存错误(很可能是 DIMM0 槽上的内存损坏)。
1 短 4 短 1 短：基本内存的某一地址错误。
1 短 4 短 2 短：基本内存(第一个 64 KB)有奇偶校验错误。
1 短 4 短 3 短：EISA 总线时序器错误。
1 短 4 短 4 短：EISA NMI 口错误。
2 短 1 短 1 短：前 64 KB 基本内存检查失败。
3 短 1 短 1 短：第一个 DMA 控制器或寄存器出错。
3 短 1 短 2 短：第二个 DMA 控制器或寄存器出错。
3 短 1 短 3 短：主中断处理寄存器错误。
3 短 2 短 4 短：键盘时钟有问题，在 CMOS 中重新设置成 Not Installed 来跳过 POST。
3 短 4 短 2 短：显示器数据线松了；显示适配器插不稳；显示适配器损坏。
3 短 4 短 3 短：未发现显示适配器的 ROM BIOS。
4 短 2 短 1 短：系统实时时钟错误。
4 短 2 短 2 短：系统启动错误，CMOS 设置不当或 BIOS 损坏。

4 短 2 短 3 短：键盘控制器(8042)中的 A20 开关有错，BIOS 不能切换到保护模式。

4 短 2 短 4 短：保护模式中断错误。

4 短 3 短 1 短：内存错误(内存损坏或 RAM 设置错误)。

4 短 3 短 3 短：系统第二时钟错误。

4 短 3 短 4 短：实时时钟错误。

4 短 4 短 1 短：串行口(COM 口、鼠标口)故障。

4 短 4 短 2 短：并行口错误(LPT 口、并口)。

4 短 4 短 3 短：数字协处理器(8087、80287、80387、80487)出错。

技能训练　计算机故障分析流程

一、实训目的

(1) 掌握计算机常见的故障分类。

(2) 掌握计算机的维护原则。

(3) 掌握计算机故障处理的步骤。

(4) 掌握计算机故障检测的注意事项。

(5) 掌握计算机维护的方法。

二、实训器材

实训器材要求见表 7-3。

表 7-3　实训器材表

实训器材	数　量	备　注
计算机	1 台	需要连接 Internet

三、注意事项

(1) 计算机运行时，禁止挪动主机，防止振动。

(2) U 盘等外部存储设备使用完毕后需及时取出。

(3) 计算机运行时，如无特殊情况请勿人为断电以及按机箱重启按钮。

(4) 计算机运行时，敲击键盘、鼠标不要太用力，轻触即可。

(5) 如需关机，请先关闭当前所有窗口，再用鼠标左键依次单击“开始”—“关闭计算机”—“关机”，然后等待程序关闭计算机至主机外指示灯显示为全灭状态。

四、实训操作

分析计算机蓝屏故障：

(1) 分析计算机死机的故障原因，将分析的结果及解决方案记录在实训报告册上。

(2) 分析计算机蓝屏的故障原因，将分析的结果及解决方案记录在实训报告册上。

五、实训考核

根据实训完成的综合情况，给予考核，考核项目及评分见表 7-4。

表 7-4　实训考核表

班级			姓名		扣分记录	得分
项目	考核要求	分值	评分细则			
硬件分析	能正确分析计算机死机、蓝屏的故障原因并提出解决方案	100 分	1. 不能正确分析计算机死机、蓝屏的故障原因并无法提出解决方案，不得分。 2. 基本能正确分析计算机死机、蓝屏的故障原因并能简单提出解决方案，扣 40 分。 3. 能正确分析计算机死机、蓝屏的故障原因并能提出完整的解决方案，不扣分			
总　分						

任务三　常见故障的检测和处理

任务目标

对计算机的具体故障进行分析，需要大量的实际解决故障的经验。本任务将通过对具体故障的分析来学习常见故障的检测和处理方法。

知识链接

一、CPU 故障

CPU 是计算机最核心的部件，同时也是高精密硬件，工艺要求很高，故障率极低，但是一旦遇到损坏，几乎无法维修。接下来我们以 CPU 常见的故障为例进行分析。

◆ **实例 1**：计算机使用一年后发现计算机每次开机运行速度正常，但运行一段时间后，计算机速度变慢，而且感觉越来越慢，但不死机。

分析处理：本着“先软后硬”的原则，用杀毒软件进行杀毒处理，故障依旧，然后对系统优化，清理垃圾文件，但是问题还是没有解决。打开机箱，让计算机运行一段时间后，发现CPU温度很高，用手按着CPU风扇的不干胶标志，感觉风扇风力较低。对风扇添加机油，然后重新启动计算机，用手按着CPU风扇的不干胶，感觉旋转力量加强，运行一段时间后，故障现象排除。

◆ **实例2**：对计算机的CPU进行超频后，重新启动时出现黑屏。由于计算机主板是软跳线主板，只能在开机后进入CMOS更改CPU设置，而黑屏又无法完成这个操作。

分析处理：黑屏的原因是CPU进行超频引起的，只有恢复CPU的原来频率，黑屏现象才能消失。在按下机箱上的Power键开启计算机的同时，按住键盘上的Insert键，大多数主板都将这个键设置为让CPU以最低频率启动并进入CMOS设置。如果仍无法完成，再按Home键代替Insert键。成功进入CMOS后可以重新设置CPU的频率。如果上述方法无法实现，可以按照主板说明书的提示，打开机箱找到主板上控制CMOS芯片供电的3针跳线，将跳线改为清除状态或取出主板上的纽扣电池，2～3分钟后再装入。清除CMOS参数同样可以达到让CPU以最低频率启动的目的。

启动计算机后可以进入CMOS，重新设置CPU、硬盘参数即可。

◆ **实例3**：计算机在升级CPU后，每次开机时噪音特别大，但使用一会儿后，声音恢复正常。

分析处理：首先检查CPU风扇是否固定好，有些劣质机箱做工和结构不好，容易在开机工作时造成共振，增大噪音。另外可以给CPU风扇、机箱风扇的电机加点油试试。如果是因为机箱的箱体单薄造成的，最好更换机箱。

二、主板故障

计算机主板故障一般可以分为CPU及外部电路故障和总线故障。主板总线发生的故障是一种非常严重的故障，一旦发生则会出现死机，且无任何提示信息。对于CPU、内存及其外部电路故障可通过替换法、总线检测法和故障诊断卡来检测。

1. 经验判断主板故障部位

此方法适用于主板的一般性故障判断。维修步骤如下：

1) 对主板进行目测

首先对有故障的主板进行目测。一般来说目测主要是检查主板上的元器件及线路，观察是否有虚连、烧断、腐蚀等情况，如电阻、电容的引脚是否相互虚连、芯片的表面是否烧焦或者开裂，主板上的铜箔是否有烧断的痕迹等。还有要查看的就是有没有异物掉进主板的元器件之间。

2) 对主板进行电阻测量

目测以后，遇到有疑问的地方，可以借助万用表测量主板电源对地的电阻值。检测的目的是为了发现±5 V、±12 V、+3.3 V与地及相互之间有无短路。用万用表R×1电阻挡测量空主板+5 V对地的电阻值是否为100 Ω左右，+3.3 V对地的电阻值是否为40 Ω左右，+12 V对地的电阻值是否为600 Ω左右，−12 V、−5 V对地的电阻值是否为无穷大。如电阻偏小，则可能有漏电现象。如电阻很小，则可能有短路现象。

3) 对主板进行加电测试

加电测试之前先接好电源、主板、内存条、CPU 等；加电后首先检查主板上是否有发烫的元器件。如果有温度异常的元件，则关机后进行替换(一般来说，CPU 的温度高一些属正常现象)，其余元件发烫，均属于芯片内部已严重短路，对于发烫的元器件应及时更换。

4) 对主板使用替换法判断故障部位

开机后如果显示器黑屏，可通过声响判断大致的故障部位。然后，用替换法准确判断部位。用完好的 CPU、内存、显卡分别对怀疑有问题的部件进行替换，找到有故障的部件。

2. 计算机主板故障诊断卡的使用

在计算机不能引导操作系统、黑屏、喇叭不叫时，使用计算机主板故障诊断卡能快速准确地查出有故障的元件。这种方法能有效地检测出主板各功能部件的故障。

1) 主板故障诊断卡原理

BIOS 在每次开机时，会对系统的电路、存储器、键盘、硬盘、软驱等各个组件进行严格测试，并分析系统配置，对已配置的基本 I/O 设置进行初始化，一切正常后，再引导操作系统。关键性部件发生故障时，强制机器转入停机，则屏幕无任何反应。然而对非关键性部件进行测试时，即使计算机出现故障，但仍然可以继续运行，同时显示器会显示出错信息。

无论 BIOS 是 AWARD、AMI 还是 PHOENIX 的，都有所谓的 POST CODE，即开机自侦测代码，当 BIOS 要进行某项测试动作时，首先将该 POST CODE 写入 80H 地址，如果测试顺利完成，再写入下一个 POST CODE，因此，如果发生错误或死机，根据 80H 地址的 POST CODE 值，就可以了解问题出在什么地方。DEBUG 卡的作用就是读取 80H 地址内的 POST CODE，并经译码器译码，最后由数码管显示出来。通过它可以知道硬件检测没有通过的是内存、CPU 还是其他硬件，方便直观地解决棘手的主板问题。

2) 主板故障诊断卡的使用方法

使用时将故障诊断卡插在主板的扩展槽上，当开机运行时，在诊断卡上就有十六进制的代码显示。如果代码不停地变化，最后停在代码“FF”上，证明主板无故障。如果代码停在某一个数据上，证明主板有故障，可根据购买的主板故障诊断卡附带的“代码与故障元件对照表”查找故障元件。

主板故障诊断卡具体的操作步骤如下：

(1) 拔除主板上的各种板卡，将诊断卡插入 PCI 扩充槽内。

(2) 打开电源，检查各发光二极管指示是否正常(其中 BIOS 信号灯可能灰暗或闪烁)，看故障诊断卡上的显示，如果从“00”变到“FF”则主板没有问题。

(3) 如果开机时数码停在“00”或“FF”不动，则为主板或者 CPU 故障。再用手摸 CPU，如果 CPU 没有任何热量，则为主板故障。如果 CPU 有热量，则用替换法，判断是 CPU 还是主板故障。

(4) 如果提示为“C6”，则为内存故障。如为接触不良的故障，可以把内存从主板上取下来，用橡皮擦一擦，再插上去，即可使用。

(5) 把各种板卡插上去，再用故障诊断卡试一试。如果数码从“00”变到“FF”，则主机正常。

(6) 如果检测结果正常，但仍然不能引导操作系统，应是软件或驱动器或磁盘控制器等电路故障。

3. 主板随机性故障

主板上随机性故障产生的原因很多，但归纳起来主要有以下几种：芯片或设备用的接插件接触不良；芯片之间的电平匹配及时序匹配不好；时序控制电路偶尔发生对时序信号的漂移；电路板布线不合理或其他原因致使主板芯片之间产生干扰或短路。

随机性故障表现有显示内存错、内存校验错、键盘输入死机，以及在读写软盘、打印等操作时不固定地发生随机性故障。

当发生随机性故障时，首先要判断大致的故障所在，然后再从信号入手，进行检修。

4. 主板故障处理

1) 主板被烧坏

主板被烧坏一般是由于在带电拔插系统中接入插件，或电路中电源对地之间短路而引起，此时可采用静态电阻测量法。若发现任意输入/输出脚与电源或地直接导通，均属击穿故障；若发现两个类似的输入脚或输出脚的电阻值存在非常明显的差别，一般来说也会发生故障。注意：对主板被烧坏故障维修时不可简单更换烧坏元件了事，而应检查与此相关的许多元件，直到短路故障消除及无故障元件时方可加电测试。

2) 系统配置参数不正确

此类故障一般可通过重新设置系统配置参数解决，但若配置参数不能设置或不能保存系统配置参数时，则应从电池、CMOS RAM 芯片、CMOS RAM 供电电路及读写电路等方面入手查找故障原因。

3) I/O 接口故障处理

目前的主板上一般都集成了软硬盘控制器和打印机接口，声卡和显卡也集成在主板上。这种主板在使用上省去了各种外设接口卡，简化了系统结构。但当主板上的外设接口发生故障时，就会影响到整个系统，从而影响计算机的正常使用。对于这类主板上的外设接口故障往往可以采用“屏蔽”“补卡”的方法处理。“屏蔽”就是将主板上发生故障的功能部分从主板中分离出来，“补卡”就是将屏蔽掉的功能通过在 I/O 槽中增加相应的控制接口卡，来替代主板上失效的外设接口。具体做法如下：在确定是主板上接口损坏的情况下，选择一块具有相同功能的接口卡。如打印接口或软硬盘接口损坏，可以选用多功能卡(AT 卡)。接着对主板上损坏的接口进行屏蔽设置，封锁 CPU 对故障接口的访问。选择内嵌，将屏蔽 I/O 槽上所配置的接口控制功能；选择外接，将屏蔽对应的内嵌接口控制功能，系统只承认 I/O 槽的接口控制器。最后对多功能卡进行设置。由于 AT 卡的功能较多，其缺省设置是各功能都被系统承认的，因此在使用前要对照 AT 卡使用说明书，对不用的功能进行屏蔽，封锁 CPU 对该功能的访问，防止与主板上已有的接口功能发生冲突，影响系统正常工作。

5. 主板常见故障实例分析

◆ **实例 1**：计算机使用四五年后，又闲置了半年之久，再次打开发现无法正常启动。

分析处理：开机后电源风扇转动，电源指示灯正常，但没有任何警告提示音或提示信息，这说明电源工作正常。打开机箱发现里边的灰尘很多，用毛刷等工具彻底清除主板里的灰尘，然后开机，计算机就可以正常启动了。

◆ **实例 2**：在使用 U 盘的过程中，计算机突然断电，重新开机后 U 盘不能正常使用，将 U 盘拔下再重新插到计算机上，这时系统提示“无法识别的 USB 设备”。

分析处理：首先将 U 盘拔下插到别的计算机上，若能正常使用，说明 U 盘没有损坏。然后用另一块 U 盘插到刚才那台计算机的 USB 接口中，也能正常使用，说明主板的 USB 接口没有损坏，判断是因为断电导致系统设置出错。从“控制面板”进入“添加和删除硬件”窗口，删除所有的 USB 设备，再重新安装 USB 设备的驱动程序，重新启动计算机后故障消失。

◆ **实例 3**：一台旧计算机，买了一块大容量硬盘安装上之后，系统不能识别，检查硬盘的数据连线、电源插头以及跳线都没问题。

分析处理：对于一些老的主板而言，不支持大硬盘是正常的，因为早期的主板在开发时还没有当前这么大容量的硬盘，因此其 BIOS 往往无法识别这类大硬盘。即使是一些比较新的主板，有时也会出现不支持大硬盘的现象，而产生这类故障的原因主要是 BIOS 版本太低。对于这样的问题，一般可以用两种方法来解决：一是升级主板的 BIOS；二是利用特殊的硬盘管理软件使主板能够识别大硬盘。建议使用升级主板 BIOS 的方法。

◆ **实例 4**：忘记开机密码而无法进行操作。

分析处理：打开机箱，使用跳线清除法或直接短路法进行操作。

跳线清除法：如果主板上有专门用来清除 CMOS 设置内容的跳线，那么只需要将其短接，该 CMOS 中的密码就会清除了。各款主板的操作不一样，所以具体操作时请参照说明书。

直接短路法：如果主板上没有专门用来清除 CMOS 设置的跳线，就可以采用这种方法，即将计算机关机，取下主板上的纽扣电池，2～3 分钟后再装上。因为 CMOS 的内容在关机时是通过扣式电池来保存信息的，只要在关机时把电池取出来，过一段时间 CMOS 中的内容就会被清空了。

三、内存故障

内存的故障多数表现为内存松动、内存氧化，我们通过干纸巾或者橡皮擦拭内存金手指部分就可以将其解决。一般电脑开不了机，首先就是将内存重新插拔来看看是否松动了，绝大多数内存故障都是这个问题。接下来我们以内存常见的故障为例进行分析。

◆ **实例 1**：计算机检测 3 遍内存，检测时间过长。

分析处理：随着计算机基本配置内存容量的增加，开机内存自检时间越来越长，即使使用快速检测，把 3 遍检测改成 1 遍检测，时间也不短，因此需要使用 Esc 键直接跳过检测。方法为开机时，按 Del 键进入 BIOS，将 Quick Power On SelfTest 设置为 Enabled，则开机自检内存时，按 Esc 键跳过自检。

◆ **实例 2**：计算机突然开机黑屏，并且有长音的报警声。

分析处理：由主板发出的报警声可判断是内存或内存插槽有问题，所以先把内存拔下换个插槽，故障依旧，看来内存插槽正常。接着换另一条内存插上，故障消失。由此断定是内存条有问题，但内存并没有物理损坏，于是仔细观察内存，发现金手指部分有厚厚的污垢。用橡皮在金手指部分擦拭几次，重新把内存插入插槽，系统恢复正常。

四、显卡、显示器故障

显卡的故障主要是灰尘、CPU 芯片过热或者显存的损坏，故障率并不高，相对来说，显示器更容易出现故障。目前主要使用的显示器是液晶显示器，液晶显示器故障维修应遵循以下几个原则：根据故障现象先想后做；先静态检查，后动态检测；先清洗后补焊；先查电源后查负载电路。

液晶显示器故障维修的方法主要有以下几种：

1. 观察法

观察法就是通过人的视觉、嗅觉和听觉等方式来检查液晶显示器中比较明显的故障。如保险管是否变黑，电解电容是否鼓包、漏液，大功率电阻是否有烧焦的痕迹，电路板焊点是否有明显虚焊，各电路板之间的连接线接口是否连接不良等。另外，当内部电路存在短路现象把有些元器件烧焦并发出烧焦味或冒烟现象，甚至有些器件发出异常的声响等问题时，也可以通过观察法检测。

2. 直观检查法

直观检查法是指从液晶显示屏直接观察显示器的故障现象(比如花屏、白屏、显示颜色问题)，或在显示器外部或内部直接观察不正常的现象。

3. 触摸法

触摸法是用手感知电路中主要元器件温度的情况来判断故障的一种方法。具体操作方法是先让液晶显示器工作一段时间后，拔掉电源插头，用手直接触摸主要元器件的温度，通过手感知温度的高低来判断分析故障，在用手感知温度的过程中如果大功率器件(如大功率开关管、整流管、大规模集成电路等)不发热，说明该器件未工作或已损坏；如果用手感知的温度很高(烫手)，说明该器件负载过重，流过该器件的电流很大，电路很有可能存在短路现象。

4. 比较法和代换法

1) 比较法

比较法是指用一台同型号且正常的显示器与一台故障机进行同部位的测量比较，根据比较结果来分析和判断故障。具体操作是让故障机和同型号的显示器在同一种工作状态下工作，分别通过测量同部位的电压、电流、电阻或信号波形来进行比较，通过比较后的结果来分析和判断故障所在的范围或故障点。

2) 代换法

代换法是指对液晶显示器可能会出现故障的部位或元件进行代换，从而达到解决故障的一种方法。

5. 电阻检测法和电压检测法

1) 电阻检测法

电阻检测法是维修液晶显示器的基本方法，是液晶显示器在断电的状态下，用万用表测量电路的对地电阻值和元器件本身的电阻，根据测量出来的电阻值来判断集成电路芯片和元器件的好坏，以及判断负载电路是否有严重短路和开路的情况。

2) 电压检测法

电压检测法是最常用的一种检修方法，它是通过测量电路和元器件的工作电压值来判断和分析故障的。一般是在液晶显示器通电状态下用万用表的电压挡测量关键点的电压值是否正常，从而推断故障所在的范围。

6. 波形检测法

波形检测法是用示波器检测液晶显示器在通电状态下的各关键点的信号波形，再将显示的波形与电路信号正常波形相比较来分析和判断故障。如果检测到关键点无信号波形，说明该电路未工作；如果检测出来的波形和实际波形不一样，则说明该电路元器件存在性能异常现象。接下来我们以显卡、显示器常见的故障为例进行分析。

◆ **实例 1**：启动计算机时，显示器出现黑屏现象，且机箱喇叭发出 1 长 2 短的报警声。

分析处理：一般来说这是显卡引发的故障，所以首先要确定一下是否是由于显卡接触不良引发的故障。方法是关闭电源，打开机箱，将显卡拔出来，然后用毛笔刷将显卡、板卡上的灰尘清理掉，特别要注意将显卡风扇及散热片上的灰尘处理掉，接着用橡皮擦来回擦拭板卡的金手指，然后将显卡重新安装好。

◆ **实例 2**：显示器花屏的故障。

分析处理：显示器花屏是一种比较常见的显示故障，大部分显示器花屏故障都是由显卡本身引起的。如果开机显示就花屏，则首先应检查显卡是否存在散热问题，用手触摸显存芯片的温度，查看显卡的风扇是否停转；接着检查主板上的显卡插槽里是否有灰尘，查看显卡的金手指是否被氧化；然后可根据具体情况把灰尘清除掉，用橡皮擦把金手指的氧化部分擦亮。如果散热有问题，可以采用换个风扇或在显存上加装散热片的方法解决。

五、机械硬盘故障

机械硬盘的故障率相对较高，其内部的机械结构在外部环境突变的时候，尤其是震动、突发断电等情况时十分容易损坏，尤其在电脑运行的时候，不要搬动或者撞击主机。机械硬盘使用过久也会出现坏道，磁盘坏道的出现，会让机械硬盘速度越来越慢，甚至出现偶尔卡顿、死机等故障。

◆ **实例 1**：开机后屏幕显示 Device Error 或者 Non-System Disk Or Disk Error Replace

Strike Any Key When Ready. 说明硬盘不能启动，用光盘或 U 盘启动后，在 A: 后键入 C:，屏幕显示 Invalid Drive Specification，即系统不能识别硬盘。

故障分析：造成该故障的原因一般是 CMOS 中的硬盘设置参数丢失或硬盘类型设置错误。此时应进入 CMOS，检查硬盘设置参数是否丢失或硬盘类型设置是否错误，如果是该种故障，只需将硬盘设置参数恢复或修改过来即可；如果忘了硬盘参数或不会修改，也可用备份过的 CMOS 信息进行恢复；如果没有备份 CMOS 信息，可选择 CMOS 设置中的“IDE HDD Auto-Detection(硬盘自动检测)”选项，自动检测硬盘类型参数。若无此项，只好打开机箱，查看硬盘表面标签上的硬盘参数，照此修改即可。

◆ **实例 2**：开机后，WAIT 提示停留很长时间，最后出现 HDD Controller Failure 的提示。

故障分析：造成该故障的原因一般是硬盘线接口接触不良或接线错误。先检查硬盘电源线与硬盘的连接，再检查硬盘数据信号线与计算机主板及硬盘的连接，如果连接松动或连线接反都会有上述提示。硬盘数据线的一边会有红色标志，连接硬盘时，该标志靠近电源线。在主板的接口上有箭头标志，或将标号 1 的方向对应数据线的红色标志。

六、硬盘数据性故障

硬盘的故障率是比较高的，其中较重要的是数据恢复，而数据恢复的前提是数据不能被二次破坏、覆盖。

1. 数据恢复概述

数据恢复就是把遭受破坏或由硬件缺陷导致不可访问、不可获得或由于误操作等各种原因导致丢失的数据还原成正常的数据。

数据出现问题主要包括两大类：逻辑问题与硬件问题，相应的恢复也分别称为软恢复和硬恢复。

软恢复指一切可以通过“软”的方式进行的恢复，不涉及硬件修理的数据恢复，如病毒感染、误格式化、误删除等。

硬恢复是指涉及硬件修理、由硬件损坏或者失效造成的数据恢复，如磁道损坏、磁盘划伤、磁组损坏、电路板芯片损坏等。

2. 数据恢复的服务范围

(1) 不能进入系统。

(2) 磁盘出现坏道。

(3) 分区丢失。

(4) 文件丢失。

(5) 密码丢失。

(6) 文档不能打开或打开后是乱码。

3. 数据恢复的一般原则

(1) 备份当前尚能正常工作的驱动器上的所有数据。

(2) 将损坏的硬盘拿到正常的相同的操作系统下，如果条件允许，取下该硬盘，安装一个新的硬盘，在重新挂上坏硬盘之前对硬盘分区格式化，并更改 CMOS 设置。

(3) 调查使用者，了解详细情况。

(4) 如果可能，备份所有扇区。

(5) 准备扇区编辑工具，如 WinHex 等。

(6) 尽可能得到使用者的关键文件信息。

4. 硬盘数据的保护方式

(1) 操作系统提供的系统还原功能。

(2) 随机赠送的系统恢复光盘。

(3) 采用 GHOST 备份还原。

(4) 杀毒软件提供的系统备份。

(5) 硬盘保护卡。

(6) 主板 BIOS 内置的系统保护。

(7) 虚拟还原工具软件。

(8) 硬盘保护与数据恢复。

5. 数据恢复解析

1) 数据恢复的技术原理

数据恢复这项工作涵盖的范围很广，各种不同的存储介质在执行数据恢复的时候都会有一些区别，另外，数据丢失或损坏的原因也不尽相同。

磁存储技术的工作原理是通过改变磁粒子的极性来在磁性介质上记录数据。在读取数据时，磁头将存储介质上的磁粒子极性转换成相应的电脉冲信号，并转换成计算机可以识别的数据形式。进行写操作的原理也是如此。要使用硬盘等介质上的数据文件，通常需要依靠操作系统所提供的文件系统功能，文件系统维护着存储介质上所有文件的索引。在利用操作系统提供的指令删除数据文件的时候，磁介质上的磁粒子极性并不会被清除。操作系统只是对文件系统的索引部分进行了修改，将删除文件的相应段落标志进行了删除标记。同样的，目前主流操作系统对存储介质进行格式化操作时，也不会抹除介质上的实际数据信号。正是操作系统在处理存储时的这种设定，为数据恢复提供了可能。值得注意的是，这种恢复通常只能在数据文件删除之后相应存储位置没有写入新数据的情况下进行。因为一旦新的数据写入，磁粒子极性将无可挽回的被改变从而使得旧有数据在真正意义上被清除。

另外，除了磁存储介质之外，其他一些类型存储介质的数据恢复也遵循同样的原理，例如 U 盘、SD 卡等。因为这些存储设备也和磁盘一样使用类似扇区、簇这样的方式来对数据进行管理。这就使得普通的删除方法无法彻底和安全地清除数据。

2) 数据问题分析

最常见的原因是人为的误操作，比如错误的删除文件、用错误的文件覆盖了有用数据等，而存储器本身的损坏也占据了相当大的比重，如高温、震动、电流波动、静电甚至灰尘等。另外，很多应用程序特别是备份程序的异常中止，也可能造成数据损坏。在所有的原因当中，由于删除和格式化等原因造成的数据丢失是比较容易处理的，因为在这些情况下，数据并没有从存储设备上真正擦除，利用数据恢复软件通常能够较好地将数据恢复出来。如果存储设备本身受到了破坏(例如硬盘盘片坏道、设备芯片烧毁等)，会在很大程度上增加恢复工作的难度，并需要一些必备的硬件设施才能执行恢复，如果存储数据的介质本身(例如硬盘盘片、Flash Memory)没有损坏的话，数据恢复的可能性较大。

6. 硬盘数据常见故障实例分析

◆ **实例 1**：硬盘零磁道与分区表的修复。

分析处理：零磁道处于硬盘上一个非常重要的位置，硬盘的主引导记录区(MBR)就在这个位置上。MBR 位于硬盘的 0 磁头 0 柱面 1 扇区，其中存放着硬盘主引导程序和硬盘分区表。在总共 512 字节的硬盘主引导记录扇区中，446 字节属于硬盘主引导程序，64 字节属于硬盘分区表(DPT)，两个字节(55AA)属于分区结束标志。由此可见，零磁道一旦受损，将使硬盘的主引导程序和分区表信息遭到严重破坏，从而导致硬盘无法使用。

零磁道损坏属于硬盘坏道之一，只不过由于它的位置太重要，因而一旦遭到破坏，就会产生严重的后果。

通常的维修方法是通过 Pctools 9.0 的 DE(磁盘编辑器)来修复，或者使用类似的可以对磁盘扇区进行编辑的工具来恢复，其方法如下：

用含有 Pctools 9.0 程序的 Windows 启动盘启动，运行 PCT90 目录下的 de.exe，先进入 Options 菜单，选择 Configuration(配置)命令，按下空格键去掉 Read Only(只读)前面的钩(按 Tab 键切换)之后，保存退出。

接着选择并执行主菜单 Select(选择)中的 Drive(驱动器)，进去之后在 Drive Type(驱动器类型)项中选择 Physical(物理的)，并按空格选定，再按 Tab 键切换到 Drives 项，选中 Hard Disk(硬盘)，最后，选择 OK 并回车。

之后，回到主菜单中，打开 Select 菜单，这时会出现 Partition Table(分区表)，选中并进入，之后出现硬盘分区表信息。如果硬盘有两个分区，1 分区就是 C 盘，该分区是从硬盘的 0 柱面开始的，那么，将 1 分区的 Beginning Cylinder(起始柱面)的 0 改成 1 就可以了。最后保存并退出。

修复注意事项：

① 在修改之前先将硬盘上的重要资料备份出来。重新启动，按 Delete 键进入 CMOS 设置，选 IDE Auto Detect，可以看到 CYLS 数比原来减少了 1，之后保存设置并退出。重新分区、格式化，即可救活硬盘。

② 由于 DE 工具仅对 FAT16 分区的硬盘有效，因此，对于 FAT32 分区的硬盘来说，可以通过分区大师(PQ)等磁盘工具，将 FAT32 转换为 FAT16，然后再对其进行处理。

③ 重建分区表功能不能做到百分之百地修复分区表，除非以前曾经备份过分区表，就可以通过还原以前备份的分区表来修复分区表损坏。

◆ **实例 2**：硬盘分区表及数据的恢复。

分析处理：电脑无法检测到硬盘的时候，首先要检查以下几点：硬盘驱动器与硬盘控制器的连线是否正常；硬盘驱动器电源线是否正常；如果存在多个设备则需检查硬盘之间或 CDROM 等设备之间是否存在冲突，或者是设备之间的主从关系不匹配；检查 CMOS 中的硬盘信息是否正确无误。若能正常动作则说明故障与硬盘无关，否则，可能的硬盘已经遭到破坏。

硬盘的重要配置信息，比如主引导记录和FAT表可能被病毒破坏，也可能是由于突然断电或非正常关机造成数据丢失。若系统不能从硬盘启动，而可以从启动盘启动，那么在从启动盘启动后，可以试着访问硬盘，如果能够访问硬盘，说明很可能只是操作系统被破坏，可以通过重装操作系统来解决，或者直接将该硬盘接到其他计算机上把数据备份出来。如果不能访问硬盘，那么可能是主引导区或可引导分区的引导区被破坏，这时可以用DEBUG等工具软件查看硬盘的主引导区是否正常，或者用FDISK/MBR命令重建主分区表的代码区，如果硬盘存在引导型病毒，该命令还可以将病毒清除。如果还是无法访问主引导区，则可能是硬盘有了硬件故障，不是用软件方法可以轻易修复的。

① 快速重建硬盘分区表。由于病毒的破坏或操作上的失误，致使硬盘主引导记录和分区表损坏，硬盘不能引导或启动盘引导也不能进入硬盘时，这时可以用KV3000快速重建硬盘分区表。

启动盘引导系统后，执行KV3000，按下F10键，就可对系统的有关参数和硬盘分区表快速测试，如果硬盘分区表不正常，KV3000会提示先将坏分区表保存到软盘上，以防操作失败，再自动重建硬盘分区表。

② 恢复硬盘数据。由于主分区(C：)上的目录区及FAT文件分配表的数据可能部分或全部被损坏，虽然文件的信息未被完全破坏，但是要完整地恢复是比较困难的。使用NDD等软件可以尝试性地恢复文件数据的链接，但是不可能完全恢复回来，即数据不可能被完全组成有意义的文件。修复后如果目录区及FAT文件分配表的数据未被完全损坏，则部分文件被恢复，另外部分被找回的文件可能文件名丢失或被组合成一个大文件。

恢复工具并不能保证百分之百地恢复所有的数据。因此，经常备份数据不仅是一个好习惯，而且对数据安全也非常有必要。

◆ **实例3**：误删除文件。

分析处理：使用失易得软件恢复误删除文件。

失易得软件是一款专业的数据恢复软件，它支持文件意外删除恢复、误格式化磁盘恢复、硬盘分区恢复、U盘/移动硬盘/SD卡等数据恢复以及手机数据恢复。使用失易得软件恢复误删除文件的步骤如下：

(1) 下载并启动失易得软件，选择需要恢复数据的设备，如图7-9所示。

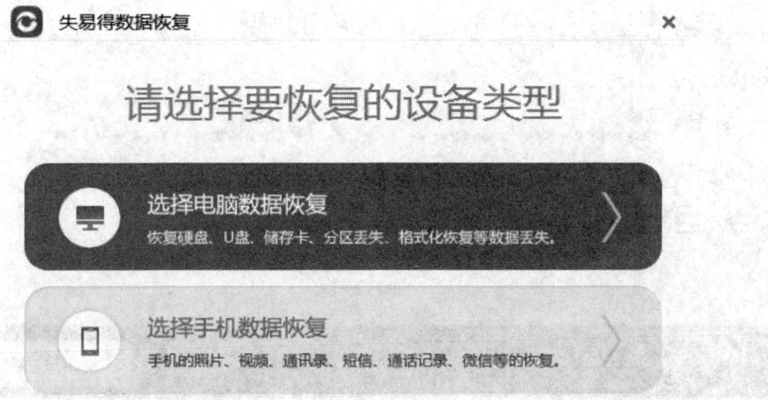

图7-9 启动失易得软件

(2) 单击“选择电脑数据恢复”，进入引导模式，在“分区与设备”里选择恢复文件存放的位置，在“丢失的分区”里选择需要扫描丢失文件的分区，如图 7-10 所示。

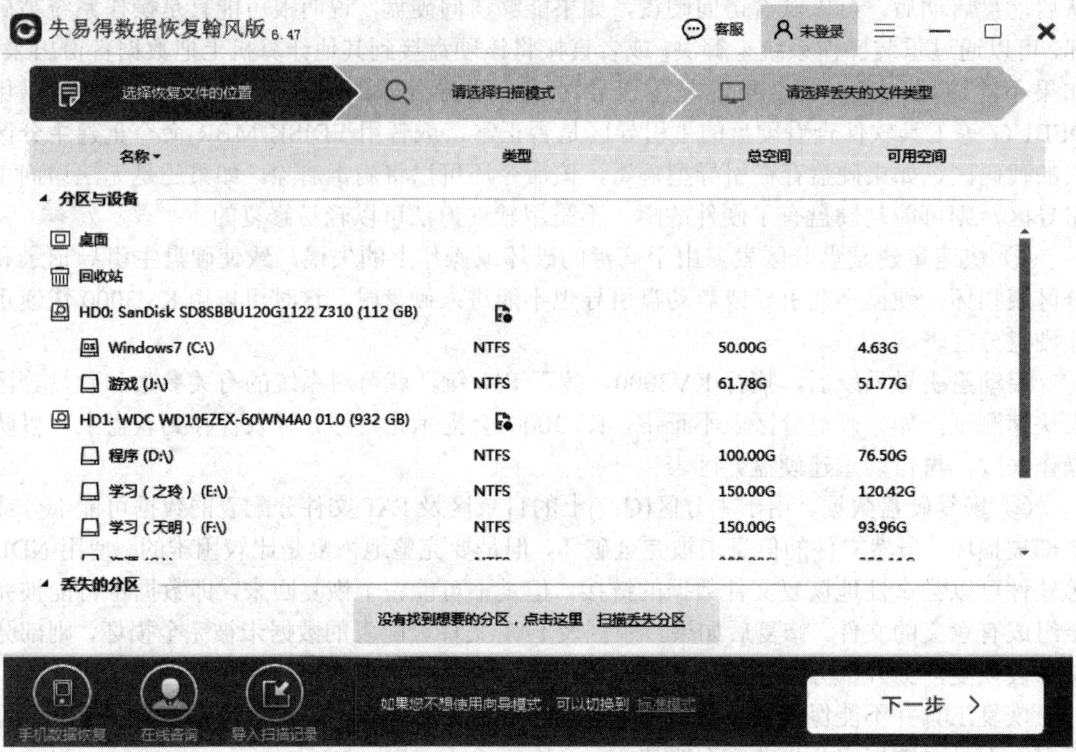

图 7-10 选择恢复文件的位置

(3) 选择丢失的文件类型，如图 7-11 所示。

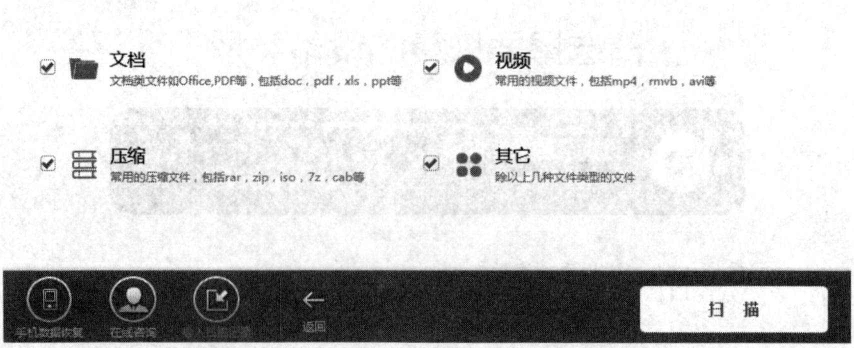

图 7-11 选择丢失的文件类型

(4) 开始扫描，如图 7-12 所示。

图 7-12　扫描丢失的文件

(5) 扫描完成后，选择需要恢复的文件，点击恢复即可。

七、其他常见故障

1. 死机

死机是计算机的常见故障之一，当正在编辑或处理重要数据而并未对其进行保存时，死机所带来的损失会很大。

死机时的表现多为蓝屏、无法启动系统，画面“定格”无反应、鼠标或键盘无法输入、软件运行非正常中断等。尽管造成死机的原因是多方面的，但主要脱离不了硬件与软件两方面。

造成死机软硬件故障最常见的现象有以下几种：

(1) CPU 散热器出问题，CPU 过热所致。

检测方法：检测这个故障的方法很简单，首先将计算机平放在地上，打开计算机，观察 CPU 散热器扇叶是否在旋转，如果扇叶完全不转，故障确认。有时候，CPU 风扇出现故障，但却没有完全停止转动，由于转数过小，所以同样起不到良好的散热作用。检测这种情况常用的一个方法是将食指轻轻地放在 CPU 风扇上(注意不要把指甲放到风扇上)，如果有打手的感觉，证明风扇运行良好；如果手指放上去风扇就不转了，则确认为风扇故障。

解决方案：更换 CPU 散热器。

(2) 其他造成死机的常见硬件故障：显卡、电源散热器出问题，过热所致。

检测方法：显卡散热器的故障处理方法参照上一条 CPU 散热器的处理方法，这里就不再赘述。电源散热风扇故障的检测方法稍有不同，将手心平放在电源后部，如果感觉吹出的风有力，不是很热，证明正常；如果感觉吹出的风很热，或是根本感觉不到风，说明有问题。

解决方案：显卡问题可以直接更换显卡风扇；电源风扇虽然在内部，但同样可拆开自行更换。

(3) 硬件或软件的冲突所造成的死机。

计算机硬件冲突的死机主要是由中断设置的冲突而造成的。例如，由于声卡或显卡设置冲突引起异常错误。此外，其他设备的中断号、DMA 或端口出现冲突的话，可导致少数驱动程序产生异常，以致死机。当发生硬件冲突时，虽然各个硬件勉强可以在系统中共存，但是由于中断号等资源的限制，这些设备不能同时进行工作，如能够上网的时候就不能听音乐等。如果中断冲突频频出现，将导致系统不堪重负，造成死机。

解决方案：安全模式启动，通过选择“控制面板”→“系统”→“设备管理”命令进行适当调整，一般可以解决。

同样，软件也存在这种情况。有些应用软件由于设计方面的原因会和另一软件同时调用同个系统文件或存取同一段物理地址，从而发生冲突。此时的计算机系统由于不知道该优先处理哪个请求，会造成系统紊乱而致使计算机死机。此类死机现象通常是定格死机、重启、蓝屏、提示“非法操作”或失去响应。有时这类“软死机”故障属于假死机，等待一段时间后，机器就会从假死状态中“醒”过来，打开若干个 IE 浏览器窗口后经常会遇到这种“假死”现象。

(4) 硬件的品质和故障所造成的死机。

由于目前一些小品牌的计算机硬件产品往往未经过合格的检验程序就投放市场，它们使用劣质元件，一般不容易看出来。就这些硬件产品来说，造成计算机经常死机的原因和它们有着非常直接的关系。另外，还有一些硬件的故障是由于使用年限太久而产生的。

硬件品质导致死机故障的发生中内存质量关系最大。由于内存条的工作频率越来越高，其发热量也随之升高，因而性能也就要差一些了。通常内存故障是指内存条松动、虚焊、内存芯片本身损坏等。

(5) 计算机系统资源耗尽所造成的死机。

这种死机故障是常见的，造成计算机系统资源耗尽的因素有以下几点：

① 在计算机操作系统中运行了大量的程序，使得系统内存资源不足而造成死机。

② 硬盘剩余空间太小或磁盘碎片太多也会导致“内存不足”的故障，定期清理各种垃圾文件和定期整理磁盘碎片是必要的。

③ 随机启动的程序太多也会导致系统资源不足。

④ 病毒本身或者使用病毒实时监控软件及防火墙后导致系统资源不足，这时需要杀毒软件来进行全面查毒、杀毒，并做到定时升级杀毒软件。如果是在使用病毒实时监控软件后发生的死机，则不妨将其关闭后再试一下，如果系统正常，那么就不要再使用它了，可换一个其他此类软件试试。

(6) 内存混用后，系统出现频繁死机。

内存是计算机中最常升级的部件，在升级过程中，由于内存品牌、速度、容量的不同，内存的混插容易出现不兼容现象，导致系统工作不稳定。

解决方法通常是将速度较快的内存插在第一个插槽上，在主板 CMOS 设置中采用“就低”原则，将有关各项内存参数设得保守一些，将 CMOS 中 Advanced Chipset Features 选项中的“DRAM Timing By SPD(自动侦测模式)”修改为Disabled，以免引起混乱。

2. Windows 蓝屏故障

使用Windows操作系统的用户对蓝屏故障(如图7-13所示)不会感到陌生。引起蓝屏故障的原因很多，甚至包含不易察觉的因素，其解决办法也比较多。

图7-13　蓝屏故障

1) 硬件因素

许多蓝屏故障是由硬件设置不当或者品质不佳导致的。前者多由于在BIOS中对内存、硬盘、电压等性能参数设置不当以及各类超频因素，或者在Windows中对运行环境配置不合理导致；后者多是由于硬盘出现坏磁道，内存损坏或者电源功率不足等造成。除此之外，散热以及硬件兼容性也是影响系统运行稳定性的重要因素。常见的有以下几种情况：

(1) 虚拟内存不足造成系统多任务运算错误。

虚拟内存是Windows系统所特有的一种解决系统资源不足的方法，运行程序如果遇到内存不足，则Windows会将引导区所在硬盘(大多数情况下为C盘)剩余空间中的一部分作为虚拟内存。而如果将该分区塞得过满，就会导致虚拟内存因硬盘空间不足而出现运算错误，导致蓝屏故障。因此，用户尽可能不要在C盘安装大型程序，同时要经常删除一些系统产生的临时文件，交换文件，从而可以释放空间；或者手动配置虚拟内存，把虚拟内存的默认地址转到其他的逻辑盘下，这样就可以避免因虚拟内存不足而引起的蓝屏。

(2) CPU、显示芯片等部件超频导致运算错误。

超频就是人为地超越原来设定的频率，以期完成更高的性能。但由于进行了超载运算，特别是在运算密集度较高的环境下往往造成内部运算过多，使CPU过热，从而导致系统运算错误，出现蓝屏现象。

其实，计算机中超频影响的不仅是超频部件自身，而且对整个系统的稳定性都有很大影响。例如CPU超频(外频改变)时，硬盘、内存等也都处于超频状态，如果这些部件承受不住超频的“压力”，那么系统运行时也会出现蓝屏现象。

(3) 内存条的互不兼容或损坏引起运算错误。

内存质量不佳往往在开机的时候就可以见到，显示为无法启动计算机，在内存自检时会提示出错信息，进入Windows中主要表现为蓝屏现象。

(4) 系统硬件冲突。

系统硬件冲突导致蓝屏也比较常见，日常中经常遇到的是声卡或显卡的设置冲突。在设备管理器中检查是否存在带有黄色问号或感叹号的设备，如存在可试着先将其删除，并重新启动计算机，由 Windows 自动调整，一般可以解决问题。若还不行，可手动进行调整或升级相应的驱动程序。

2) 软件因素

除了上述硬件导致的蓝屏故障外，软件环境设置不当也会造成蓝屏。常见的有以下几种情况：

(1) 启动时加载程序过多。

如果在启动时加载过多的应用程序(尤其是在内存不足的情况下)，系统资源很容易消耗殆尽，表现为硬盘灯不停地闪烁，硬盘不断进行读写操作，这时经常造成蓝屏。

(2) 应用程序存在缺陷。

有些应用程序设计上存在着缺陷或错误，运行时有可能与 Windows 发生冲突或争夺资源，Windows 无法为其分配内存地址或保护性错误。另外，一些盗版软件在解密过程中会丢失部分源代码，使软件十分不稳定、不可靠，也常常导致蓝屏。

(3) 遇到不明程序或病毒的攻击所致。

如果遇到“木马”等软件侵害计算机也会造成蓝屏，所以要安装一些防御程序，如防火墙等。

(4) 版本冲突。

有些应用程序需调用特定版本的动态链接库(DLL)，如果在安装软件时，旧版本的 DLL 覆盖了新版本的 DLL，或者删除应用程序时，误删了有用的 DLL 文件，就可能使上述调用失败，从而出现蓝屏。

(5) 注册表中存在错误或损坏。

注册表中保存着 Windows 环境下的软硬件配置、应用程序设置和用户资料等重要数据，如果注册表出现错误或被损坏，就很可能出现蓝屏。

(6) 软硬件不兼容。

如果安装了新的硬件常常出现蓝屏，可能是由于主板的 BIOS 或驱动程序太旧，以致不能很好地支持硬件。所以，应尽快升级到相应版本的设备驱动程序。

3) 通过蓝屏错误信息提供的故障代码处理蓝屏

蓝屏故障信息会在屏幕的底部显示此蓝屏的故障代码(如 Technical Information)，代码的格式一般为 0x000000XX，如 0x0000000A、0x000000D1 等。不同的代码代表不同类型的故障。用户可以以故障代码为关键词在搜索引擎中搜索蓝屏故障的相关信息。下面列举一些故障代码：

(1) 0x0000000A。

0x0000000A 错误表示在内核模式中存在以过高的进程内部请求级别(IRQL)访问其没有权限访问的内存地址。这个错误一般是硬件设备的驱动程序存在漏洞，某些软件或硬件与 Windows 不兼容引起的。如果遇到 0x0000000A 错误，建议尝试以“最后一次正确的配置”方式启动 Windows，并检查一下最近有没有安装或升级过任何系统更新、硬件设备的驱动程序、BIOS、Firmware 及应用软件等。如果有的话，请将最近更新过的应用软件及硬件设备逐一卸载，恢复到之前可以稳定运行的版本，看看问题能否解决。

(2) 0x0000001A。

0x0000001A 错误表示内存管理遇到了问题。这个错误一般是硬件设备的故障引起的。如果遇到 0x0000001A 错误，建议检查一下最近有没有安装过新的硬件设备或驱动程序。如果有的话，请将最近安装过的硬件设备或驱动程序逐一卸载，看看问题能否解决。

(3) 0x0000001E。

0x0000001E 错误表示 Windows 检测到一个非法的或未知的进程指令。这个错误一般是内存发生故障引起的，或者与 0x0000000A 错误相似，表示在内核模式中存在以过高的进程内部请求级别(RQL)访问其没有权限访问的内存地址。如果遇到此错误，建议首先检查一下软件及硬件兼容性，看看最近有没有安装过新的应用软件、硬件设备或驱动程序。如果有的话，请将最近安装过的软件及硬件逐一卸载，看看问题能否解决；其次，检查一下蓝屏故障提示中是否提到问题是由 WIN32K.SYS 文件引起的，如果有的话，那么很可能是远程控制类软件引起的故障。

(4) 0x0000002E。

0x0000002E 错误表示系统内存的奇偶校验遇到了问题。这个错误一般是内存发生故障(包括系统内存、显存、各种缓存)，硬件设备驱动程序试图访问错误的内存地址，计算机遭到了病毒、木马、间谍软件、广告软件、流氓软件等恶意程序的攻击等引起的。如果遇到 0x0000002E 错误，建议首先执行磁盘扫描程序对所有的磁盘驱动器进行全面检测，看看磁盘驱动器是否存在磁盘错误或文件错误，其次执行安全防护类软件对计算机进行全面检查，看看计算机是否遭到了病毒、木马、间谍软件、广告软件、流氓软件等的攻击，再次使用内存检测软件对内存进行稳定性及兼容性测试，推荐使用 Windows Memory Diagnostic、MemTest 等检测软件，最后打开机箱检查一下硬件设备的连接是否牢固。

3. 重启

重启的表现多为计算机在正常使用情况下无故重启。

需要提前指出的一点是，即使没有软、硬件故障的计算机，偶尔也会因为系统漏洞或非法操作而重启，所以偶尔一两次的重启并不一定是计算机出了故障。

造成重启的最常见硬件故障有以下几点：

(1) CPU 风扇转速过低或 CPU 过热。

一般来说，CPU 风扇转速过低或 CPU 过热只能造成计算机死机，但由于目前市场上大部分主板均有 CPU 风扇转速过低和 CPU 过热保护功能，其作用就是如果在系统运行的过程中，检测到 CPU 风扇转速低于某一数值或是 CPU 温度超过某数值，计算机自动重启，这样，如果计算机开启了这项功能，CPU 风扇一旦出现问题，计算机就会在使用一段时间后不断重启。

检测方法：将 BIOS 恢复一下默认设置，关闭上述保护功能，如果计算机不再重启，就可以确认故障源了。

解决方案：更换 CPU 散热器。

(2) 主板电容爆浆。

计算机在长时间使用后，部分质量较差的主板电容会爆浆。如果只是轻微爆浆，计算机依然可以正常使用，但随着主板电容爆浆的严重化，主板会变得越来越不稳定，出现重启的故障。

检测方法：将机箱平放，看主板上的电容，正常电容的顶部是完全平整的，部分电容会有点内凹，但爆浆后的电容是凸起的。

解决方案：拆开计算机，拿到专门维修站点去维修，一般更换主板爆浆电容或供电部分电容即可。

4. 开机无响应

开机时按下电源按钮后，计算机无响应，显示器黑屏不亮，有时发现开机后 CPU 风扇旋转但黑屏，有时却是按开机键但 CPU 风扇不转。常见的故障原因如下：

(1) 开机后 CPU 风扇旋转但黑屏。

如果开机后听到主板 BIOS 的报警音，那么就可以利用报警声的不同进行判定。

如果开机后主板 BIOS 的报警音没有响，那么就需要注意一下主板硬盘指示灯，如果出现间隔不定的闪烁，那就将检查的重点放在显示器上。如果确定是显示器的问题，就只能送维修站了。如果主板硬盘指示灯长亮或是长暗，就要将检查的重点放在主机上，可以试着对内存、显卡、硬盘等配件用逐一插拔的方式来确认故障源。

(2) 按开机键但 CPU 风扇不转。

这种故障是最难处理的，尤其是在没有任何专业设备的情况下。排查步骤如下：

首先，检查电源和重启按键是否出了物理故障，最常见的是按下去起不来，两个按键的任一个出现这种问题，均可以造成计算机无法正常开机。

其次，打开机箱，将主板 BIOS 电源拔下，稍等一会，再重新接上，看计算机是否可以正常运行。

接着，将主板与机箱的连接线全部拔下，用螺丝刀碰触主板电源控制针(请参照主板说明书)，如果正常开机，证明是机箱开机和重启键的问题。

最后，将电源和主板、光驱、硬盘、软驱等设备相互之间的数据线和电源线全部拔下，将主板背面所有设备，如显示器、网线、鼠标、键盘也全部拔下，清除干净主板电源插座和电源插头上的灰尘后重新插上，开机。如果可以开机，再将设备一件一件插上，以确认故障源。确认故障源后，更新出故障的配件即可解决问题。

以上 4 步全部操作完成后，依然不可以确定故障源的话，在现有设备的情况下，估计故障是电源或主板烧毁，只能送维修店进行详细检测。

(3) 换上独立显卡后开机黑屏。

此类故障一般是由于独立显卡与主板上的集成显卡冲突造成的。解决方法是仔细查看主板说明书上的跳线说明，通过改变跳线屏蔽掉主板上的集成显卡，有些主板可以通过 CMOS 设置停用主板上的集成显卡，如果是属于这种主板，则要设置 CMOS 中的有关参数。

(4) 设置 CMOS 后开机无显示。

CMOS 设置中的参数如 CPU、磁盘、内存类型与实际的配置不相符时，有可能会引发不显示故障，对此，只要采用放电法清除主板 CMOS 设置，恢复最初状态即可解决问题。

(5) 使用集成显卡的计算机更换内存后开机黑屏。

对于使用集成显卡的主板来说，在共享系统内存时，往往只能共享插在第一条内存插槽 DMM1 上的内存。当 DMM1 上没有插内存时，集成显卡无法从物理内存中取得显存，故开机时黑屏。此时重点检查一下内存条是否插在标注为 DMM1 的第一条内存插槽上即可。

5. 不能上网

有时用户会碰到不能上网的问题，即网络问题。常见的网络故障主要有以下几个方面：

(1) 网卡没有连接好。

网卡一般有两个灯，即电源灯和数据传输灯。如果网卡没有连接到主板上，网卡的电源灯和数据灯都不亮，同时在计算机的设备管理器中检测不到网卡存在，这时断开电源，打开机箱，稍稍用力将网卡固定在主板上，通电后看网卡的灯是否发亮，同时系统会自动检测到网卡的存在，就可以根据安装向导将网卡驱动安装上。

(2) 网线没有连接好。

网卡已经驱动，协议也添加完成，但仍然不能上网，观察网卡硬件连接会发现网卡只有一个灯亮而且并不闪烁。这时首先检查网卡和网线的水晶头是否接好；其次检查网线的另一端(如集线器)，查看集线器上相应网线的插口指示灯是否明亮并闪烁，如果不亮则说明已经断路了，将网线拔下重试。

(3) 软件故障。

网卡的软件故障主要包括网卡驱动程序不正确、网卡与其他设备有冲突和协议故障。

技能训练　常见故障检测及处理分析

一、实训目的

(1) 掌握计算机常见故障的检测。

(2) 能对检测到的计算机故障进行分析并提出解决方案。

二、实训器材

实训器材要求见表 7-5。

表 7-5　实训器材表

实训器材	数　量	备　注
计算机	1 台	需要连接 Internet

三、注意事项

(1) 计算机运行时，禁止挪动主机，防止震动。

(2) U盘等外部存储设备使用完毕后需及时取出。

(3) 计算机运行时，如无特殊情况请勿人为断电以及按机箱重启按钮。

(4) 计算机运行时，敲击键盘、鼠标不要太用力，轻触即可。

(5) 如需关机，请先关闭当前所有窗口，再用鼠标左键依次单击“开始”→“关闭计算机”→“关机”，然后等待程序关闭计算机至主机外指示灯显示为全灭状态。

四、实训操作

分析以下故障并提出解决方案。

1. 某公司一台电脑在使用过程中发现，该电脑每次启动时会出现蓝屏现象，如果不直接开机，而是在开机时按F8先启动“安全模式”进入，则能正常进入“安全模式”，之后在“安全模式”里通过“开始”菜单的“重新启动”按键重启电脑，则能正常启动计算机并使用，试分析该故障，将分析的结果及解决方案记录在实训报告册上。

2. 一台计算机在运行中发生随机性死机。有时蓝屏，有时鼠标和键盘死锁。试分析该故障，将分析的结果及解决方案记录在实训报告册上。

五、实训考核

根据实训完成的综合情况，给予考核，考核项目及评分见表7-6。

表7-6　实训考核表

班级		姓名		扣分记录	得分
项目	考核要求	分值	评分细则		
硬件分析	能正确分析计算机故障原因并提出解决方案	100分	1. 不能正确分析计算机故障原因并无法提出解决方案，不得分。 2. 基本能正确分析计算机故障原因并能简单提出解决方案，扣40分。 3. 能正确分析计算机故障原因并能提出完整的解决方案，不扣分		
总　分					

项 目 小 结

通过本实训项目，应重点理解和掌握以下理论和技能知识：

(1) 能正确对计算机进行日常维护。

(2) 能正确理解计算机维修的原则和方法。

(3) 能根据计算机故障现象对故障进行分析并提出解决方案。

思 考 与 练 习

简述题

1. 计算机维修的原则和方法有哪些？
2. 计算机故障处理的步骤有哪些？

实训项目八　常见服务器的配置与维护

项目分析

“计算机组装与维护”是一门操作性较强的课程，其主要教学内容是当前主流操作系统 Windows 及其应用服务器的相关技术、服务器的安装、配置和管理。服务器管理和维护成为政府、企事业单位信息化建设中的重要组成部分。本任务主要介绍 IIS 安装、Web 服务器配置、FTP 服务器配置以及第三方 FTP 工具 Serv-U 的搭建。

本项目需要完成以下任务：

1. Web 服务器的安装与配置。
2. FTP 服务器的安装与配置。

知识目标

1. 了解 Web 服务器的基本概念和工作原理。
2. 了解 IIS 和 FTP 服务器的概念和原理。

能力目标

1. 掌握 IIS 服务组件的安装。
2. 掌握 Web 服务器的安装与配置。
3. 掌握 FTP 服务器的安装与配置。

任务一　Web 服务器的安装与配置

任务目标

网站(Web Site)开始是指在因特网上根据一定规则，使用 HTML 等工具制作用于展示特定内容的相关网页的集合。简单而言，网站是一种新的沟通工具，人们通过网站来发布自己想要公开的资讯，利用网站来提供相关的网络服务。本任务将对 Web 服务器的安装与配置进行详细介绍，了解 Web 服务器的基本概念和工作原理，熟练掌握如何安装 IIS 及相关组件、Web 服务器的配置方法以及 Web 站点的创建和管理等。

知识链接

很多从事 Web 前端开发、网站调试的人都会在电脑上安装 IIS。IIS 是微软互联网信息服务，原生支持 ASP 等动态语言，那么在 Windows 10 下要如何安装 IIS 功能呢？下面就详细介绍在 Windows 10 系统中安装 IIS 和配置 Web 服务器的操作方法。

一、Web 服务器的基本概念

Web 服务器也称为 WWW(World Wide Web)服务器，主要向浏览器等 Web 客户端提供文档，也可以放置网站文件，让全世界浏览；放置数据文件，让全世界下载。目前最主流的三个 Web 服务器是 Apache、Nginx、IIS。WWW 是 Internet 的多媒体信息查询工具，也是发展最快和目前用得最广泛的服务。

二、Web 服务器的工作原理

Web 服务器的工作原理并不复杂，一般可分成如下四个步骤：连接过程、请求过程、应答过程以及关闭连接。如果想要把设计好的网站通过服务器发布出去，就需要在网络服务器中安装 IIS 服务组件，部署 Web 站点，这样网站内容就可以在互联网中进行正常浏览。下面将详细介绍在 Windows 10 系统中安装 IIS 功能的操作方法。

1. 安装 IIS 功能

(1) 单击桌面“此电脑”，右键选择属性，单击打开“控制面板主页”，如图 8-1 所示。

图 8-1　打开控制面板

(2) 弹出控制面板窗口，单击“程序”，如图 8-2 所示。

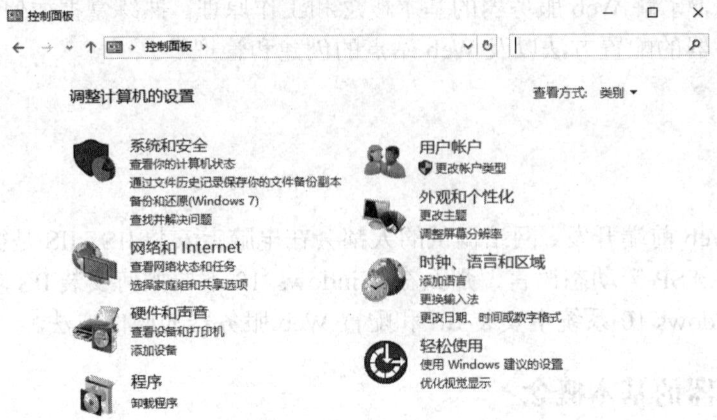

图 8-2　打开程序功能

(3) 在“程序和功能”中选择“启用或关闭 Windows 功能”，如图 8-3 所示。

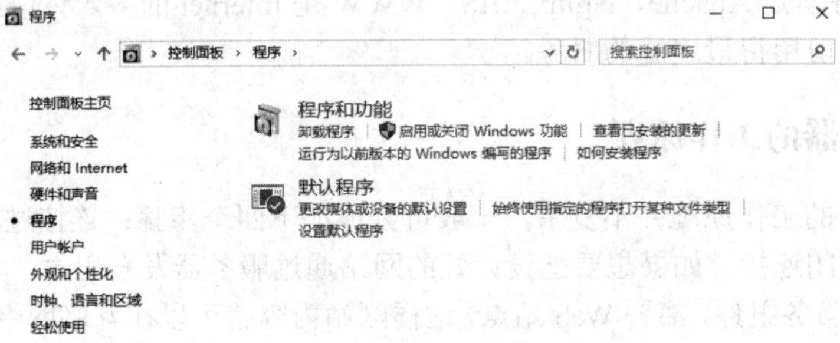

图 8-3　启用或关闭 Windows 功能

(4) 等待加载 Windows 功能复选框，如图 8-4 所示。

(5) 在 Windows 功能面板中找到 Internet Information Services，勾选“Web 管理工具”→“IIS 管理控制台”，操作界面如图 8-5 所示。

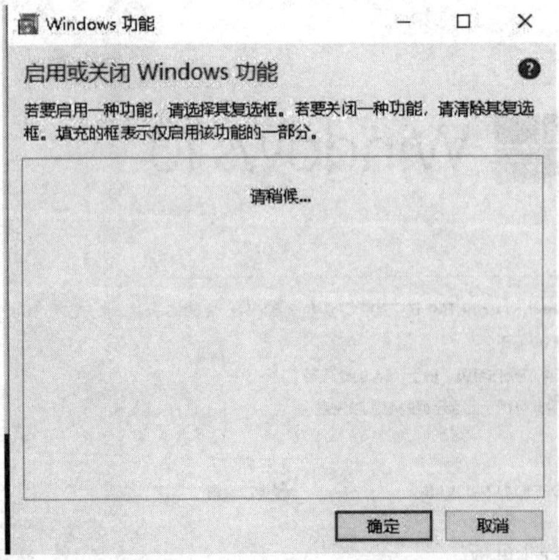

图 8-4　等待加载 Windows 功能复选框

图 8-5　安装 IIS 管理控制台

(6) 选择所需的 Windows 功能后，单击“确定”进行安装，安装进度如图 8-6 所示。

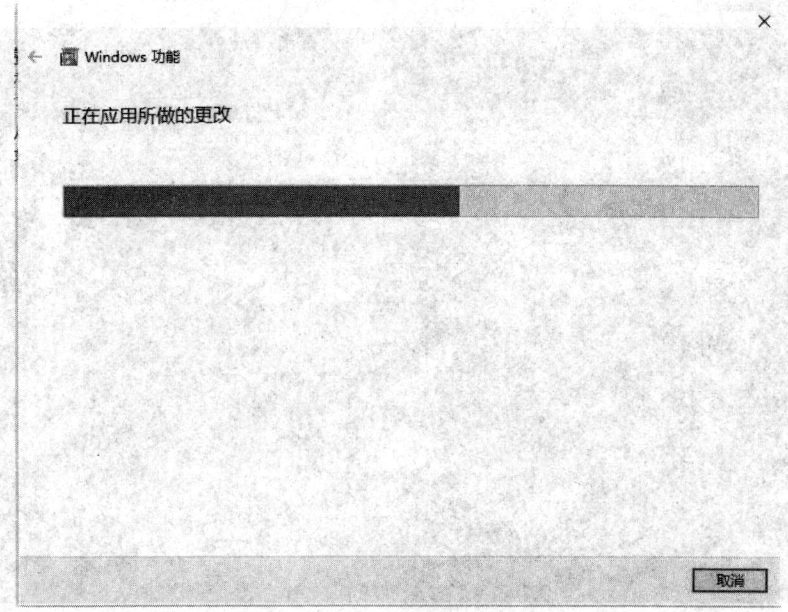

图 8-6　安装进度

(7) IIS 完成安装，如图 8-7 所示。

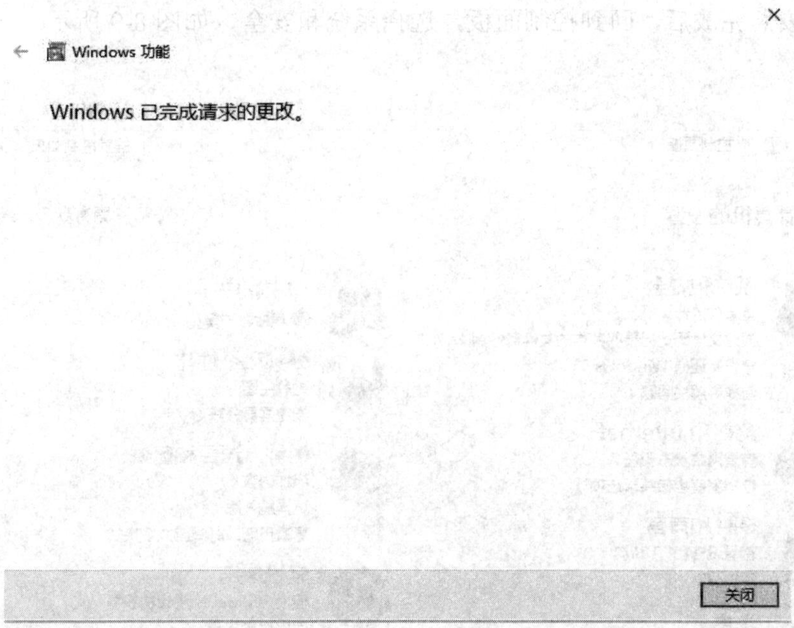

图 8-7　IIS 完成安装

(8) Windows 自动安装 IIS 功能完成后，建议在“系统和安全”中完全关闭防火墙，保证 IIS 的其他端口可被访问，在 IE 或其他浏览器中，打开 http://localhost，出现如图 8-8 所示界面，说明搭建成功。

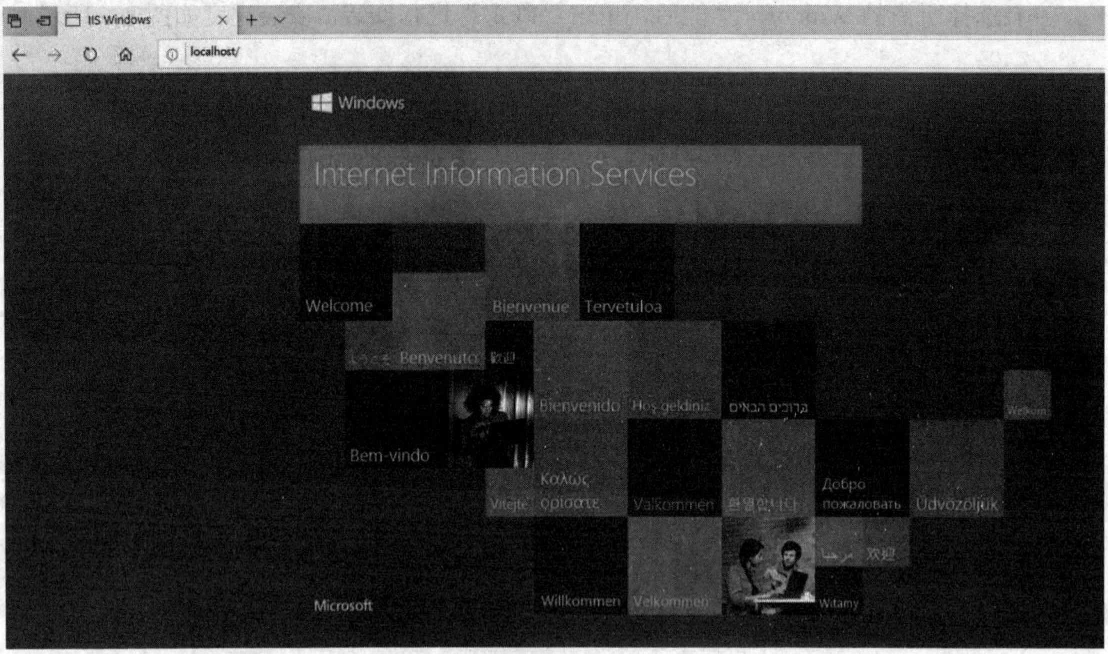

图 8-8　测试 IIS 搭建是否成功

2. IIS 配置

(1) IIS 安装完成后，回到控制面板，选择系统和安全，如图 8-9 所示。

图 8-9　选择系统与安全

(2) 进入系统和安全窗口，然后选择管理工具，如图 8-10 所示。

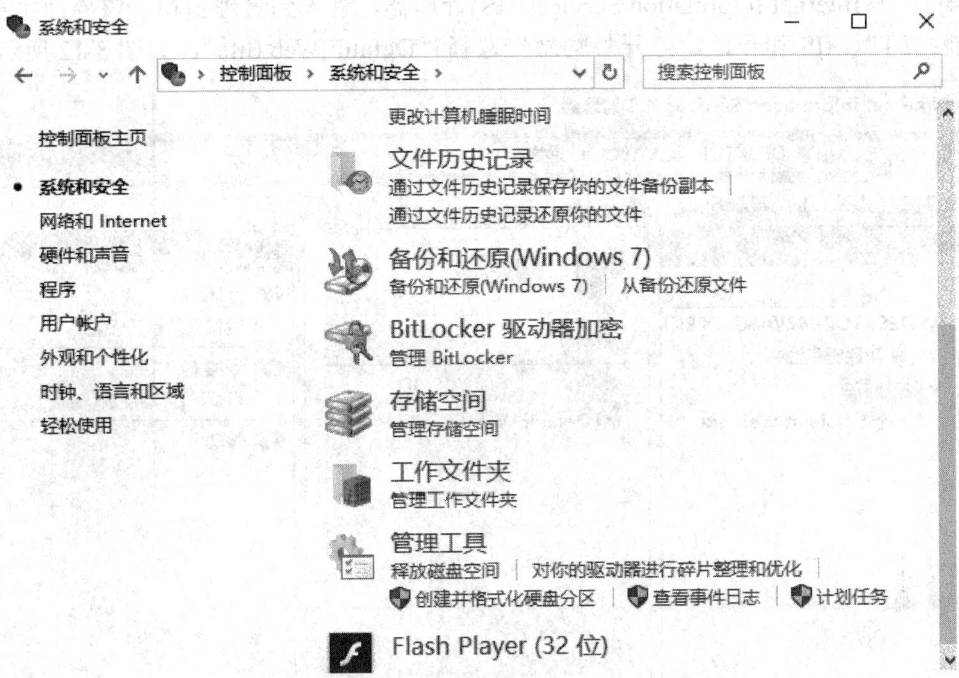

图 8-10　进入管理工具

(3) 进入管理工具窗口，此时就可以看到 Internet 信息服务了，需要选择的是 Internet Information Services(IIS)管理器，如图 8-11 所示。

图 8-11　进入 Internet 信息服务(IIS)管理器

(4) 双击 Internet Information Services(IIS)管理器，进入到管理窗口。该界面主要有三大功能：FTP、IIS 和管理。打开“网站”选择“Default Web Site”，如图 8-12 所示。

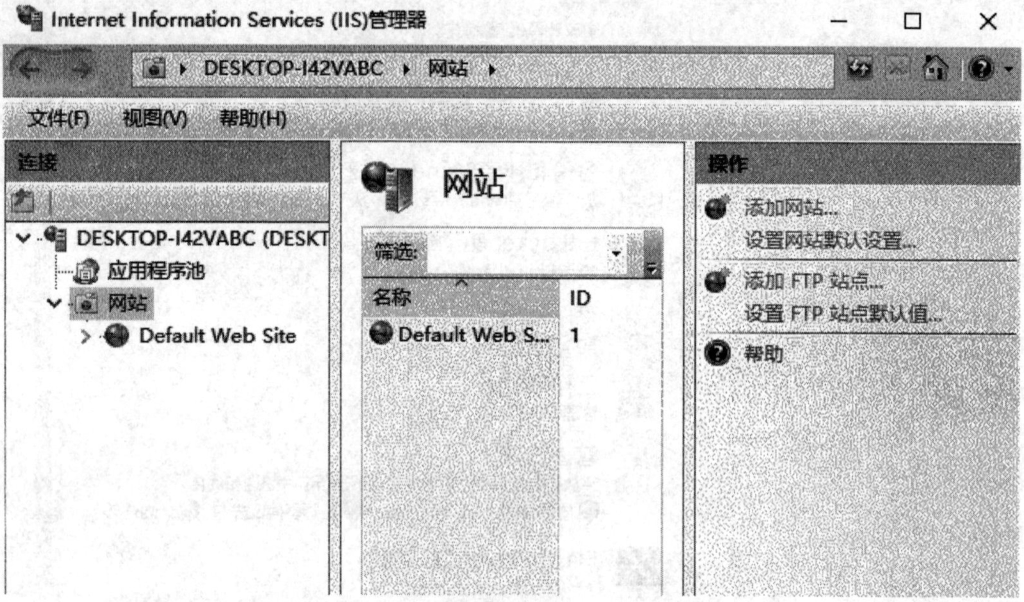

图 8-12　进入到管理窗口

(5) 进行高级设置：先点击“Default Web Site”，然后单击最下面的功能视图，再单击右边的“高级设置”，如图 8-13 所示。

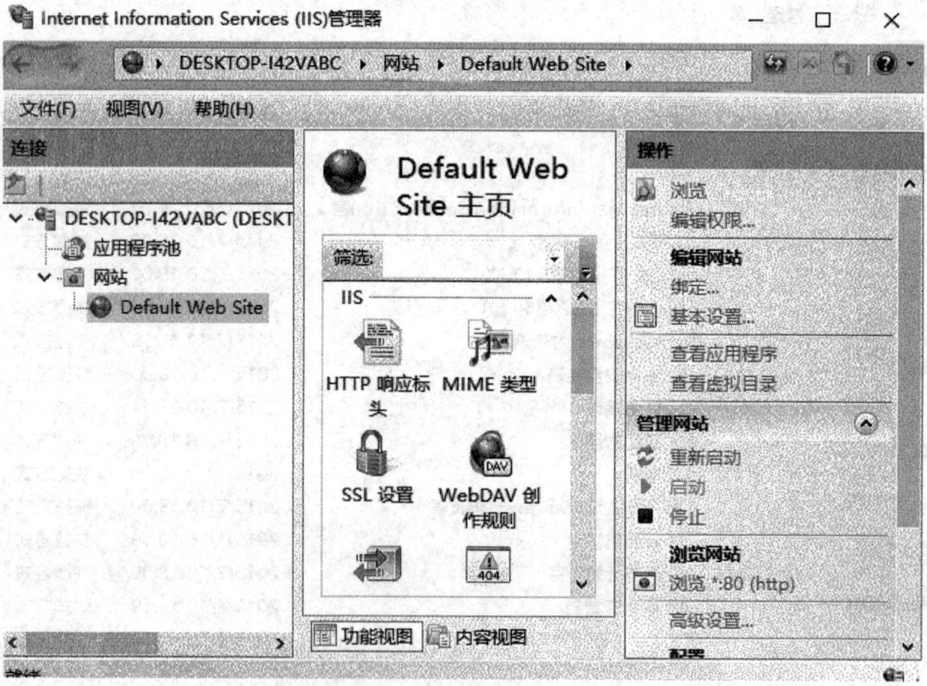

图 8-13　打开高级设置

(6) 进入高级设置，需要修改的是物理路径，即本地文件程序存放的位置，如图 8-14 所示。

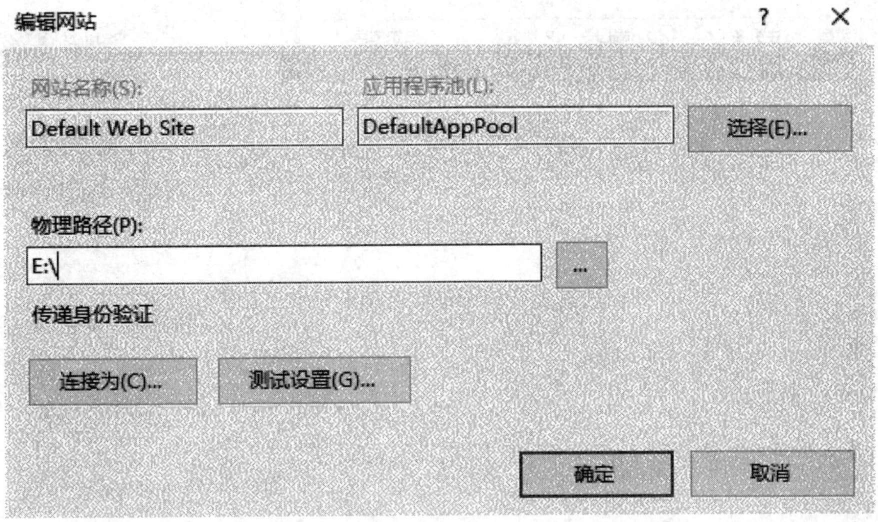

图 8-14　修改物理路径

(7) 设置端口问题，单击“Default Web Site”，再单击最下面的功能视图，然后单击右边的“绑定...”，如图 8-15 所示。

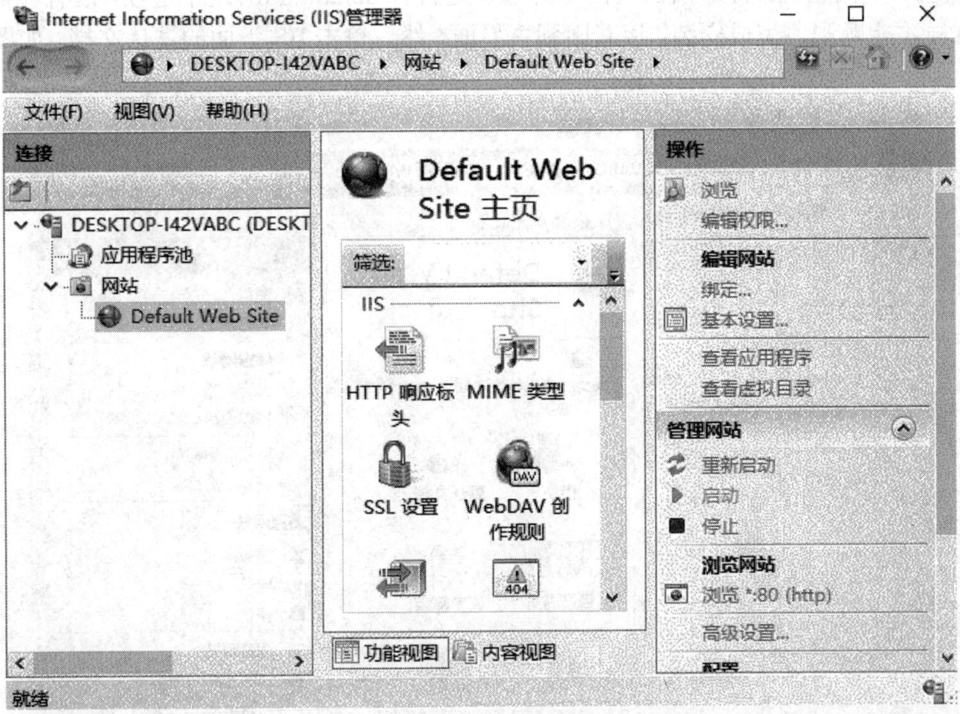

图 8-15　进入编辑绑定

(8) 进入网址绑定窗口，也就是端口设置窗口，一般 80 端口很容易被占用，这里我们编辑端口即可，如 8080 端口，如图 8-16 所示。

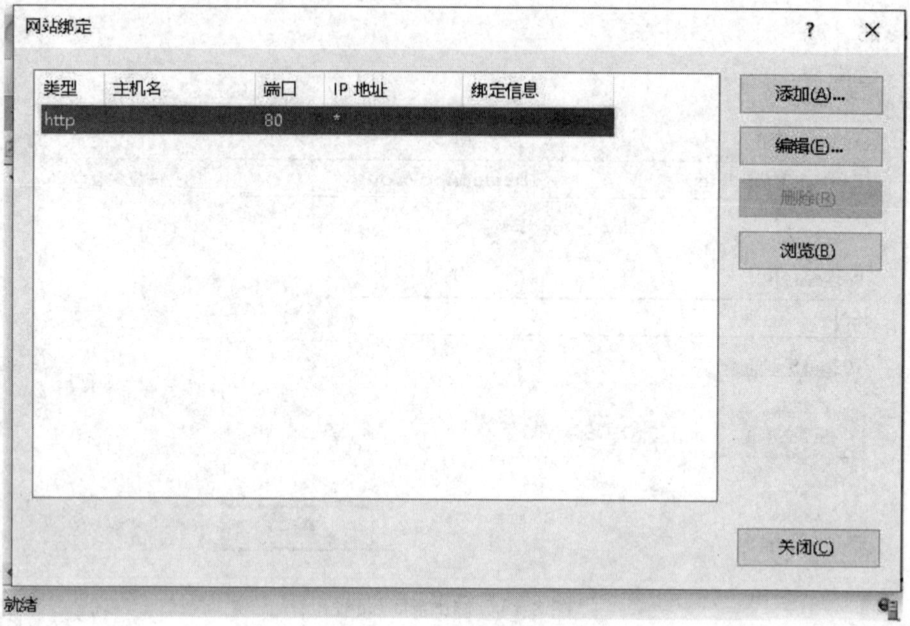

图 8-16　端口设置窗口

(9) 此时，基本完成了 IIS 的设置，不过有时候还是不能顺利地完成本地安装，此时需要注意一个问题，那就是默认文档中的选项是否含 default.html 这个选项，没有就需要添加，这样才能顺利地完成安装，接着回到主界面，然后单击 IIS 下面的默认文档，如图 8-17 所示。

图 8-17　打开默认文档

(10) 在功能视图下选择添加，输入 Default.html 即可，如图 8-18 所示。

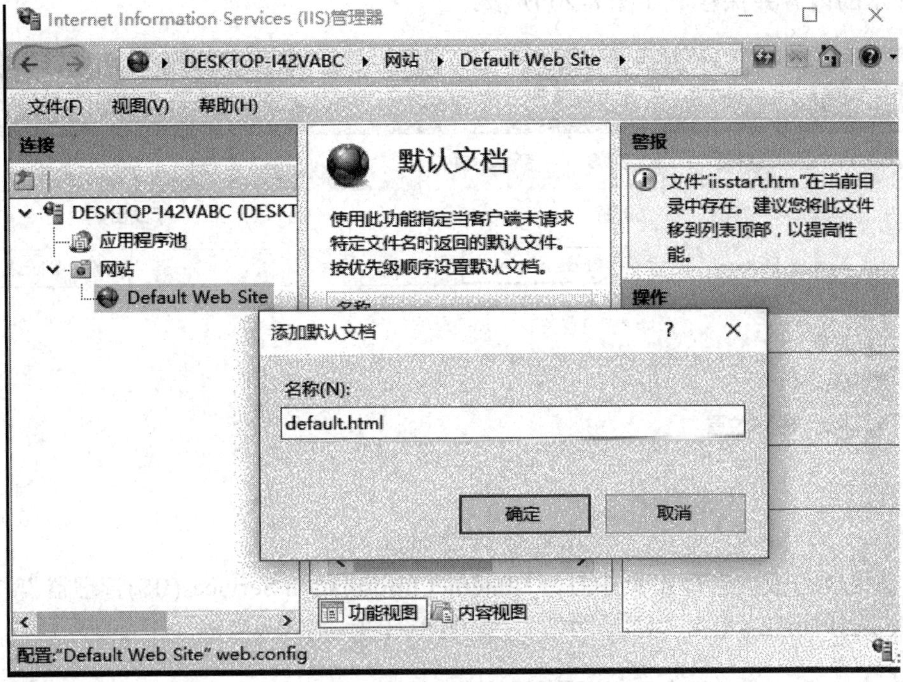

图 8-18　添加默认文档

3. IIS 创建 Web 网站

(1) 选择一个盘新建一个文件夹，把它命名为“wwwroot”，如图 8-19 所示。

图 8-19　创建站点文件夹

(2) 在 wwwroot 文件夹里面新建一个 HTML 文档，命名为“index.html”，在文档中编辑需要显示的内容并保存，如图 8-20 所示。

图 8-20　新建 html 文档

(3) 在控制面板的管理工具中打开“Internet Information Services(IIS)管理器”，单击“网站”，右键选择属性，单击“添加网站”，如图 8-21 所示。

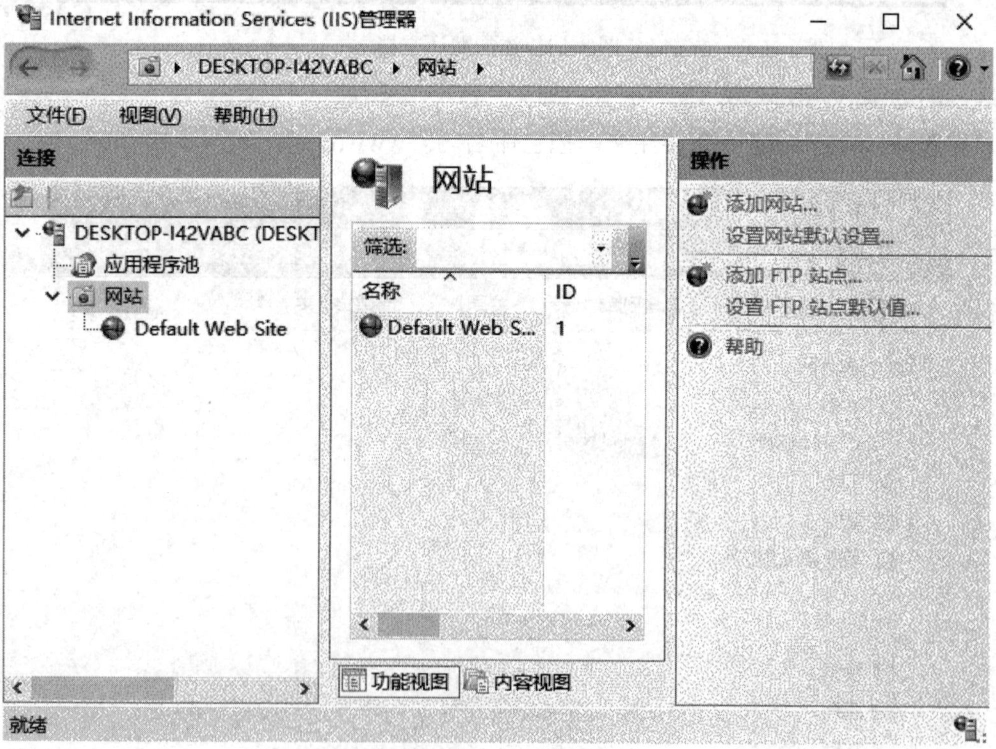

图 8-21　添加网站

(4) 在弹出的对话框中，填入网站的名称“www”，路径选择我们前面建立的“E:\wwwroot”目录，端口为“8080”，其他的不用填，单击确定，如图 8-22 所示。

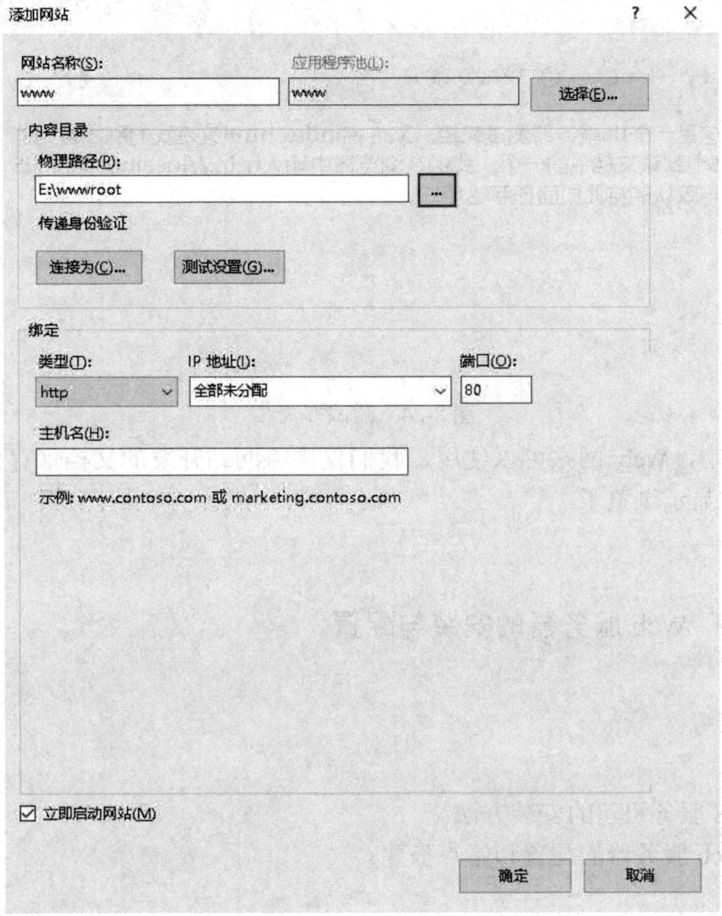

图 8-22　修改网站名称及路径

(5) 打开浏览器，输入 http://localhost:8080 或者 http://127.0.0.1:8080，如图 8-23 和图 8-24 所示。

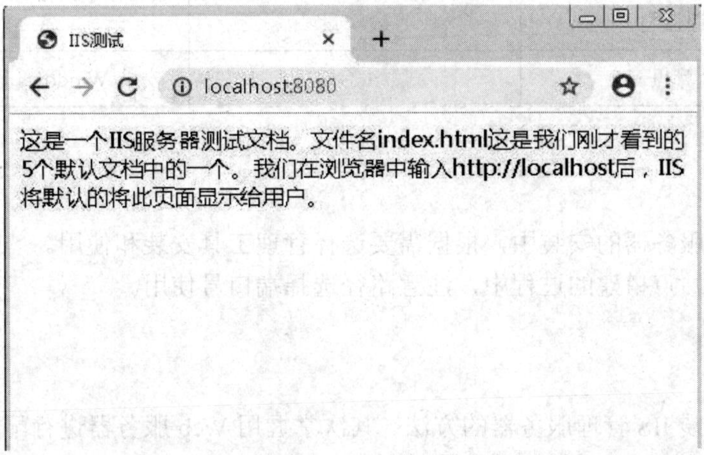

图 8-23　测试方式一

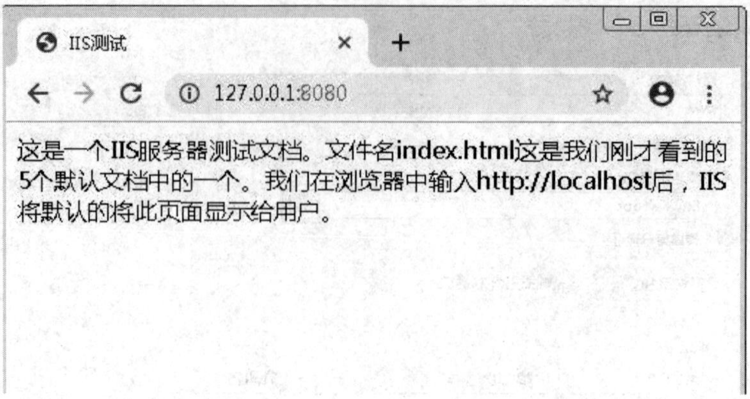

图 8-24　测试方式二

(6) 测试成功，Web 网站可以使用，我们仅需将网站开发的文档保存到“wwwroot”目录就可以正常显示浏览了。

技能训练　Web 服务器的安装与配置

一、实训目的

(1) 掌握 IIS 服务组建的安装方法。
(2) 掌握 Web 服务器的配置和站点搭建。

二、实训器材

实训器材要求见表 8-1。

表 8-1　实训器材表

实训器材	数　量	备　注
计算机	1 台	安装 Windows 10 操作系统

三、注意事项

(1) 在 Web 服务器的安装中，根据需要选择管理工具安装和使用。
(2) 在 Web 站点搭建的过程中，注意路径选择端口号使用。

四、实训操作

首先了解安装 IIS 管理服务器的方法；其次掌握用 Web 服务器进行配置的方法；再次熟练 Web 服务器搭建的方法。操作系统版本不同，Web 服务器安装与配置的方法也会有一定差异。

五、实训考核

根据实训完成的综合情况，给予考核，考核项目及评分见表 8-2。

表 8-2　实训考核表

班级			姓名		扣分记录	得分
项目	考核要求	分值	评分细则			
网站搭建	能正确搭建 Web 站点	100 分	1. 不能正确安装 IIS 管理服务器，也不能正确配置 Web 服务器，不得分。 2. 基本能正确安装 IIS 管理服务器，也基本能正确配置 Web 服务器，扣 40 分。 3. 能正确安装 IIS 管理服务器，并能正确配置 Web 服务器，不扣分			
总　分						

任务二　FTP 服务器的安装与配置

任务目标

FTP 是因特网网络上历史最悠久的网络工具，目标是提高文件的共享性，提供非直接使用远程计算机，使存储介质对用户透明和可靠高效地传送数据。本任务主要介绍 IIS 的基本概念和 FTP 的基本概念、FTP 服务器的安装与配置以及如何利用第三方工具 Serv-U 完成 FTP 的搭建。

知识链接

某公司架设自己的文件服务器用于存放公司文档资料。Web 服务器需要经常更新页面并且随时增加新的消息条目；而文件服务器是公司、部门以及个人技术、业务文档资料的集中存放地，公司员工特别是在异地分支机构的员工经常需要从文件服务器下载资料到本地计算机，也需要从各自的计算机上传数据到文件服务器。这里更新、下载和上传文档资料的功能要求均可通过搭建 FTP 服务器来获得圆满解决，不仅如此，FTP 服务器还可通过访问权限的设置确保数据来源的正确性和数据存取的安全性。

一、IIS 的基本概念

IIS 是 Internet Information Services 的缩写，意为互联网信息服务，它是由微软公司提供的基于运行 Microsoft Windows 的互联网基本服务。IIS 是一种 WEB(网页)服务组件，其中包括 Web 服务器、FTP 服务器、NNTP 服务器和 SMTP 服务器，分别用于网页浏览、文件传输、新闻服务和邮件发送等方面，它使得在网络(包括互联网和局域网)上发布信息成了一件很容易的事。

二、FTP 的基本概念

FTP 是 File Transfer Protocol(文件传输协议)的简称，是 TCP/IP 网络上两台计算机传送文件的协议，使得主机间可以共享文件，用于在 Internet 上控制文件的双向传输。FTP 的主要作用就是让用户连接一个远程计算机(运行有 FTP 服务器程序)，并查看远程计算机中的文件，然后把文件从远程计算机复制到本地计算机，或者把本地计算机文件传送到远程计算机。通常情况下，小企业使用 FTP 比较广泛，大企业基于安全考虑使用较少。

1. 安装 IIS 组件

(1) 单击桌面“此电脑”右键选择属性，单击打开“控制面板主页”，如图 8-25 所示。

图 8-25　打开控制面板

(2) 弹出控制面板窗口，单击“程序”，如图 8-26 所示。

图 8-26　打开程序功能

(3) 打开控制面板中的“程序和功能”，选择左侧“启用或关闭 Windows 功能”，如图 8-27 所示。

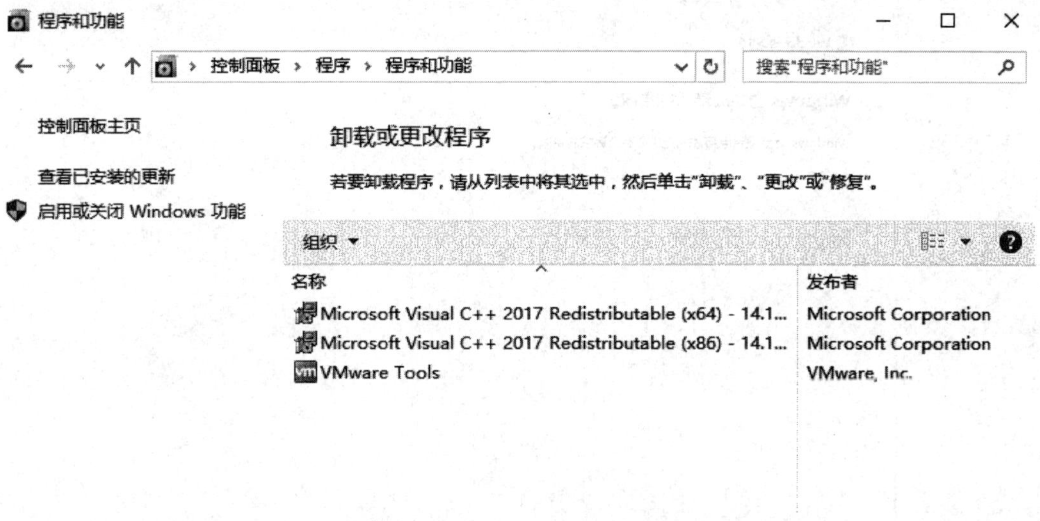

图 8-27　启用或关闭 Windows 功能

(4) 打开“启用或关闭 Windows 功能”的选项窗口，在选项窗口中，勾选“Internet Information Services”下属的所有项目，单击“确定”后等待安装，如图 8-28 所示。

图 8-28　勾选 FTP 服务

(5) 稍等片刻，当界面显示为“Windows 已完成请求的更改”时，提示重启即可完成安装，如图 8-29 所示。

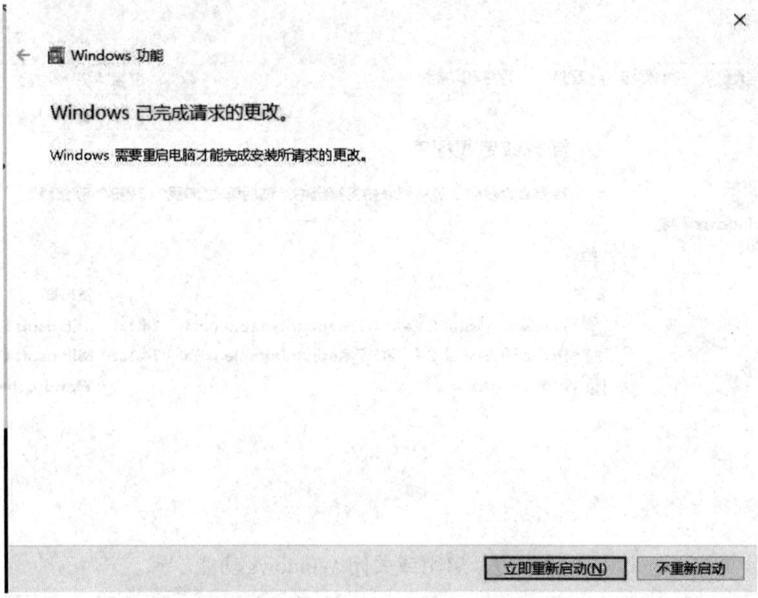

图 8-29　FTP 服务安装完成

2. 不隔离 FTP 站点配置

(1) 打开“IIS 管理器”后，在左栏的“网站”单击右键，打开“添加 FTP 站点”，如图 8-30 所示。

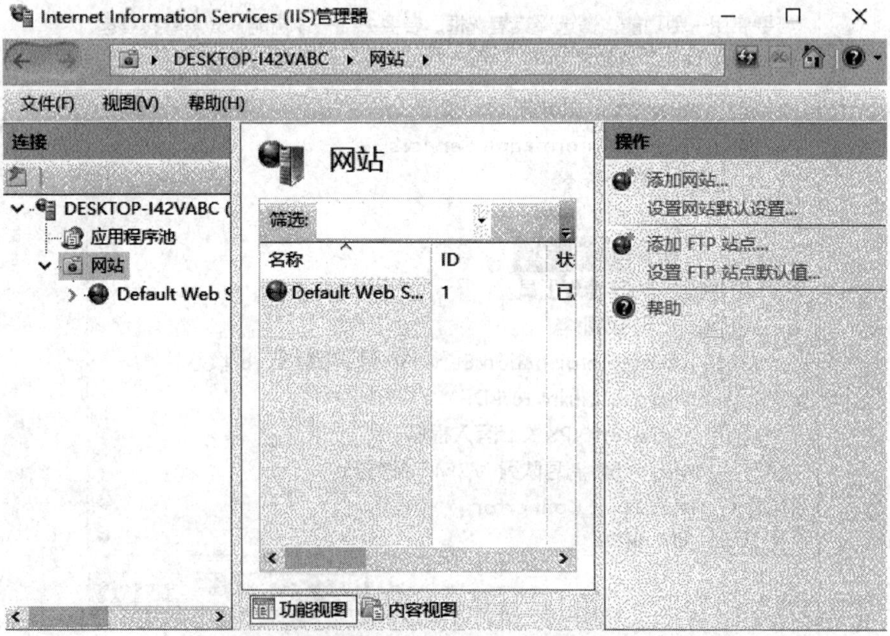

图 8-30　添加 FTP 站点

(2) 按照提示填写站点名称并选择站点路径，如图 8-31 所示。

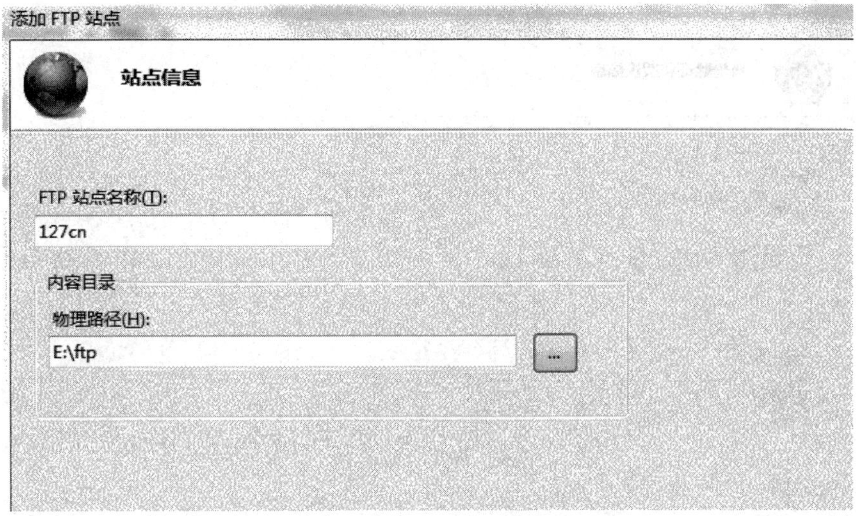

图 8-31　填写站点名称和路径

(3) 单击“下一步”，设置“绑定和 SSL 设置”，在 IP 地址处，可以用内网 IP 也可以用外网 IP，访客自然也就根据你的 IP 设定来决定，如图 8-32 所示。

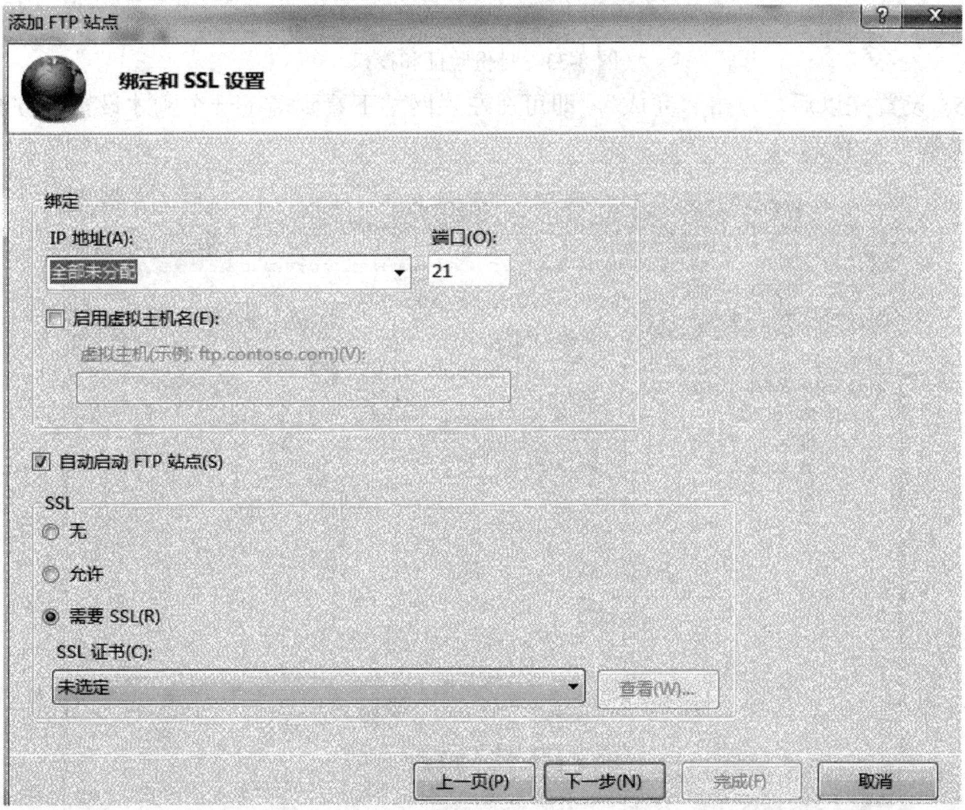

图 8-32　绑定和 SSL 设置

(4) 单击“下一步”，设置“身份验证和授权信息”，选项设置参照图 8-33。

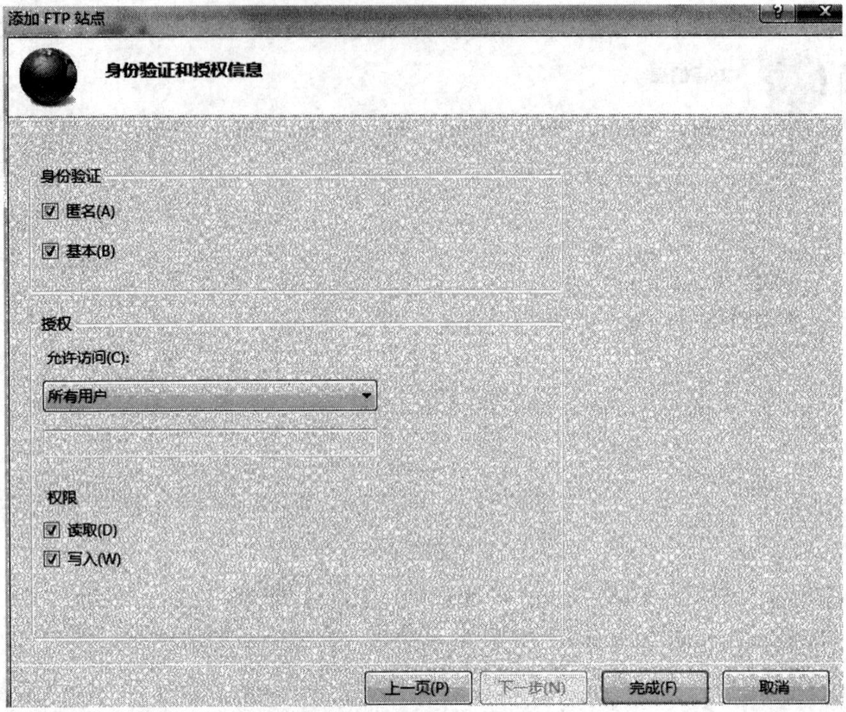

图 8-33　身份验证和授权

(5) 设置完以后，单击“完成”，即可在左栏网站下看到多了一个刚才设置的 FTP 站点，如图 8-34 所示。

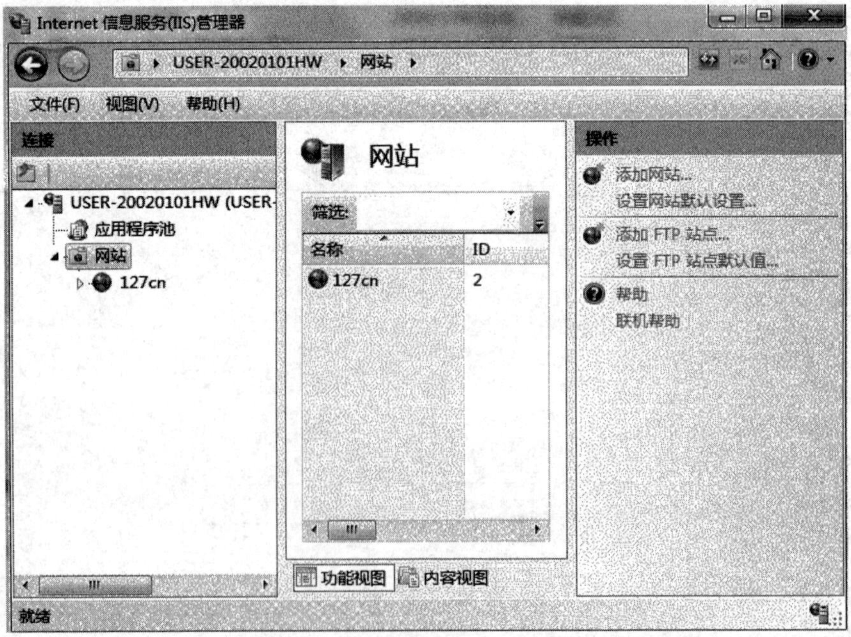

图 8-34　查看新 FTP 站点

(6) 在浏览器地址栏中输入“ftp://填写的 IP”进行测试，如图 8-35 所示，测试成功即表示完成配置。

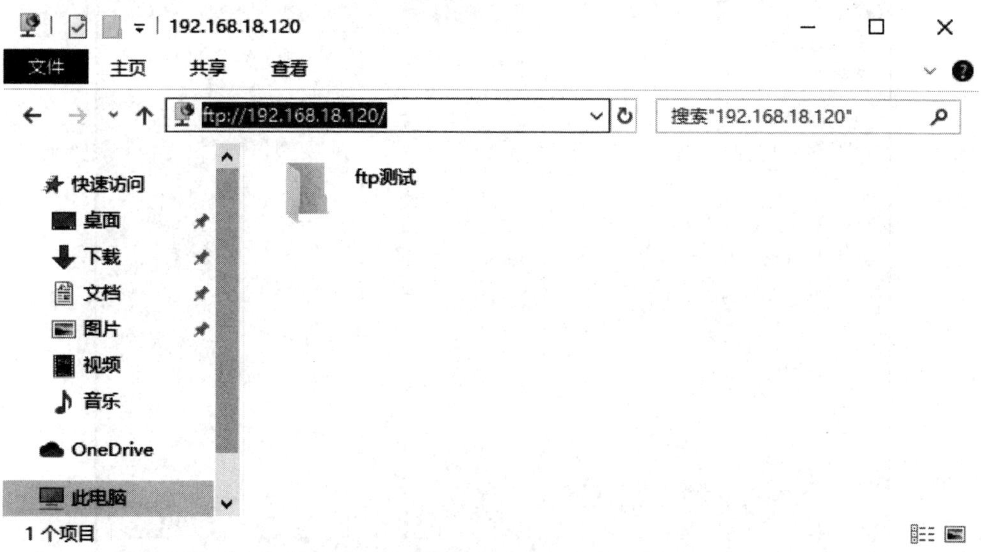

图 8-35 站点测试

3. 隔离 FTP 站点配置

建立 IIS 隔离模式 FTP，先在任一 NTFS 分区(本例中的 NTFS 分区在 E 盘)下建一目录作为 FTP 站点的主目录，并在该文件夹内创建“LocalUser”文件夹，再在“LocalUser”文件夹内创建“Public”“user1”“user2”三个文件夹。

当 user1 与 user2 通过匿名方式登录 FTP 站点时，只能浏览到“Public”子目录中的内容。若用个人账号登录 FTP 站点，则只能访问自己的子文件夹，即 user1 只能访问 user1 文件夹，user2 只能访问 user2 文件夹，如图 8-36 所示。

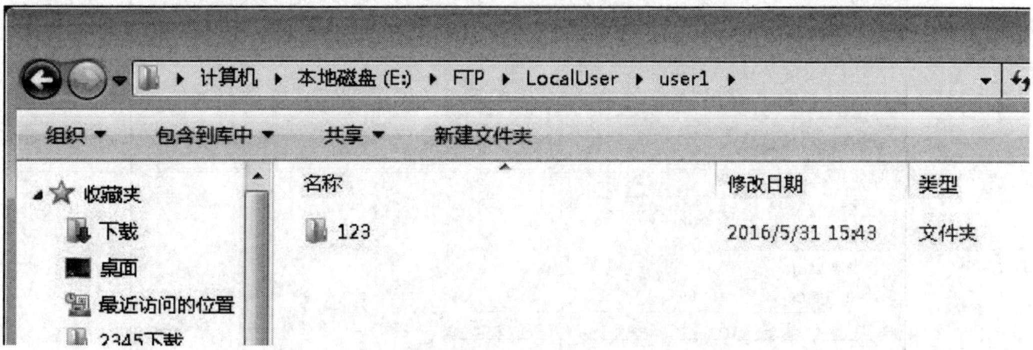

图 8-36 建立文件夹

(1) 打开“添加 FTP 站点”面板，在“FTP 站点名称(T)”内输入站点名称，选择“物理路径(H)”为“E:\FTP”，如图 8-37 所示。

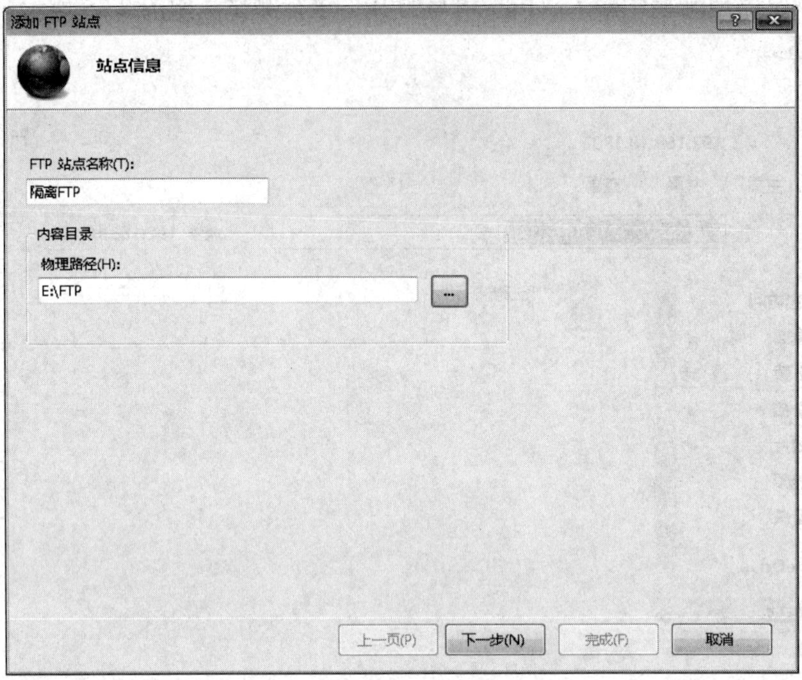

图 8-37　站点信息

(2) 单击“下一步”，出现“绑定和 SSL 设置”向导页，在“IP 地址”下拉列表中选择静态 IP 地址(本例为“192.168.0.19”)，在“端口(O)”文本框中输入“21”，在“SSL”栏选中“允许”单选按钮，单击“下一步”，如图 8-38 所示。

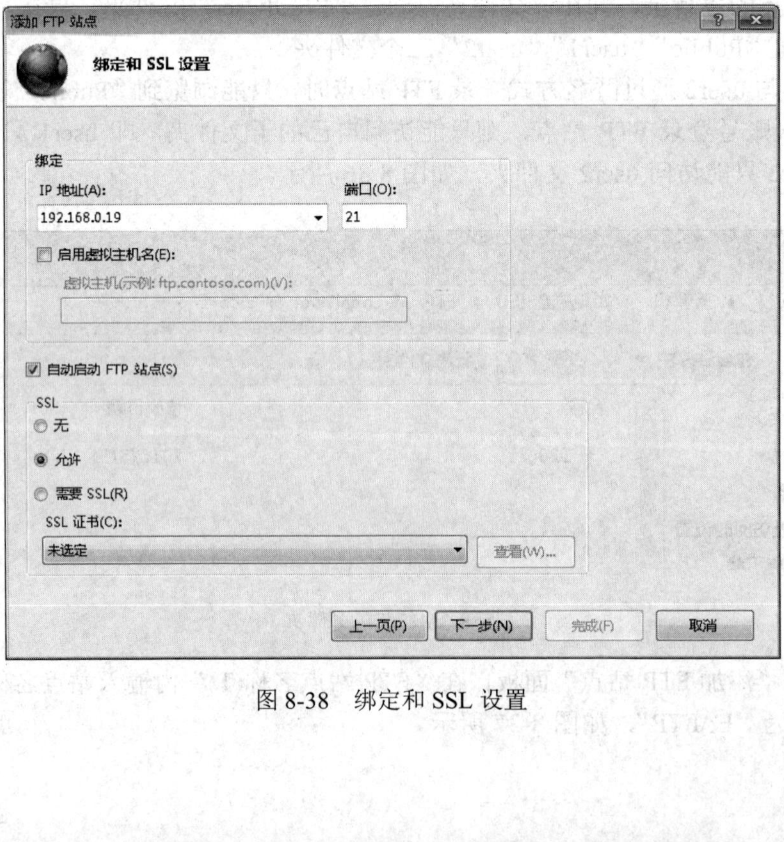

图 8-38　绑定和 SSL 设置

(3) 进入“身份验证和授权信息”向导页，在“身份验证”下勾选“基本”，在“授权”和“允许访问(C)”下选择“所有用户”，在“权限”下勾选“读取”和“写入”，单击“完成(F)”，如图 8-39 所示。

图 8-39 身份验证和授权信息

(4) 打开“Internet 信息服务(IIS)管理器”界面，找到刚刚建立的隔离 FTP 站点，单击“FTP 用户隔离”，在“隔离用户。将用户局限于以下目录：”栏下选中“用户名目录(禁用全局虚拟目录)(B)”再单击右侧的“应用”，如图 8-40 所示。

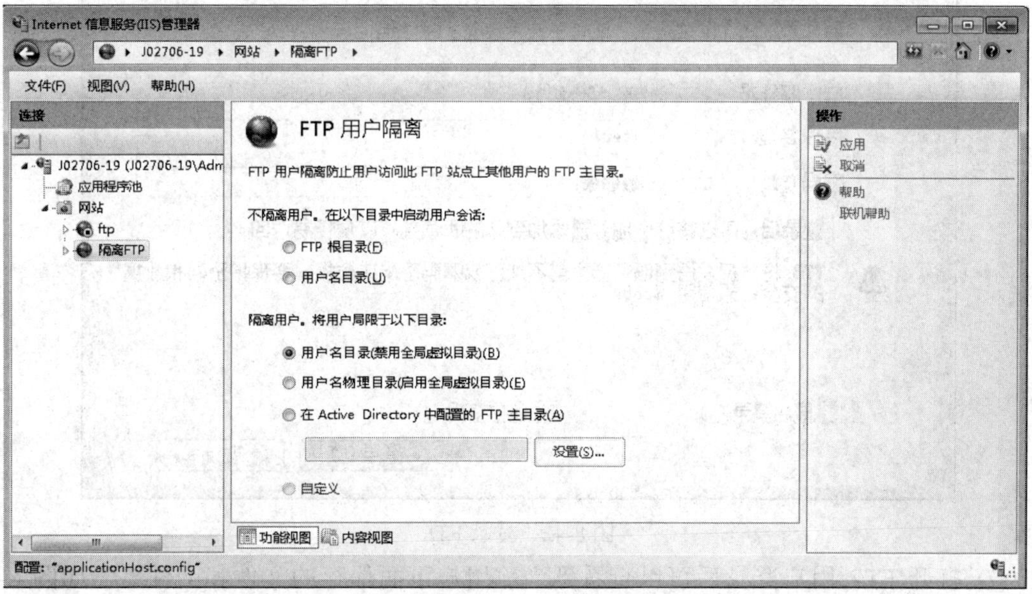

图 8-40 设置 FTP 用户隔离

(5) 在计算机用户管理中，增添新用户，分别命名为user1和user2并设置密码，如图8-41所示。

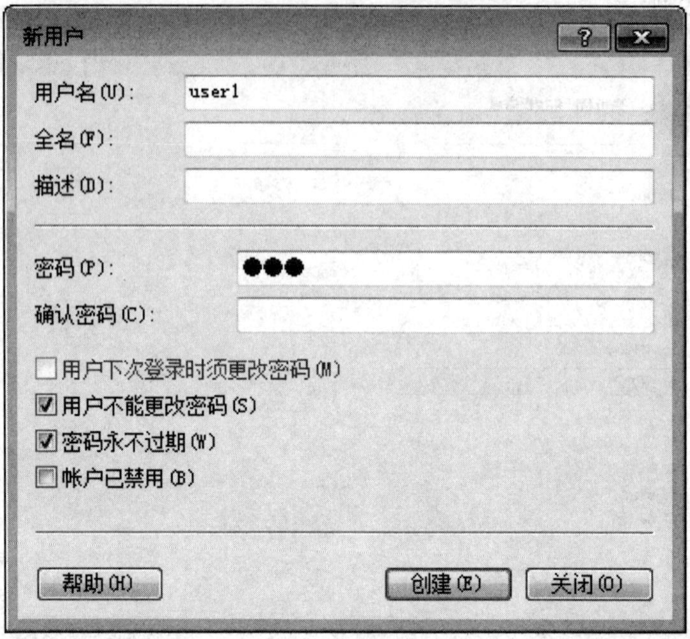

图8-41 设置新用户

(6) 在浏览器中打开ftp://192.168.0.19，弹出“登录身份”对话框，输入我们刚刚建立的用户名和密码进行登录，如图8-42所示。

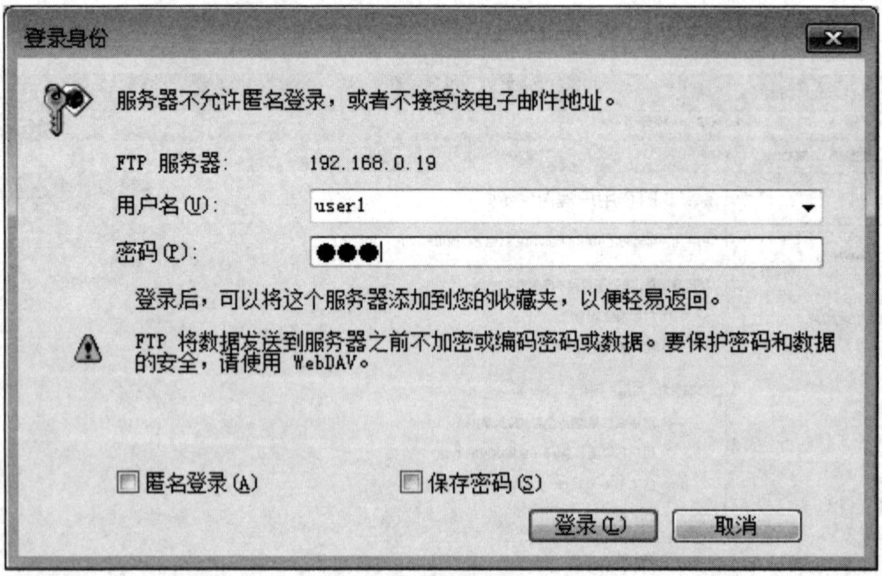

图8-42 登录FTP

(7) 打开FTP用户登录后可以查看到当前用户下面保存的文件和文件夹，如图8-43所示。

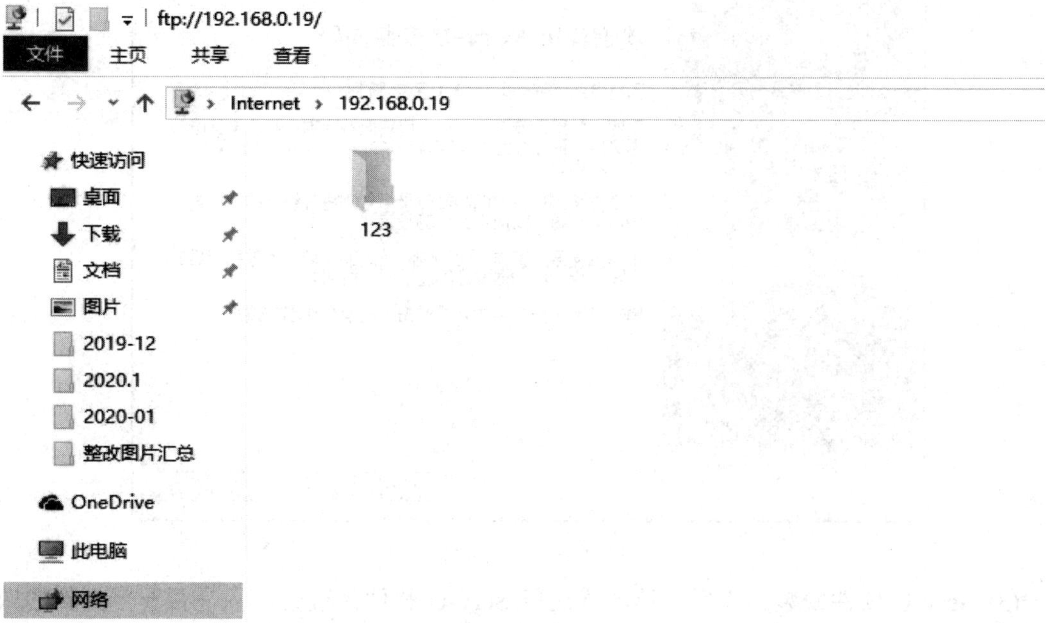

图 8-43　测试成功

4. 第三方 FTP 工具搭建

在 FTP 服务器端软件中，Serv-U 除了几乎拥有其他同类软件所具备的全部功能外，还支持断点续传、带宽限制、连接数量控制、多域名、多账号、动态 IP 地址、远程监控、远程管理等，再加上良好的安全机制、友好的管理界面及稳定的性能，让它赢得了很高的赞誉，获得了广泛的运用。最新的 Serv-U FTP 版本，支持 Windows 7/10 以及 Windows Server 2000/2003/2008 服务器版。用户可以从 http://www.serv-u.com/dn.asp 下载其最新的试用版软件。

(1) Serv-U 的安装与注册。双击 Serv-U 的安装文件后系统开始初始化 Serv-U 的安装环境。初始化完成之后，弹出“选择安装语言”对话框，如图 8-44 所示，选择“中文(简体)”，单击“确定”。

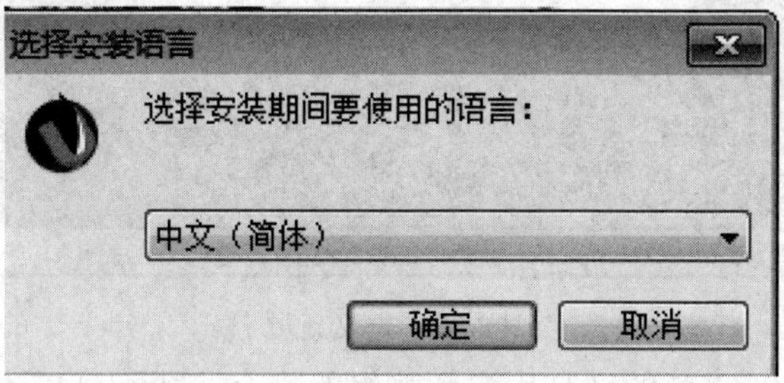

图 8-44　选择安装语言

(2) 耐心等待一段时间后，弹出“欢迎使用 Serv-U 安装向导”对话框，如图 8-45 所示，重复单击“下一步”直到安装完成。

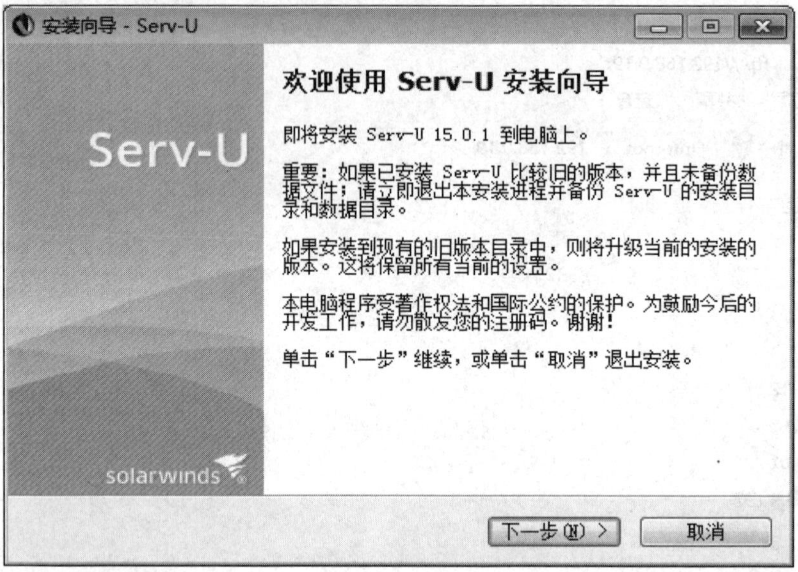

图 8-45　安装向导

(3) Serv-U 软件安装完成后，第一次运行 Serv-U 软件系统会提示是否要定义新的域，这里单击“否”，如图 8-46 所示。

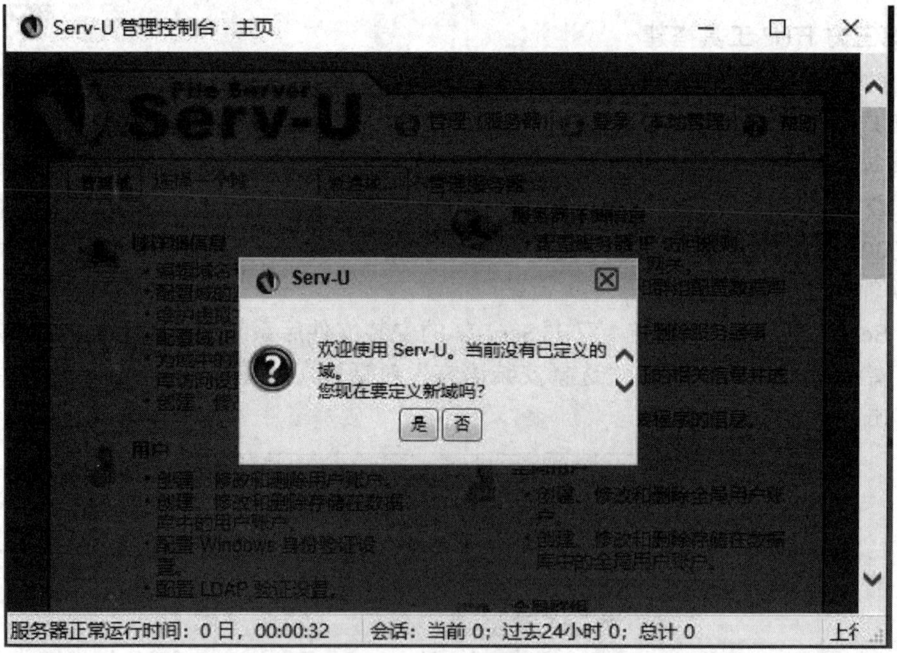

图 8-46　定义新域

(4) 创建域用户。Serv-U 的域是用户和群组的集合，实际上也是一个可用域名(在 DNS 中建立了主机记录)独立访问的 FTP 站点，首次安装 Serv-U 后，不存在任何域。其创建步骤如下：在“Serv-U 管理控制台-主页”窗口中单击“新建域”后弹出“域向导-步骤 1 总步骤 4”对话框，在“名称”编辑框内输入域名，单击“下一步”，如图 8-47 所示。

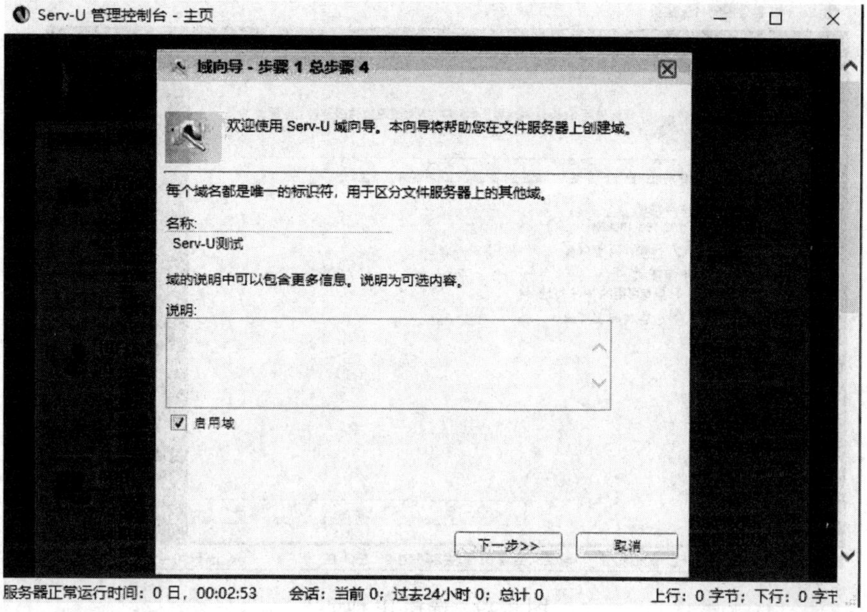

图 8-47　设置名称

(5) 打开“域向导-步骤 2 总步骤 4”对话框，因为我们现在只需要 FTP 功能，所以勾选 FTP，仅保留“FTP 和 Explicit SSL/TLS”项，单击“下一步”，如图 8-48 所示。

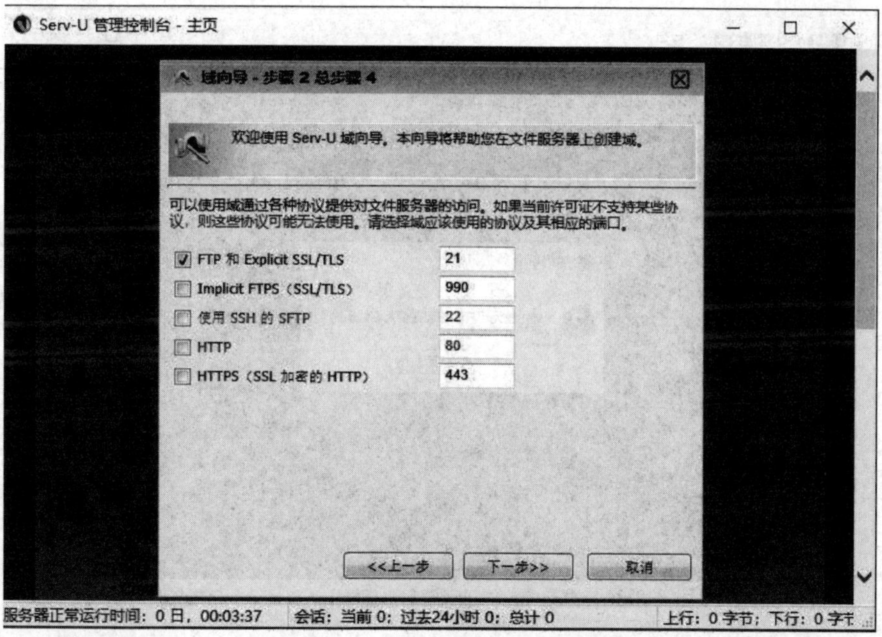

图 8-48　选择 FTP 使用协议

(6) 打开“域向导-步骤 3 总步骤 4”对话框，输入服务器使用的 IP 地址，可以保留默认的“所有可用的 IPv6 地址”选项，服务器将会自动识别可用网卡的 IP 地址，单击“下一步”，如图 8-49 所示。

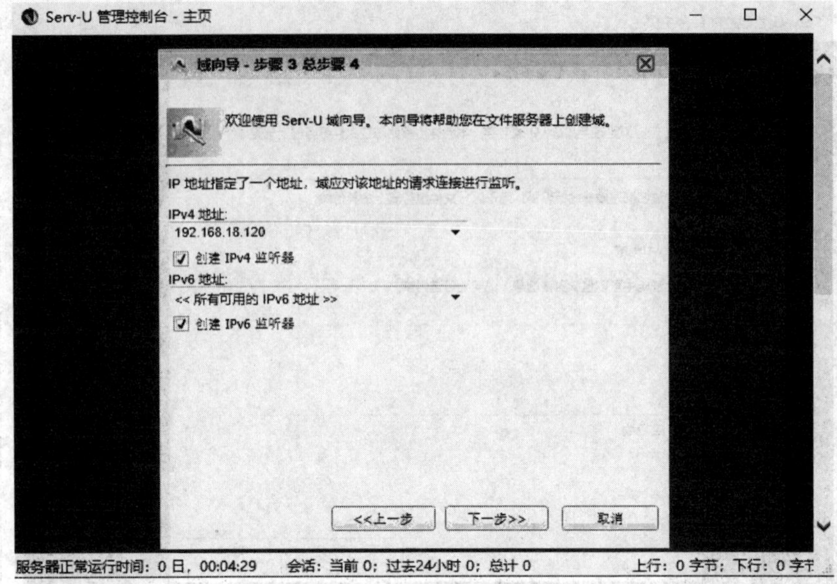

图 8-49　选择 IP 地址

(7) 打开“域向导-步骤 4”对话框，选择密码加密模式，保证密码在网络中传输的安全，单击“完成”，完成域的创建。当系统提问是否创建用户时，单击“是”，如图 8-50 所示。

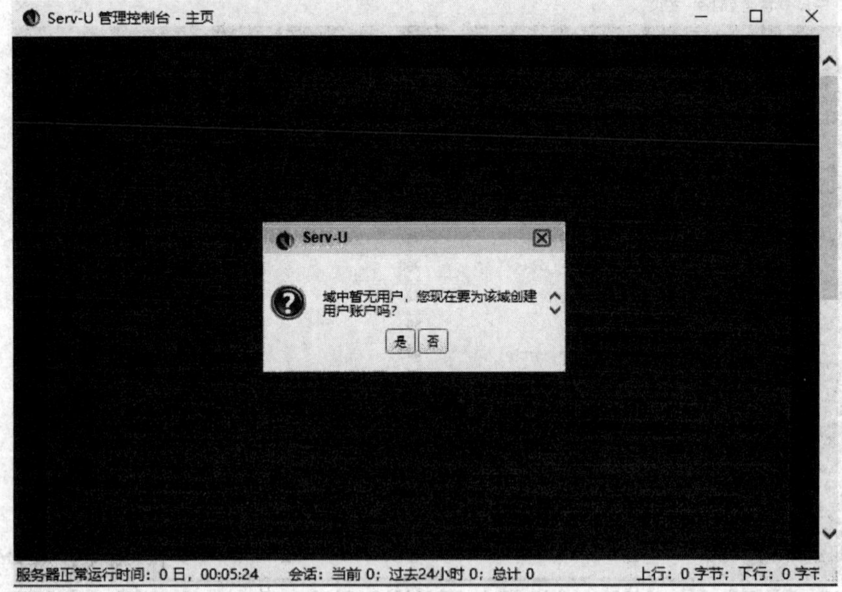

图 8-50　创建域

(8) 这时系统会提示“域中暂无用户，您现在要为该域创建用户账户吗？”，如图 8-51 所示，单击“是”，创建首个用户账户，首个账户一般为匿名账户“Anonymous”，密码为空，用户输入域名或服务 IP 地址无需账户密码就可以登录。登录 ID 填写“Anonymous”，单击“下一步”，如图 8-52 所示。

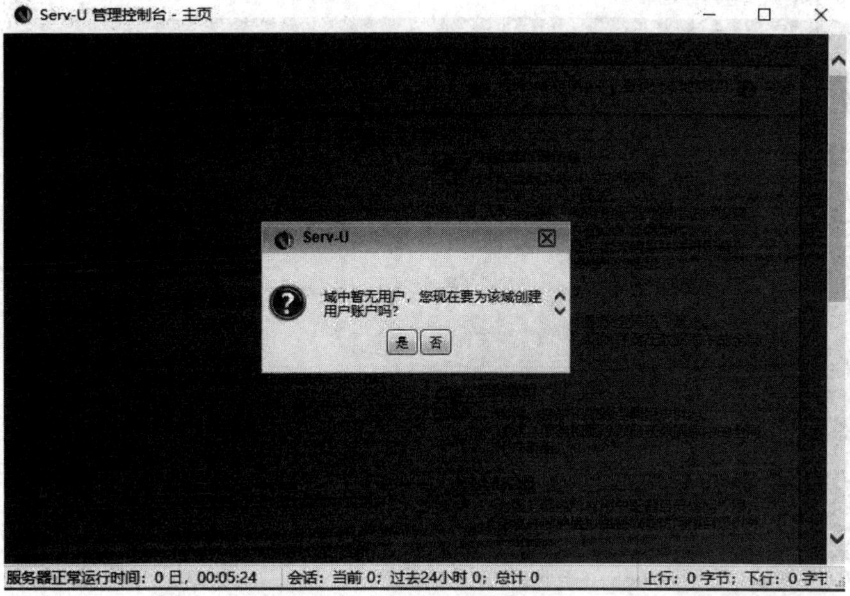

图 8-51　提示创建用户账户

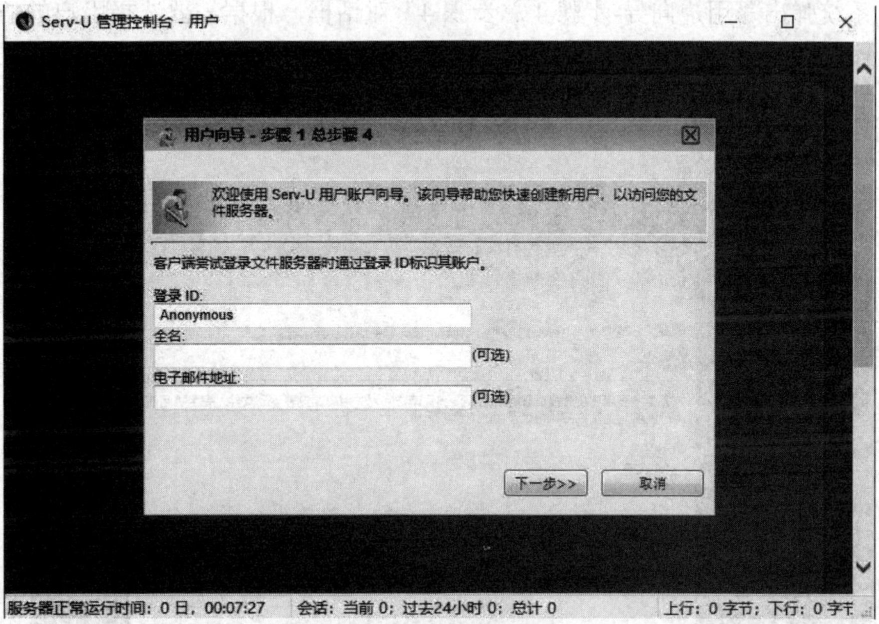

图 8-52　新建 FTP 用户

(9) 弹出根目录选择位置，在对话框中输入或单击右侧的浏览按钮为本用户指定根目录(即用户登录到服务器后所处的位置)。其中，“锁定用户至根目录”选项要勾选上，这样，用户的活动范围就被限制在该文件夹及子文件夹中，不能访问其他地方。否则，如用户登录的目录是“e:\作业下载与回收”，则用户可以通过“作业下载与回收”目录向上访问到E盘根目录或者其他目录中无权访问的内容，从而带来安全隐患。然后，单击“下一步”，如图 8-53 所示。

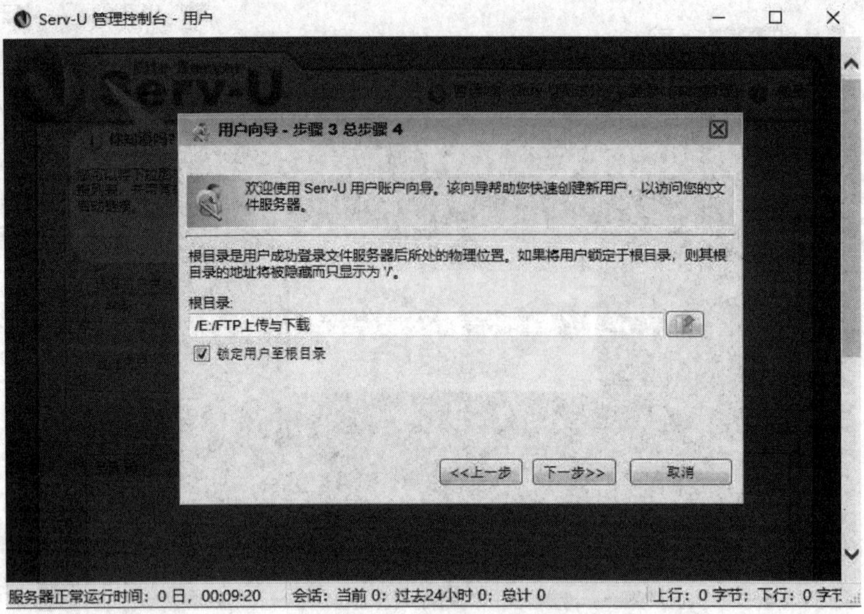

图 8-53　设置根目录

(10) 系统弹出“用户向导-步骤 4 总步骤 4”对话框，根据需要选择用户的访问权限。若该用户只是为了下载服务器中的资源，选择“只读访问”；若该用户需要上传文件，则选择“完全访问”。然后单击“完成”，完成域用户的创建，如图 8-54 所示。

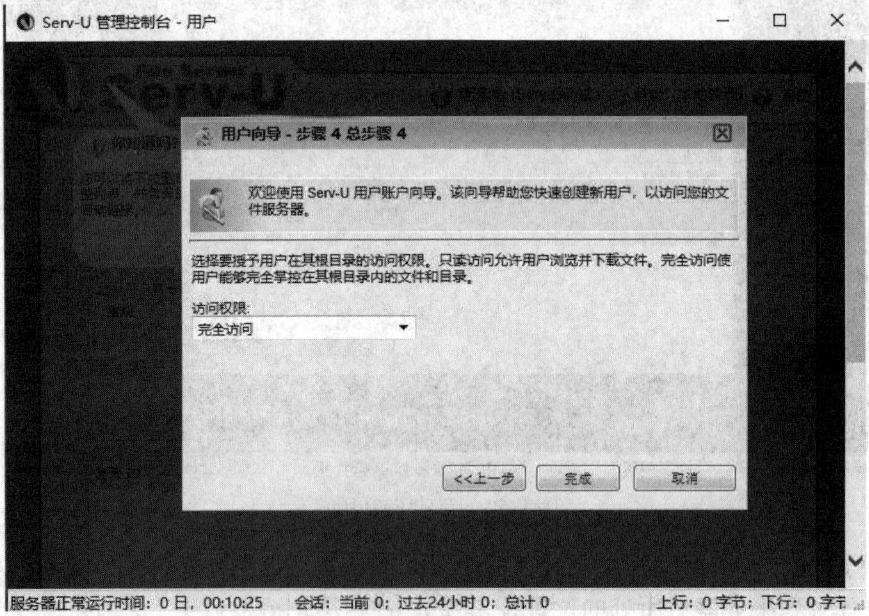

图 8-54　设置访问权限

(11) Serv-U7 以后的版本默认的编码是 UTF-8，而大部分 Windows 客户端不支持，会出现乱码问题。我们需在管理控制台另行设置。单击“限制和设置”下面的“为域配置高级 FTP 命令设置和行为”，如图 8-55 所示。

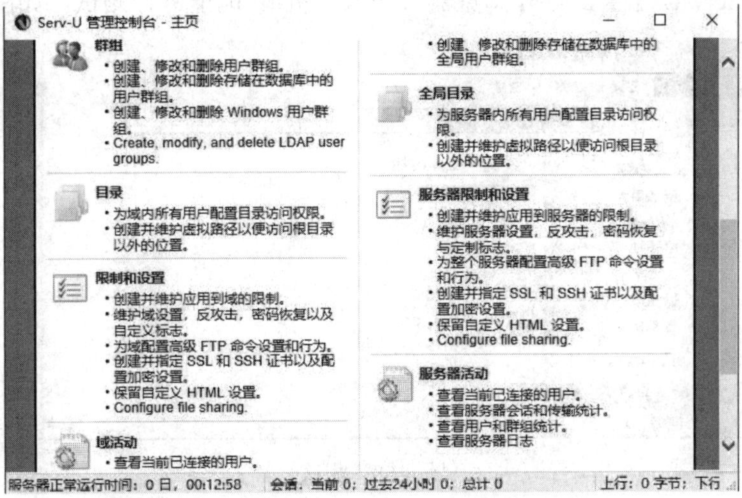

图 8-55　配置高级 FTP 命令设置和行为

(12) 找到名称“用于 UTF8 的选项”，然后单击“禁用命令”并保存，如图 8-56 所示。

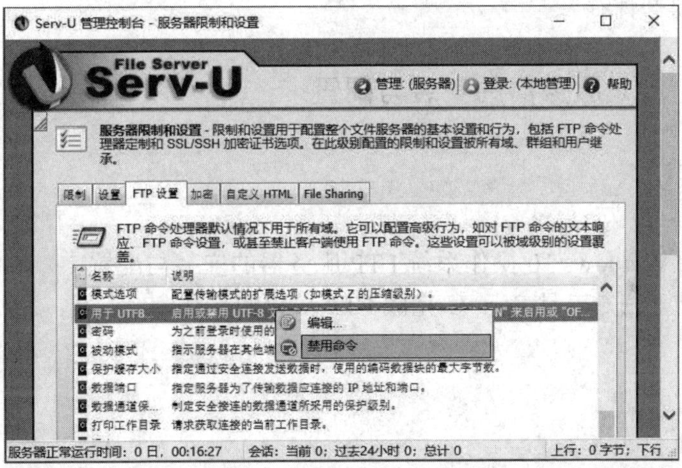

图 8-56　用于 UTF8 的选项设置禁用命令

(13) 单击“全局属性”，取消“高级选项”里所有的选项并保存，如图 8-57 所示。

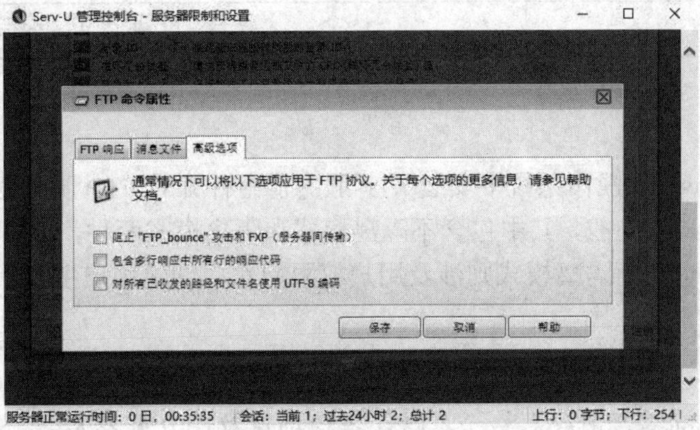

图 8-57　高级选项设置

(14) 完成 Serv-U 配置，打开浏览器，输入本机 IP 地址进行测试，如图 8-58 所示。

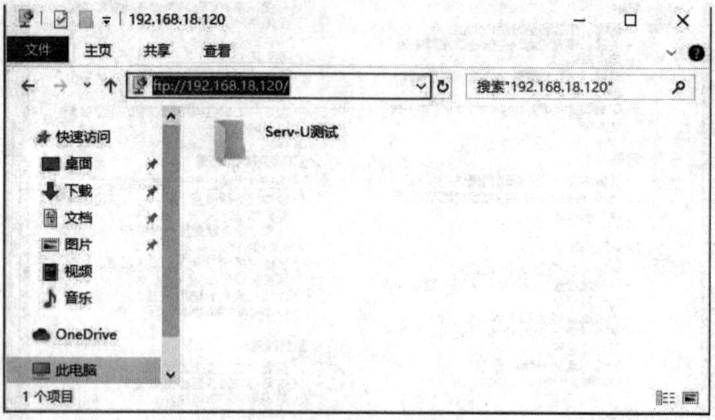

图 8-58　测试

注意：修改用户权限，可回到主界面，打开“创建、修改和删除用户账户”界面，找到并单击“Anonymous”用户，选择“编辑”按钮，对“%HOME%”和“作业下载与回收”编辑访问权限并保存。

技能训练　FTP 服务器的安装与配置

一、实训目的

(1) 掌握基于 Windows 10 操作系统 FTP 服务器的安装与配置。
(2) 掌握利用第三方工具 Serv-U 完成 FTP 搭建的方法。

二、实训器材

实训器材要求见表 8-3。

表 8-3　实训器材表

实训器材	数　量	备　注
计算机	1 台	安装 Windows 10 操作系统

三、实训操作

通过在 Windows 10 操作系统中安装 FTP 服务器组件并对 FTP 服务器进行配置，根据需求通过不同配置方式来完成，其中包含不隔离模式和隔离模式两种，不隔离相对简单，对用户权限没有太多要求，而隔离模式则涉及用户权限问题，创建用户主目录需和用户名一致。

四、实训考核

根据实训完成的综合情况，给予考核，考核项目及评分见表 8-4。

表 8-4　实训考核表

班级			姓名	扣分记录	得分
项目	考核要求	分值	评分细则		
FTP 服务器的安装与配置	能正确完成 FTP 服务器的安装和 FTP 站点的建立	100 分	1. 不能正确使用 IIS 配置 FTP 服务器，也不能正确使用 Serv-U 搭建 FTP 服务器，不得分。 2. 基本能正确使用 IIS 配置 FTP 服务器或者基本能正确使用 Serv-U 搭建 FTP 服务器，扣 40 分。 3. 能正确使用 IIS 配置 FTP 服务器，并能正确使用 Serv-U 搭建 FTP 服务器，不扣分		
总　分					

项 目 小 结

本项目主要通过对 Web 服务器和 FTP 服务器的安装和配置的介绍，学习了这两种服务器的基本概念和工作原理，详细介绍了 Web 服务器和 FTP 服务器安装和配置的方法，通过学习熟练掌握了 Web 站点搭建的方法和 Serv-U 搭建 FTP 的方法。

思 考 与 练 习

简述题

1. Web 服务器的安装与配置。

(1) 在一台服务器上建立多个 Web 站点的方法有哪些？

(2) 什么是虚拟目录？虚拟目录的作用是什么？

2. FTP 服务器的安装和配置。

(1) 什么是 FTP 服务器？FTP 服务器有什么用处？

(2) FTP 站点主要应用在哪些方面？

参 考 文 献

[1] 杨泉波. 计算机组装与维护实训教程[M]. 2 版. 北京：机械工业出版社，2017.

[2] 薛芳. 电脑组装 · 维护 · 故障排除入门与进阶[M]. 3 版. 北京：清华大学出版社，2018.

[3] 要亚娟. 计算机组装与维护[M]. 北京：中国劳动社会保障出版社，2017.

[4] 梁启来. 计算机组装与维护[M]. 北京：机械工业出版社，2017.

[5] 孙加军. 计算机组装维护与服务规范[M]. 北京：清华大学出版社，2017.

[6] 王红丽. 笔记本电脑使用、维护与故障排除从入门到精通[M]. 北京：中国铁道出版社，2017.

[7] 叶刚. 计算机组装与维护实战入门与提高[M]. 北京：科学出版社，2016.

[8] 童世华. 计算机组成原理与组装维护实践教程[M]. 北京：清华大学出版社，2016.

[9] 秦杰. 计算机组装与系统维护技术[M]. 北京：清华大学出版社，2017.